高等数学

（下册）

主　编　彭斯俊　吴有方
副主编　杨爱芳　何　朗　易风华
　　　　陈盛双　周　俊　陈建业

武汉理工大学出版社

内容简介

本书是根据《高等数学课程教学基本要求》，结合编者多年的教学实践，为适应独立学院本科教学的特点编写而成的.

本书分上、下册出版.下册内容为多元函数微分法及其应用、重积分、曲线积分与曲面积分、微分方程、无穷级数五章.

本书结构严谨，逻辑清晰，注意应用，例题丰富，叙述简明，便于自学，可供高等学校独立学院工科类专业的学生使用.

图书在版编目(CIP)数据

高等数学(下册)/彭斯俊，吴有方主编.—武汉：武汉理工大学出版社，2008.1 重印
ISBN978-7-5629-2446-3

Ⅰ.高…
Ⅱ.①彭…②吴…
Ⅲ.高等数学-高等学校-教材
Ⅳ.013

中国版本图书馆 CIP 数据核字(2006)第 071186 号

出　版：武汉理工大学出版社(武汉市洪山区珞狮路 122 号　邮编：430070)
发　行：武汉理工大学出版社发行部
印　刷：武汉理工大印刷厂
开　本：787×960　1/16
印　张：16.5
字　数：312 千字
版　次：2006 年 9 月第 1 版　2008 年 1 月第 3 次印刷
印　数：3501—6500 册
定　价：25.00　全书总定价：50.00 元
(本书如有印装质量问题，请向承印厂调换。)

目录

8 多元函数微分法及其应用

上册我们讨论的函数均为一元函数，即函数的自变量只有一个.然而理论问题和实际问题都需要我们去研究具有两个及两个以上自变量的函数，这类函数称为多元函数，这就提出了多元函数的微分和积分问题，本章在一元函数微分学的基础上讨论多元函数的微分法及其应用.

讨论多元函数，我们以二元函数为主.二元函数可以看做是一元函数的推广，因此，一元函数的许多性质在二元函数中仍适用.但由于自变量的增加，二元函数无论在形式上还是在本质上都会产生新的变化，需要进一步的讨论.二元函数到二元以上的函数可以类推.

8.1 多元函数的基本概念

一元函数的定义域是实数轴上的点集，对于二元函数，其定义域则是平面上的点集.要想详细地研究二元函数，需要介绍平面点集的一些基本概念.

8.1.1 平面点集

由平面解析几何可知，在平面直角坐标系中，平面上的一个点 P 可以用有序实数组(x,y)表示，其中 x、y 分别是点 P 的横坐标与纵坐标；反之，任一有序实数组(x,y)也对应平面上的一个点 P.这种一一对应关系，使我们可以把平面上的点 P 与实数组(x,y)等同对待.以后我们用 $\mathbf{R}^2$ 表示所有实数组(x,y)组成的集合，并称之为二维空间，它由坐标平面的点组成.

坐标平面上具有某种性质 P 的点的集合，称为平面点集，记作

$$E=\{(x,y)\mid(x,y)\text{具有性质 }P\}.$$

例如，平面点集 $E=\{(x,y)\mid(x-x_0)^2+(y-y_0)^2<r^2\}$是坐标平面上以$(x_0,y_0)$为圆心，以 $r(r>0)$为半径的圆内所有点所构成的集合(注意圆周上的点不在其内).而平面点集

$$D=\{(x,y)\mid a\leqslant x\leqslant b,c\leqslant y\leqslant d\}$$

表示一矩形，其中边界上的点也在其内. 这一集合也可记为积集的形式：

$$D=[a,b]\times[c,d].$$

二维平面 $\mathbf{R}^2$ 可表示为 $\mathbf{R}^2=\{(x,y)\mid -\infty<x<+\infty,-\infty<y<+\infty\}$.

1. 邻域

我们已经知道直线上一点的邻域是一个开区间，类似地我们引进 $\mathbf{R}^2$ 中一点 $P_0(x_0,y_0)$ 的邻域这一概念.

设 $P_0(x_0,y_0)$ 是 xOy 平面上的一个点，δ 是某一正数，与点 $P_0(x_0,y_0)$ 距离小于 δ 的点 $P(x,y)$ 的全体，称为点 P_0 的 δ 邻域. 记作 $U(P_0,\delta)$，即

$$U(P_0,\delta)=\{P\mid |P_0P|<\delta\},$$

也就是

$$U(P_0,\delta)=\{(x,y)\mid \sqrt{(x-x_0)^2+(y-y_0)^2}<\delta\}.$$

点 P_0 的去心 δ 邻域，记作 $\mathring{U}(P_0,\delta)$，即

$$\mathring{U}(P_0,\delta)=\{P\mid 0<|PP_0|<\delta\}.$$

在几何上，$U(P_0,\delta)$ 就是 xOy 面上以点 $P_0(x_0,y_0)$ 为中心，$\delta(>0)$ 为半径的圆的内部的点 $P(x,y)$ 的全体.

如果不需强调邻域的半径 δ，则用 $U(P_0)$ 表示点 P_0 的某个邻域，点 P_0 的去心邻域记作 $\mathring{U}(P_0)$.

2. 内点、外点、边界点、聚点

有了邻域的概念，我们可以考察平面上任一点 P_0 与给定的平面点集 E 之间的关系.

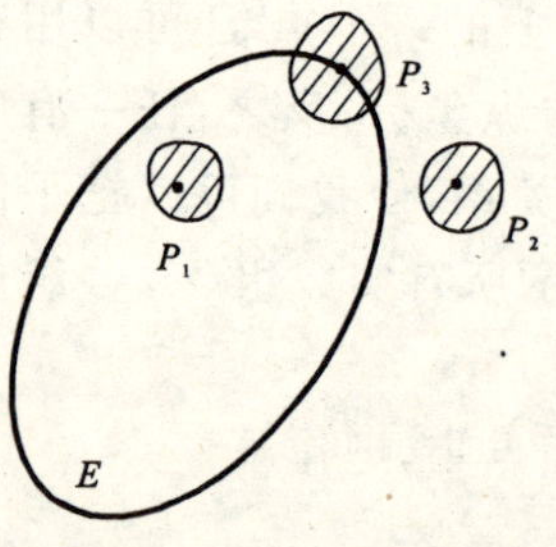

图 8-1

(1) 内点：如果存在点 P 的某个邻域 $U(P)$，使得 $U(P)\subset E$，则称 P 为 E 的内点（如图 8-1 中，P_1 为 E 的内点）.

(2) 外点：如果存在点 P 的某个邻域 $U(P)$，使得 $U(P)\cap E=\varnothing$，则称 P 为 E 的外点（如图 8-1 中，P_2 为 E 的外点）.

(3) 边界点：如果点 P 的任一邻域内既含有属于 E 的点，又含有不属于 E 的点，则称 P 为 E 的边界点（如图 8-1 中，P_3 为 E 的边界点）. E 的边界点的全体，称为 E 的边界，记作 ∂E.

注意:E 的内点一定属于 E;E 的外点一定不属于 E;而 E 的边界点可能属于 E,也可能不属于 E.

点 P_0 与点集 E 的上述关系是按"点 P_0 在 E 内或 E 外"来区分的.此外,还可按在点 P_0 的附近是否密集着 E 的无穷多个点而构成下面的另一类关系.

(4)聚点:如果对于任意给定的 $\delta>0$,点 P_0 的去心邻域 $\mathring{U}(P_0,\delta)$ 内总有 E 的点,则称 P_0 为 E 的聚点.

容易知道,聚点本身可能属于 E,也可能不属于 E.

例如,设平面点集

$$E=\{(x,y)\mid 1<x^2+y^2\leqslant 4\}.$$

满足 $1<x^2+y^2<4$ 的一切点 (x,y) 都是 E 的内点;满足 $x^2+y^2=1$ 的一切点 (x,y) 都是 E 的边界点,它们都不属于 E;满足 $x^2+y^2=4$ 的一切点 (x,y) 也是 E 的边界点,但它们都属于 E;不满足 $1\leqslant x^2+y^2\leqslant 4$ 的一切点都是 E 的外点.点集 E 以及它的边界 ∂E 上的一切点都是 E 的聚点.

3. 几种重要的平面点集

我们知道,开区间、闭区间是直线上的重要点集.现在我们介绍几种重要的平面点集.

(1)开集:如果点集 E 的点都是 E 的内点,则称 E 为开集.

(2)闭集:如果点集 E 的余集 E^C 为开集,则称 E 为闭集.

例如:集合 $\{(x,y)\mid 1<x^2+y^2<4\}$ 是开集;集合 $\{(x,y)\mid 1\leqslant x^2+y^2\leqslant 4\}$ 是闭集;而集合 $\{(x,y)\mid 1<x^2+y^2\leqslant 4\}$ 既非开集,也非闭集.

规定 $\mathbf{R}^2$ 和空集 $\varnothing$ 既是开集,也是闭集.在平面点集中,既是开集也是闭集的仅为全平面 $\mathbf{R}^2$ 和空集 $\varnothing$ 这两个点集.

(3)连通集:如果点集 E 内任何两点都可用折线连接起来,且该折线上的点都属于 E,则称 E 为连通集.

(4)区域(或开区域):连通的非空开集称为区域或开区域.

(5)闭区域:开区域连同它的边界一起所构成的点集称为闭区域.

例如,集合 $\{(x,y)\mid 1<x^2+y^2<4\}$ 是开区域;而集合 $\{(x,y)\mid 1\leqslant x^2+y^2\leqslant 4\}$ 是闭区域.

(6)有界集:对于平面点集 E,如果存在某一正数 r,使得

$$E\subset U(O,r),$$

其中 O 是坐标原点,则称 E 为有界集.

(7)无界集:一个点集如果不是有界集,就称这个点集为无界集.

例如,集合 $\{(x,y)\mid 1\leqslant x^2+y^2\leqslant 4\}$ 是有界闭区域;集合 $\{(x,y)\mid x+2y>0\}$

是无界开区域；集合$\{(x,y)|x+2y\geqslant 0\}$是无界闭区域.

4. n 维空间

设 n 为自然数，我们用 $\mathbf{R}^n$ 表示 n 元有序数组$(x_1,x_2,\cdots,x_n)$的全体所构成的集合，即

$$\mathbf{R}^n=R\times R\times\cdots\times R=\{(x_1,x_2,\cdots,x_n)|x_i\in\mathbf{R},i=1,2,\cdots,n\}$$

称为 n 维空间. 每个 n 元有序数组$(x_1,x_2,\cdots,x_n)$称为 n 维空间的点. 为书写方便，记 $\boldsymbol{x}=(x_1,x_2,\cdots,x_n)$. 当所有 $x_i(i=1,2,\cdots,n)$都为零时，称这样的元素为 $\mathbf{R}^n$ 中的零元，记为 $\mathbf{0}$ 或 $\mathbf{O}$. 在解析几何中，通过直角坐标系，$\mathbf{R}^2$（或 $\mathbf{R}^3$）中的元素分别与平面（或空间）中的点或向量建立一一对应关系，因而 $\mathbf{R}^n$ 中的元素 $\boldsymbol{x}=(x_1,x_2,\cdots,x_n)$也称为 $\mathbf{R}^n$ 中的一个点或一个 n 维向量，x_i 称为点 $\boldsymbol{x}$ 的第 i 个坐标或 n 维向量 $\boldsymbol{x}$ 的第 i 个分量.

$\mathbf{R}^n$ 中点 $\boldsymbol{x}=(x_1,x_2,\cdots,x_n)$和点 $\boldsymbol{y}=(y_1,y_2,\cdots,y_n)$间的距离，记作 $\rho(\boldsymbol{x},\boldsymbol{y})$，规定

$$\rho(\boldsymbol{x},\boldsymbol{y})=\sqrt{(x_1-y_1)^2+(x_2-y_2)^2+\cdots+(x_n-y_n)^2}.$$

显然，$n=1,2,3$ 时，上述规定与数轴上、平面直角坐标系及空间直角坐标系中两点间的距离的定义是一致的.

8.1.2　多元函数概念

在很多自然现象以及实际问题中，经常会遇到多个变量，它们之间存在着依赖关系. 举例如下：

例 1　圆柱体的体积 V 和它的底半径 r、高 h 之间具有关系

$$V=\pi r^2 h,$$

这里，当 r、h 在一定范围$(r>0,h>0)$内取定一对数值(r,h)时，V 就有唯一确定的值与之对应.

例 2　一定量的理想气体的压强 P、体积 V 和绝对温度 T 之间具有关系

$$P=\frac{RT}{V},$$

其中 R 为常数，这里，当 V、T 在一定范围$(V>0,T>T_0)$内取一定数值(V,T)时，P 就有唯一确定的值与之对应.

例 3　物体运动的动能 W 与物体的质量 m 和运动的速度 v 两个量联系着. 对任意有序对(m,v)都对应着唯一一个动能 W. 它们之间的对应关系是

$$W=\frac{1}{2}mv^2.$$

上面三个例子的具体意义虽各不相同，但它们却有共同的性质，抽出这些共

性就可得出以下二元函数的定义.

定义 1 设 D 是 $\mathbf{R}^2$ 的一个非空子集,若按某种对应法则 f,D 中每一点 $P(x,y)$都有唯一的实数 z 与之对应,则称 f 为定义在 D 上的二元函数,通常记为

$$z=f(x,y),(x,y)\in D$$

或

$$z=f(P),P\in D.$$

其中点集 D 称为该函数的定义域,x、y 称为自变量,z 称为因变量. 该函数的值域记作 $f(D)$,即

$$f(D)=\{z\,|\,z=f(x,y),(x,y)\in D\}\subset\mathbf{R}.$$

类似地可以定义三元函数 $u=f(x,y,z),(x,y,z)\in D$ 以及三元以上的函数. 一般地,把定义 1 中的平面点集 D 换成 n 维空间 $\mathbf{R}^n$ 内的点集 D,若某种对应法则 f 使 D 中每一点 $P(x_1,x_2,\cdots,x_n)$都有唯一一个实数 u 与之对应,则称 f 为定义在 D 上的 n 元函数,通常记为

$$u=f(x_1,x_2,\cdots,x_n),(x_1,x_2,\cdots,x_n)\in D,$$

或简记为

$$u=f(x),x=(x_1,x_2,\cdots,x_n)\in D,$$

也可记为

$$u=f(P),P(x_1,x_2,\cdots,x_n)\in D.$$

在 $n=2$ 或 3 时,习惯上将点(x_1,x_2)与点(x_1,x_2,x_3)分别写成(x,y)与(x,y,z),此时,若用字母表示 $\mathbf{R}^2$ 或 $\mathbf{R}^3$ 中的点,即写成 $P(x,y)$或 $M(x,y,z)$,则相应的二元函数及三元函数也可简记为 $z=f(P)$及 $u=f(M)$.

当 $n=1$ 时,n 元函数就是一元函数. 当 $n\geqslant 2$ 时,n 元函数统称为多元函数.

在空间直角坐标系中,点集$\{(x,y,z)\,|\,z=f(x,y),(x,y)\in D\}$称为二元函数 $f(x,y)$的图形. 通常该图形是三维空间中的一张曲面. 该曲面在 xOy 面上的投影即为二元函数 $f(x,y)$的定义域.

例如,由空间解析几何知,线性函数

$$z=ax+by+c$$

的图形是一个平面,而函数

$$z=\sqrt{a^2-x^2-y^2}$$

的图形是中心在原点、半径为 a 的上半球面.

8.1.3 多元函数的极限

现在讨论二元函数 $z=f(x,y)$当$(x,y)\to(x_0,y_0)$,即点 $P(x,y)\to P_0(x_0,y_0)$时的极限. 与一元函数的极限概念类似,如果在 $P(x,y)\to P_0(x_0,y_0)$的过程

中，对应的函数值 $f(x,y)$ 无限接近于一个确定的常数 A，就称 A 是函数 $f(x,y)$ 当 $(x,y)\to(x_0,y_0)$ 时的极限.

定义 2　设函数 $f(x,y)$ 的定义域为 D，点 $P_0(x_0,y_0)$ 是定义域 D 的聚点. 如果存在常数 A，使得对于任意给定的正数 ε（不论多么小），总存在正数 δ，对于 D 内的适合不等式

$$0<|PP_0|=\sqrt{(x-x_0)^2+(y-y_0)^2}<\delta$$

的一切点 $P(x,y)$ 对应的函数值 $f(x,y)$ 都满足不等式

$$|f(x,y)-A|<\varepsilon,$$

那么就称常数 A 为函数 $f(x,y)$ 当 $(x,y)\to(x_0,y_0)$ 时的极限，记作

$$\lim_{(x,y)\to(x_0,y_0)} f(x,y)=A \quad 或 \quad \lim_{\substack{x\to x_0\\ y\to y_0}} f(x,y)=A,$$

也可记作

$$\lim_{P\to P_0} f(P)=A \text{ 或 } f(P)\to A(P\to P_0).$$

为了区别于一元函数的极限，我们把二元函数的极限叫做二重极限.

例 4　证明 $\lim\limits_{\substack{x\to 0\\ y\to 0}}\dfrac{xy}{\sqrt{x^2+y^2}}=0$.

证　因为

$$|f(x,y)-0|=\frac{|xy|}{\sqrt{x^2+y^2}}\leqslant\frac{1}{2}\sqrt{x^2+y^2},$$

可见，对任意给定的 $\varepsilon>0$，取 $\delta=2\varepsilon$，则当 $0<\sqrt{(x-0)^2+(y-0)^2}<\delta$ 时，

总有
$$\left|\frac{xy}{\sqrt{x^2+y^2}}-0\right|\leqslant\frac{1}{2}\sqrt{x^2+y^2}<\frac{1}{2}\delta=\varepsilon,$$

所以
$$\lim_{\substack{x\to 0\\ y\to 0}}\frac{xy}{\sqrt{x^2+y^2}}=0.$$

必须注意，所谓二重极限存在，是指 $P(x,y)$ 以任何方式趋向 $P_0(x_0,y_0)$ 时，函数都趋向同一数值 A. 因此，如果 $P(x,y)$ 以某一特殊方式，例如沿着一条定直线或定曲线趋向 $P_0(x_0,y_0)$ 时，即使函数无限接近于某一确定值，我们也不能由此断定函数的极限存在. 反之，如果当 $P(x,y)$ 以不同方式趋向 $P_0(x_0,y_0)$ 时，函数却趋向不同的值，那么就可以断定这个函数当 $P\to P_0$ 时的极限不存在. 下面通过例子来说明这样的情形.

例 5　设 $f(x,y)=\begin{cases}\dfrac{xy}{x^2+y^2}, & x^2+y^2\neq 0\\ 0, & x^2+y^2=0\end{cases}$，证明 $\lim\limits_{\substack{x\to 0\\ y\to 0}}f(x,y)$ 不存在.

解　当点 $P(x,y)$ 沿 x 轴（即固定直线 $y=0$）趋向点 $(0,0)$ 时，

$$\lim_{\substack{(x,y)\to(0,0)\\y=0}} f(x,y)=\lim_{x\to 0}f(x,0)=\lim_{x\to 0}0=0.$$

又当点 $P(x,y)$沿 y 轴(即固定直线 $x=0$)趋向点$(0,0)$时,

$$\lim_{\substack{(x,y)\to(0,0)\\x=0}} f(x,y)=\lim_{y\to 0}f(0,y)=\lim_{y\to 0}0=0.$$

虽然点 $P(x,y)$以上述两种特殊方式(沿 x 轴、沿 y 轴)趋向原点时函数的极限存在且相等,但是并不能说明 $\lim\limits_{\substack{x\to 0\\y\to 0}}f(x,y)$存在.事实上当点 $P(x,y)$沿直线 $y=kx$ 趋向点$(0,0)$时,有

$$\lim_{\substack{(x,y)\to(0,0)\\y=kx}}\frac{xy}{x^2+y^2}=\lim_{x\to 0}\frac{kx^2}{x^2+k^2x^2}=\frac{k}{1+k^2},$$

显然它是随着 k 的值的不同而改变的,因此 $\lim\limits_{\substack{x\to 0\\y\to 0}}f(x,y)$不存在.

以上关于二元函数的极限概念,可相应地推广到 n 元函数 $u=f(P)$即 $u=f(x_1,x_2,\cdots,x_n)$上去.

关于多元函数的极限运算,有与一元函数类似的运算法则.

例 6 求 $\lim\limits_{\substack{x\to\infty\\y\to\infty}}\dfrac{x+y}{x^2+y^2}$.

解 $0\leqslant\left|\dfrac{x+y}{x^2+y^2}\right|\leqslant\left|\dfrac{1}{x}\right|+\left|\dfrac{1}{y}\right|$,而 $\lim\limits_{\substack{x\to\infty\\y\to\infty}}\left(\left|\dfrac{1}{x}\right|+\left|\dfrac{1}{y}\right|\right)=0$,

由两边夹法则,知 $\lim\limits_{\substack{x\to\infty\\y\to\infty}}\dfrac{x+y}{x^2+y^2}=0$.

例 7 求 $\lim\limits_{\substack{x\to 0\\y\to 0}}\dfrac{\sin xy}{x}$.

解 由积的极限运算法则,得

$$\lim_{\substack{x\to 0\\y\to 0}}\frac{\sin xy}{x}=\lim_{\substack{x\to 0\\y\to 0}}y\cdot\frac{\sin xy}{xy}=\lim_{y\to 0}y\cdot\lim_{xy\to 0}\frac{\sin xy}{xy}=0\times 1=0.$$

8.1.4 多元函数的连续性

与一元函数的情形一样,利用函数的极限就可以说明多元函数在一点的连续的概念.

定义 3 设二元函数 $f(x,y)$在区域(或闭区域)D 内有定义,$P_0(x_0,y_0)$是 D 的内点或边界点,且 $P_0\in D$.如果

$$\lim_{(x,y)\to(x_0,y_0)} f(x,y)=f(x_0,y_0),$$

则称函数 $f(x,y)$在点 $P_0(x_0,y_0)$连续.

如果函数 $f(x,y)$在区域(或闭区域)D 内每一点都连续,那么就称函数 $f(x,y)$在 D 内连续,或者称 $f(x,y)$是 D 内的连续函数.

定义 4 设二元函数 $f(x,y)$ 在区域(或闭区域)D 内有定义，$P_0(x_0,y_0)$ 是 D 的内点或边界点，且 $P_0\in D$. 如果 $f(x,y)$ 在 $P_0(x_0,y_0)$ 不连续，则称 $P_0(x_0,y_0)$ 为函数 $f(x,y)$ 的间断点.

我们指出，一元函数中关于极限的运算法则，对于多元函数仍然适用. 根据极限运算法则，可以证明多元连续函数的和、差、积均为连续函数；在分母不为零处，连续函数的商也是连续函数；多元连续函数的复合函数也是连续函数.

与一元初等函数相类似，可以定义多元初等函数. 考虑一个变量 x 或 y 的基本初等函数：

$$c;x^u,y^u;a^x,a^y;\log_a x,\log_a y;\sin x,\sin y,\cdots;\arcsin x,\arcsin y,\cdots$$

这些函数经过有限次的四则运算和复合运算所得到的且能用一个式子表示的多元函数称为多元初等函数. 例如

$$\frac{x+x^2-y^2}{1+y^2},\sin(x+e^y),e^{x^2+y^2+z^2}$$

等都是多元初等函数.

一切多元初等函数在其定义区域内都是连续的.

与一元函数类似，可利用函数的连续性来求极限. 若函数 f 在点 P_0 连续，则

$$\lim_{P\to P_0}f(P)=f(P_0).$$

例 8 求 $\lim\limits_{(x,y)\to(0,0)}\dfrac{\sqrt{xy+1}-1}{xy}$.

解
$$\lim_{(x,y)\to(0,0)}\frac{\sqrt{xy+1}-1}{xy}=\lim_{(x,y)\to(0,0)}\frac{xy+1-1}{xy(\sqrt{xy+1}+1)}$$
$$=\lim_{(x,y)\to(0,0)}\frac{1}{\sqrt{xy+1}+1}=\frac{1}{2}.$$

以上运算的最后一步用到了二元初等函数 $\dfrac{1}{\sqrt{xy+1}+1}$ 在点 $(0,0)$ 的连续性.

与闭区间上一元连续函数的性质相类似，在有界闭区域上连续的多元函数具有如下性质.

性质 1(有界性与最大值最小值定理) 在有界闭区域 D 上的多元连续函数，必定在 D 上有界，且能取得它的最大值和最小值.

性质 1 就是说，若 $f(P)$ 在有界闭区域 D 上连续，则必定存在常数 $M>0$，使得对一切 $P\in D$，有 $|f(P)|\leqslant M$；且存在 $P_1,P_2\in D$，使得

$$f(P_1)=\max\{f(P)\mid P\in D\},f(P_2)=\min\{f(P)\mid P\in D\}.$$

性质 2(介值定理) 在有界闭区域 D 上的多元连续函数必取得介于最大值和最小值之间的任何值.

习题 8－1

1. 判定下列平面点集中哪些是开集、闭集、区域、有界集、无界集.

(1) $\{(x,y)\mid x\neq 0, y\neq 0\}$;

(2) $\{(x,y)\mid 1<x^2+y^2\leqslant 4\}$;

(3) $\{(x,y)\mid y>x^2\}$;

(4) $\{(x,y)\mid x^2+(y-1)^2\geqslant 1\}\cap\{(x,y)\mid x^2+(y-2)^2\leqslant 4\}$.

2. 求下列函数的定义域，并绘出定义域的图形：

(1) $z=\sqrt{4x^2+y^2-1}$;　　(2) $z=\ln(xy)$;

(3) $z=\sqrt{1-x^2}+\sqrt{y^2-1}$;　　(4) $z=\ln(1-|x|-|y|)$.

3. 求下列各函数表达式：

(1) $f(x,y)=x^2-y^2$，求 $f\left(x+y,\dfrac{y}{x}\right)$;

(2) $f\left(x+y,\dfrac{y}{x}\right)=x^2-y^2$，求 $f(x,y)$.

4. 试证函数 $F(x,y)=\ln x\cdot\ln y$ 满足关系式：

$$F(xy,uv)=F(x,u)+F(x,v)+F(y,u)+F(y,v).$$

5. 已知函数 $f(u,v,w)=u^w+w^{u+v}$，试求 $f(x+y,x-y,xy)$.

6. 证明下列极限不存在：

(1) $\lim\limits_{(x,y)\to(0,0)}\dfrac{x^2y}{x^3-y^3}$;　　(2) $\lim\limits_{(x,y)\to(0,0)}\dfrac{xy}{x+y}$.

7. 求下列各极限：

(1) $\lim\limits_{(x,y)\to(0,1)}\dfrac{1-xy}{x^2+y^2}$;　　(2) $\lim\limits_{(x,y)\to(1,0)}\dfrac{\ln(x+\mathrm{e}^y)}{\sqrt{x^2+y^2}}$;

(3) $\lim\limits_{(x,y)\to(0,0)}\dfrac{2-\sqrt{xy+4}}{xy}$;　　(4) $\lim\limits_{(x,y)\to(0,0)}\dfrac{xy}{\sqrt{xy+1}-1}$;

(5) $\lim\limits_{(x,y)\to(2,0)}\dfrac{\sin(xy)}{y}$;　　(6) $\lim\limits_{(x,y)\to(0,0)}\dfrac{1-\cos(x^2+y^2)}{(x^2+y^2)\mathrm{e}^{x^2y^2}}$.

8. 下列函数在何处是间断的？

(1) $z=\dfrac{y^2+x}{y^2-x}$;　　(2) $z=\dfrac{1}{\sin x\cos y}$.

9. 设 $F(x,y)=f(x)$，$f(x)$ 在 x_0 处连续，证明：对任意 $y_0\in\mathbf{R}$，$F(x,y)$ 在 (x_0,y_0) 处连续.

10. 设 Ω 为 $\mathbf{R}^3$ 中一有界闭区域，$M_0(x_0,y_0,z_0)$ 为 Ω 外一点，证明 Ω 上到 M_0 距离最远及最近的点一定存在.

8.2 偏导数

一元函数 $y=f(x)$ 的导数是函数关于自变量的变化率. 对于多元函数,同样可以讨论这种变化率. 但由于此时自变量不止一个,因而情况会比一元函数复杂得多,我们可以先考虑函数关于其中一个自变量的变化率,其余自变量暂视为固定. 例如,对理想气体状态方程

$$P=\frac{RT}{V},$$

这里 R 是普适气体常量,T、V、P 分别表示一定质量气体的温度、体积、压强. 若将 T、V 看做自变量,P 看做是 T、V 的函数,则可讨论当 V 固定时 P 关于 T 的变化率(等容过程),或当 T 固定时 P 关于 V 的变化率(等温过程).

这种只让一个自变量变化,而其余自变量固定(视为常数),即将多元函数化为一元函数,再考虑求导问题,就是多元函数求偏导数的问题. 这是研究多元函数的重点内容之一.

8.2.1 偏导数的定义及其计算法

定义 设函数 $z=f(x,y)$ 在点 (x_0,y_0) 的某一邻域内有定义,当 y 固定在 y_0 而 x 在 x_0 处有增量 Δx 时,相应地函数有增量

$$f(x_0+\Delta x,y_0)-f(x_0,y_0).$$

如果极限

$$\lim_{\Delta x\to 0}\frac{f(x_0+\Delta x,y_0)-f(x_0,y_0)}{\Delta x}$$

存在,则称此极限为函数 $z=f(x,y)$ 在点 (x_0,y_0) 处对 x 的偏导数,记作

$$\left.\frac{\partial z}{\partial x}\right|_{\substack{x=x_0\\y=y_0}},\left.\frac{\partial f}{\partial x}\right|_{\substack{x=x_0\\y=y_0}},\left.z'_x\right|_{\substack{x=x_0\\y=y_0}}\text{ 或 }f'_x(x_0,y_0),$$

即

$$f'_x(x_0,y_0)=\lim_{\Delta x\to 0}\frac{f(x_0+\Delta x,y_0)-f(x_0,y_0)}{\Delta x}. \tag{1}$$

类似地,函数 $z=f(x,y)$ 在点 (x_0,y_0) 处对 y 的偏导数定义为

$$\lim_{\Delta y\to 0}\frac{f(x_0,y_0+\Delta y)-f(x_0,y_0)}{\Delta y}, \tag{2}$$

记作

$$\left.\frac{\partial z}{\partial y}\right|_{\substack{x=x_0\\y=y_0}},\left.\frac{\partial f}{\partial y}\right|_{\substack{x=x_0\\y=y_0}},\left.z'_y\right|_{\substack{x=x_0\\y=y_0}}\text{ 或 }f'_y(x_0,y_0).$$

如果函数 $z=f(x,y)$ 在区域 D 内每一点 (x,y) 处对 x 的偏导数都存在,那

么 D 内的每个点 (x,y)，均对应着 $z=f(x,y)$ 在该点处对 x 的偏导数，这样就在 D 内定义了一个新的函数，称为 $z=f(x,y)$ 对 x 的偏导函数，记作

$$\frac{\partial z}{\partial x},\frac{\partial f}{\partial x},z'_x \text{或} f'_x(x,y).$$

即

$$f'_x(x,y)=\lim_{\Delta x\to 0}\frac{f(x+\Delta x,y)-f(x,y)}{\Delta x}.$$

类似地，可以定义函数 $z=f(x,y)$ 对 y 的偏导函数，记作

$$\frac{\partial z}{\partial y},\frac{\partial f}{\partial y},z'_y \text{或} f'_y(x,y).$$

即

$$f'_y(x,y)=\lim_{\Delta y\to 0}\frac{f(x,y+\Delta y)-f(x,y)}{\Delta y}.$$

偏导函数也可简称为偏导数.

偏导数的概念可以推广到三元乃至 n 元函数. 例如，三元函数 $w=f(x,y,z)$ 对 x 的偏导数定义为

$$f'_x(x,y,z)=\lim_{\Delta x\to 0}\frac{f(x+\Delta x,y,z)-f(x,y,z)}{\Delta x}.$$

实际上，这是把函数 $w=f(x,y,z)$ 中的 y 和 z 看做常量而对 x 求导数.

与一元函数类似，偏导数也有明显的几何意义. 下面以二元函数 $z=f(x,y)$ 为例说明.

设 $M_0(x_0,y_0,f(x_0,y_0))$ 为曲面 $z=f(x,y)$ 上的一点，过 M_0 作平面 $y=y_0$，截此曲面得一曲线，此曲线在平面 $y=y_0$ 上的方程为 $z=f(x,y_0)$，则导数 $\left.\frac{\mathrm{d}}{\mathrm{d}x}f(x,y_0)\right|_{x=x_0}$，即偏导数 $f'_x(x_0,y_0)$，就是这曲线在点 M_0 处的切线 M_0T_x 对 x 轴的斜率（见图 8-2）. 同样，偏导数 $f'_y(x_0,y_0)$ 的几何意义是曲面被平面 $x=x_0$ 所截得的曲线在点 M_0 处的切线 M_0T_y 对 y 轴的斜率.

求 $z=f(x,y)$ 的偏导数，并不需要新的方法，因为这里只有一个自变量在变动，另一个自变量是看做固定的，所以本质上仍旧是一元函数的微分法问题. 求 $\frac{\partial f}{\partial x}$ 时，只要把 y 暂时看做常量而对 x 求导数；求 $\frac{\partial f}{\partial y}$ 时，则只要把 x 暂时看做常量而对 y 求导数. 三元函数乃至 n 元函数的偏导数的求法同样如此.

例 1 设 $f(x,y)=x\sin y+y\cos x$，求 $\frac{\partial f}{\partial x},\frac{\partial f}{\partial y}$.

解 $\frac{\partial f}{\partial x}=\sin y-y\sin x,\frac{\partial f}{\partial y}=x\cos y+\cos x.$

例 2 求 $f(x,y)=xy+x^2+y^3$ 的偏导数 $f'_x(1,0),f'_y(0,2)$.

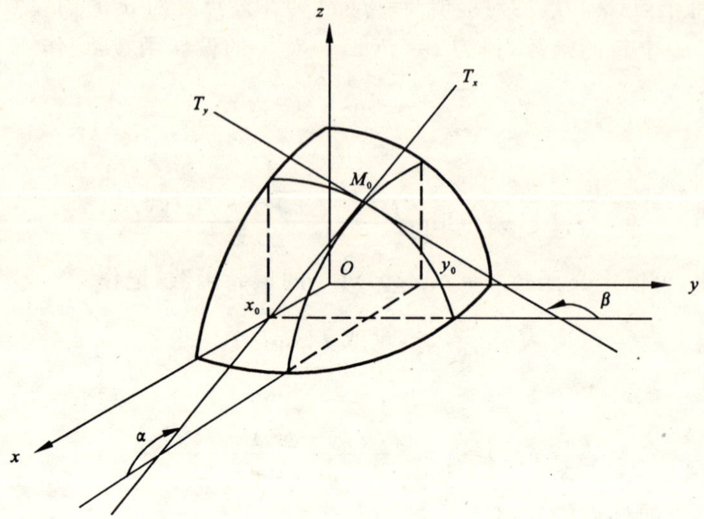

图 8-2

解 可先求偏导函数

$$\frac{\partial f}{\partial x}=y+2x,\frac{\partial f}{\partial y}=x+3y^2.$$

将给定点的坐标代入上面的结果,得

$$f'_x(1,0)=0+2=2,$$

$$f'_y(0,2)=0+3\times 2^2=12.$$

例 3 已知理想气体的状态方程为 $PV=RT$(R 为常量),求证:

$$\frac{\partial P}{\partial V}\cdot\frac{\partial V}{\partial T}\cdot\frac{\partial T}{\partial P}=-1.$$

证 因为

$$P=\frac{RT}{V},\frac{\partial P}{\partial V}=-\frac{RT}{V^2},$$

$$V=\frac{RT}{P},\frac{\partial V}{\partial T}=\frac{R}{P},$$

$$T=\frac{PV}{R},\frac{\partial T}{\partial P}=\frac{V}{R},$$

所以

$$\frac{\partial P}{\partial V}\cdot\frac{\partial V}{\partial T}\cdot\frac{\partial T}{\partial P}=-\frac{RT}{V^2}\cdot\frac{R}{P}\cdot\frac{V}{R}=-\frac{RT}{PV}=-1.$$

我们知道,对一元函数来说,$\frac{\mathrm{d}y}{\mathrm{d}x}$可看做是函数的微分 $\mathrm{d}y$ 与自变量的微分 $\mathrm{d}x$ 之商,而上式表明,偏导数的记号是一个整体记号,不能看作分子与分母之商.

例 4 设 $f(x,y)=\begin{cases}\dfrac{xy}{x^2+y^2}, & (x,y)\neq(0,0)\\ 0, & (x,y)=(0,0)\end{cases}$,计算偏导数 $f'_x(0,0)$,$f'_y(0,0)$.

解 由定义有

$$f'_x(0,0)=\lim_{\Delta x\to 0}\frac{f(0+\Delta x,0)-f(0,0)}{\Delta x}=\lim_{\Delta x\to 0}\frac{\dfrac{\Delta x\cdot 0}{(\Delta x)^2+0^2}-0}{\Delta x}=\lim_{\Delta x\to 0}\frac{0}{\Delta x}=0.$$

同理可得 $f'_y(0,0)=0$,可见函数 $f(x,y)$ 在点 $(0,0)$ 的偏导数存在.

由 8.1 节中例 5 知道,该函数当 $(x,y)\to(0,0)$ 时的极限不存在,因此该函数在点 $(0,0)$ 处不连续. 所以对于多元函数来说,即使它在某点的各个偏导数都存在,也不能保证它在该点连续.

8.2.2 高阶偏导数

从上面的例子可以看到,二元函数 $z=f(x,y)$ 的偏导数 $f'_x(x,y)$,$f'_y(x,y)$ 仍是二元函数. 如果这两个函数的偏导数存在,则称它们是函数 $f(x,y)$ 的二阶偏导数.

二元函数 $z=f(x,y)$ 的二阶偏导数有下列四个:

$$\frac{\partial}{\partial x}\left(\frac{\partial z}{\partial x}\right)=\frac{\partial^2 z}{\partial x^2}=f''_{xx}(x,y),$$

$$\frac{\partial}{\partial y}\left(\frac{\partial z}{\partial x}\right)=\frac{\partial^2 z}{\partial x\partial y}=f''_{xy}(x,y),$$

$$\frac{\partial}{\partial x}\left(\frac{\partial z}{\partial y}\right)=\frac{\partial^2 z}{\partial y\partial x}=f''_{yx}(x,y),$$

$$\frac{\partial}{\partial y}\left(\frac{\partial z}{\partial y}\right)=\frac{\partial^2 z}{\partial y^2}=f''_{yy}(x,y),$$

其中第二个、第三个偏导数叫做二阶混合偏导数. 同样可得三阶、四阶、…以及 n 阶偏导数. 二阶及二阶以上的偏导数统称为高阶偏导数.

例 5 设 $z=x^3y^2-3xy^3-xy+1$,求 $\dfrac{\partial^2 z}{\partial x^2}$,$\dfrac{\partial^2 z}{\partial y\partial x}$,$\dfrac{\partial^2 z}{\partial x\partial y}$,$\dfrac{\partial^2 z}{\partial y^2}$ 及 $\dfrac{\partial^3 z}{\partial x^3}$.

解 $\dfrac{\partial z}{\partial x}=3x^2y^2-3y^3-y$, $\dfrac{\partial z}{\partial y}=2x^3y-9xy^2-x$;

$\dfrac{\partial^2 z}{\partial x^2}=6xy^2$, $\dfrac{\partial^2 z}{\partial y\partial x}=6x^2y-9y^2-1$;

$\dfrac{\partial^2 z}{\partial x\partial y}=6x^2y-9y^2-1$, $\dfrac{\partial^2 z}{\partial y^2}=2x^3-18xy$;

$\dfrac{\partial^3 z}{\partial x^3}=6y^2$.

我们看到例 5 中两个二阶混合偏导数相等，即$\frac{\partial^2 z}{\partial y\partial x}=\frac{\partial^2 z}{\partial x\partial y}$. 这不是偶然的. 事实上，我们有下述结果.

定理　如果函数 $z=f(x,y)$ 的两个二阶混合偏导数$\frac{\partial^2 z}{\partial y\partial x}$及$\frac{\partial^2 z}{\partial x\partial y}$在区域 D 内连续，那么在该区域内这两个二阶混合偏导数必相等.

由定理知，二阶混合偏导数在连续的条件下与求导的次序无关. 这一定理的证明从略.

对于二元以上的函数，其高阶混合偏导数在偏导数连续的条件下也与求导的次序无关.

例 6　验证函数 $z=\ln\sqrt{x^2+y^2}$ 满足方程

$$\frac{\partial^2 z}{\partial x^2}+\frac{\partial^2 z}{\partial y^2}=0.$$

证　因为 $z=\ln\sqrt{x^2+y^2}=\frac{1}{2}\ln(x^2+y^2)$，

所以

$$\frac{\partial z}{\partial x}=\frac{x}{x^2+y^2},\ \frac{\partial z}{\partial y}=\frac{y}{x^2+y^2},$$

$$\frac{\partial^2 z}{\partial x^2}=\frac{(x^2+y^2)-x\cdot 2x}{(x^2+y^2)^2}=\frac{y^2-x^2}{(x^2+y^2)^2},$$

$$\frac{\partial^2 z}{\partial y^2}=\frac{(x^2+y^2)-y\cdot 2y}{(x^2+y^2)^2}=\frac{x^2-y^2}{(x^2+y^2)^2}.$$

因此

$$\frac{\partial^2 z}{\partial x^2}+\frac{\partial^2 z}{\partial y^2}=\frac{y^2-x^2+x^2-y^2}{(x^2+y^2)^2}=0.$$

上面的方程称为拉普拉斯(Laplace)方程，它在研究热传导流体运动等问题中有着重要的应用.

习题 8－2

1. 求下列函数的偏导数：

(1) $z=\frac{3}{y^2}-\frac{1}{3\sqrt{x}}+\ln 5$；　　(2) $z=\sqrt{\ln(xy)}$；

(3) $s=\frac{u+v}{u-v}$；　　(4) $z=\ln\tan\frac{x}{y}$；

(5) $u=\sin\frac{x}{y}\cdot\cos\frac{y}{x}+z$；　　(6) $u=x^{\frac{y}{z}}$；

(7) $z=(1+xy)^y$；　　(8) $f(p,\varphi,t)=p\mathrm{e}^{t\varphi}+\mathrm{e}^{\varphi}+t$.

2. 设 $f(x,y)=x+(y-1)\arcsin\sqrt{\dfrac{x}{y}}$，求 $f'_x(x,1)$.

3. 设 $f(x,y,z)=xy^2+yz^2+zx^2$，求 $f''_{xx}(0,0,1)$，$f''_{xz}(1,0,2)$，$f''_{yz}(0,-1,0)$及 $f'''_{zzx}(2,0,1)$.

4. 求曲线$\begin{cases} z=\dfrac{1}{4}(x^2+y^2) \\ y=4 \end{cases}$在点(2,4,5)处的切线对于 x 轴的倾角.

5. 是否存在一个函数 $f(x,y)$，使得 $f'_x(x,y)=x+4y$，$f'_y(x,y)=3x-y$?

6. 设 $r=\sqrt{x^2+y^2+z^2}$，证明：

(1) $\left(\dfrac{\partial r}{\partial x}\right)^2+\left(\dfrac{\partial r}{\partial y}\right)^2+\left(\dfrac{\partial r}{\partial z}\right)^2=1$；

(2) $\dfrac{\partial^2 r}{\partial x^2}+\dfrac{\partial^2 r}{\partial y^2}+\dfrac{\partial^2 r}{\partial z^2}=\dfrac{2}{r}$.

7. 求下列函数的二阶偏导数 $\dfrac{\partial^2 z}{\partial x^2}$，$\dfrac{\partial^2 z}{\partial x\partial y}$，$\dfrac{\partial^2 z}{\partial y^2}$：

(1) $z=x^{2y}$；　　(2) $z=\arctan\dfrac{y}{x}$.

8. 设 $z=y\ln(xy)$，求 $\dfrac{\partial^3 z}{\partial x^2\partial y}$，$\dfrac{\partial^3 z}{\partial x\partial y^2}$.

9. 设 $z=2\cos^2\left(x-\dfrac{t}{2}\right)$，证明：$2\dfrac{\partial^2 z}{\partial t^2}+\dfrac{\partial^2 z}{\partial x\partial t}=0$.

8.3 全微分

对于一元函数 $y=f(x)$，我们知道其微分 $\mathrm{d}y=A\Delta x=f'(x)\mathrm{d}x$ 是函数增量 Δy 的线性主部，那么对于多元函数，是否也有相应性质的量？下面以二元函数为例进行讨论.

由上一节知识，二元函数对某个自变量的偏导数表示当另一个自变量固定时，因变量相对于该自变量的变化率. 根据一元函数微分学中函数增量与微分的关系，可得

$$f(x+\Delta x,y)-f(x,y)\approx f'_x(x,y)\Delta x,$$

$$f(x,y+\Delta y)-f(x,y)\approx f'_y(x,y)\Delta y.$$

上面两式的左端分别叫做二元函数对 x 和对 y 的偏增量，而右端分别叫做二元函数对 x 和对 y 的偏微分.

设 $z=f(x,y)$ 在点 $P(x,y)$ 的某邻域内有定义，$P'(x+\Delta x,y+\Delta y)$ 为这邻域内任意一点，则称这两点的函数值之差 $f(x+\Delta x,y+\Delta y)-f(x,y)$ 为函数在

点 P 对应于自变量增量 $\Delta x,\Delta y$ 的全增量，记作 Δz，即

$$\Delta z=f(x+\Delta x,y+\Delta y)-f(x,y). \qquad (1)$$

有了全增量的概念，我们可以重新定义连续的概念. 如果 $z=f(x,y)$ 满足

$$\lim_{(\Delta x,\Delta y)\to(0,0)}\Delta z=\lim_{(\Delta x,\Delta y)\to(0,0)}[f(x_0+\Delta x,y_0+\Delta y)-f(x_0,y_0)]=0,$$

则称 $z=f(x,y)$ 在 (x_0,y_0) 连续.

一般来说，计算全增量 Δz 比较复杂. 与一元函数的情形一样，我们希望用自变量的增量 Δx、Δy 的线性函数近似地代替函数的全增量 Δz，从而引入如下定义：

定义 如果函数 $z=f(x,y)$ 在其定义域内的点 $P_0(x_0,y_0)$ 的全增量 Δz 可表示为

$$\begin{aligned}\Delta z&=f(x_0+\Delta x,y_0+\Delta y)-f(x_0,y_0)\\&=A\Delta x+B\Delta y+o(\rho),\end{aligned} \qquad (2)$$

其中 A、B 是仅与点 $P_0(x_0,y_0)$ 有关，而与 Δx、Δy 无关的常数，$\rho=\sqrt{(\Delta x)^2+(\Delta y)^2}$，则称函数 $f(x,y)$ 在 $P_0(x_0,y_0)$ 可微，称 $A\Delta x+B\Delta y$ 为函数 $f(x,y)$ 在点 $P_0(x_0,y_0)$ 处的全微分，记作

$$\mathrm{d}z=\mathrm{d}f\big|_{(x_0,y_0)}=A\Delta x+B\Delta y.$$

可见全微分 $\mathrm{d}z$ 是 Δx、Δy 的线性函数，且当 $\rho\to0$ 时，$\mathrm{d}z$ 与 Δz 仅相差一个较 ρ 高阶的无穷小量，因此也可以说全微分 $\mathrm{d}z$ 是全增量 Δz 的线性主要部分.

如果函数在区域 D 内各点处都可微分，那么称这函数在 D 内可微.

在 8.2.1 节中曾指出，多元函数在某点的偏导数存在，并不能保证函数在该点连续. 但是，由上述定义知，如果函数 $z=f(x,y)$ 在点 (x_0,y_0) 可微，那么这函数在该点必定连续. 这是因为，由(2)式有

$$\lim_{\rho\to0}\Delta z=0,$$

从而

$$\lim_{(\Delta x,\Delta y)\to(0,0)}\Delta z=\lim_{\rho\to0}\Delta z=0,$$

因此函数 $z=f(x,y)$ 在点 (x,y) 处连续.

在一元函数微分表达式中，其自变量增量前面的系数就是函数在该点的导数，对于全微分表达式(2)，其中的系数 A，B 也有类似的结论.

定理 1 若函数 $f(x,y)$ 在点 (x_0,y_0) 可微，则在该点的两个偏导数 $f'_x(x_0,y_0)$，$f'_y(x_0,y_0)$ 一定存在，且

$$A=f'_x(x_0,y_0),B=f'_y(x_0,y_0).$$

证 因 $f(x,y)$ 在点 (x_0,y_0) 可微，故

$$f(x_0+\Delta x,y_0+\Delta y)-f(x_0,y_0)=A\Delta x+B\Delta y+o(\sqrt{(\Delta x)^2+(\Delta y)^2}),$$

特别地，令 $\Delta y=0$ 得

$$f(x_0+\Delta x,y_0)-f(x_0,y_0)=A\Delta x+o(|\Delta x|),$$

因此

$$\frac{f(x_0+\Delta x,y_0)-f(x_0,y_0)}{\Delta x}=A+\frac{o(|\Delta x|)}{\Delta x}.$$

令 $\Delta x\to 0$,知左边极限存在,且等于 A,即

$$A=f'_x(x_0,y_0);$$

同理可得 $f'_y(x_0,y_0)$存在,且

$$B=f'_y(x_0,y_0).$$

需要注意的是定理 1 的逆命题并不成立. 即由二元函数的两个偏导数存在并不能推出二元函数可微.

例 1 证明函数

$$f(x,y)=\begin{cases}\dfrac{xy}{\sqrt{x^2+y^2}}, & (x,y)\neq(0,0)\\ 0, & (x,y)=(0,0)\end{cases}$$

在点(0,0)的偏导数存在,但在该点不可微.

证 由偏导数的定义

$$f'_x(0,0)=\lim_{\Delta x\to 0}\frac{f(\Delta x,0)-f(0,0)}{\Delta x}=\lim_{\Delta x\to 0}\frac{0-0}{\Delta x}=0.$$

同理有 $f'_y(0,0)=0$. 因此 $f(x,y)$在点(0,0)的偏导数存在.

在点(0,0)处,

$$\Delta z-[f'_x(0,0)\Delta x+f'_y(0,0)\Delta y]=\frac{\Delta x\cdot\Delta y}{\sqrt{(\Delta x)^2+(\Delta y)^2}}.$$

由于

$$\lim_{\substack{\Delta x\to 0\\ \Delta y=\Delta x}}\frac{\dfrac{\Delta x\cdot\Delta y}{\sqrt{(\Delta x)^2+(\Delta y)^2}}}{\rho}=\lim_{\substack{\Delta x\to 0\\ \Delta y=\Delta x}}\frac{\Delta x\cdot\Delta y}{(\Delta x)^2+(\Delta y)^2}=\lim_{\Delta x\to 0}\frac{(\Delta x)^2}{2(\Delta x)^2}=\frac{1}{2},$$

这表明当 $\rho\to 0$ 时,$\Delta z-[f'_x(0,0)\Delta x+f'_y(0,0)\Delta y]$并不是较 ρ 高阶的无穷小. 因此函数在点(0,0)处的全微分不存在,即函数在点(0,0)处是不可微分的.

由定理 1 及例 1 可知,偏导数存在是可微分的必要条件而不是充分条件. 但是如果假定函数的各个偏导数连续,则可以证明函数是可微的,即有下面的定理.

定理 2(可微的充分条件) 若函数 $z=f(x,y)$的两个偏导数在点 $P_0(x_0,y_0)$连续,则函数在该点可微.

证 偏导数在 $P_0(x_0,y_0)$连续,则偏导数在该点的某一邻域内必然存在. 设点$(x_0+\Delta x,y_0+\Delta y)$为这邻域内任意一点,考察函数的全增量

$$\Delta z=f(x_0+\Delta x,y_0+\Delta y)-f(x_0,y_0)$$

$$=[f(x_0+\Delta x,y_0+\Delta y)-f(x_0,y_0+\Delta y)]+$$
$$[f(x_0,y_0+\Delta y)-f(x_0,y_0)].$$

在第一个方括号内的表达式，对 x 应用拉格朗日中值定理，得到

$$f(x_0+\Delta x,y_0+\Delta y)-f(x_0,y_0+\Delta y)$$
$$=f'_x(x_0+\theta_1\Delta x,y_0+\Delta y)\Delta x \quad (0<\theta_1<1),$$

又依假设，$f'_x(x,y)$在(x_0,y_0)连续，故上式可写为

$$f(x_0+\Delta x,y_0+\Delta y)-f(x_0,y_0+\Delta y)$$
$$=f'_x(x_0,y_0)\Delta x+\varepsilon_1\Delta x, \tag{3}$$

其中 ε_1 为 Δx、Δy 的函数，且当 $\Delta x\to 0,\Delta y\to 0$ 时，$\varepsilon_1\to 0$.

同理可证第二个方括号内的表达式可写为

$$f(x_0,y_0+\Delta y)-f(x_0,y_0)=f'_y(x_0,y_0)\Delta y+\varepsilon_2\Delta y, \tag{4}$$

其中 ε_2 为 Δy 的函数，且当 $\Delta y\to 0$ 时，$\varepsilon_2\to 0$.

由(3)、(4)两式可见，在偏导数连续的假定下，全增量 Δz 可以表示为

$$\Delta z=f'_x(x_0,y_0)\Delta x+f'_y(x_0,y_0)\Delta y+\varepsilon_1\Delta x+\varepsilon_2\Delta y, \tag{5}$$

容易看出

$$\left|\frac{\varepsilon_1\Delta x+\varepsilon_2\Delta y}{\rho}\right|\leqslant|\varepsilon_1|+|\varepsilon_2|,$$

它是随着$(\Delta x,\Delta y)\to(0,0)$，即 $\rho\to 0$ 而趋于零的.

这就证明了 $z=f(x,y)$在点 $P_0(x_0,y_0)$是可微分的.

定理 2 给出了可微性的一个充分性条件，很多情况下用这个定理验证函数的可微性比用定义去验证更方便.

习惯上，我们把自变量的增量 Δx、Δy 分别记作 dx，dy，并分别称为自变量 x、y 的微分. 这样，函数 $z=f(x,y)$的全微分就可写为

$$dz=\frac{\partial z}{\partial x}dx+\frac{\partial z}{\partial y}dy. \tag{6}$$

通常我们把二元函数的全微分等于它的两个偏微分之和这件事称为二元函数的微分叠加原理. 叠加原理也适用于二元以上函数的情形. 例如三元函数 $u=f(x,y,z)$可微分，那么它的全微分就等于它的三个偏微分之和，即

$$du=\frac{\partial u}{\partial x}dx+\frac{\partial u}{\partial y}dy+\frac{\partial u}{\partial z}dz.$$

例 2 求下列函数的全微分：

(1)$z=\arctan\dfrac{y}{x}\quad(x\neq 0)$；

(2)$u=x^3+y^3+z^3$.

解 (1)$\dfrac{\partial z}{\partial x}=\dfrac{-y}{x^2+y^2}$，$\dfrac{\partial z}{\partial y}=\dfrac{x}{x^2+y^2}$. 这两个偏导数除原点外均连续，故

$$dz=\frac{-y}{x^2+y^2}dx+\frac{x}{x^2+y^2}dy=\frac{-ydx+xdy}{x^2+y^2}\quad(x\neq0,y\neq0).$$

(2) $\frac{\partial u}{\partial x}=3x^2,\frac{\partial u}{\partial y}=3y^2,\frac{\partial u}{\partial z}=3z^2.$

显然上述偏导数在 $\mathbf{R}^3$ 内连续，故

$$\begin{aligned}du&=\frac{\partial u}{\partial x}dx+\frac{\partial u}{\partial y}dy+\frac{\partial u}{\partial z}dz\\&=3(x^2dx+y^2dy+z^2dz).\end{aligned}$$

例 3 求函数 $u=e^{xyz}$ 在点(1,2,1)处的全微分.

解 $\frac{\partial u}{\partial x}=yze^{xyz},\left.\frac{\partial u}{\partial x}\right|_{(1,2,1)}=2e^2;$

$\frac{\partial u}{\partial y}=xze^{xyz},\left.\frac{\partial u}{\partial y}\right|_{(1,2,1)}=e^2;$

$\frac{\partial u}{\partial z}=xye^{xyz},\left.\frac{\partial u}{\partial z}\right|_{(1,2,1)}=2e^2.$

于是

$$du|_{(1,2,1)}=e^2(2dx+dy+2dz).$$

由二元函数全微分的定义及关于全微分存在的充分条件可知，当二元函数 $z=f(x,y)$ 在点 $P(x,y)$ 的两个偏导数 $f'_x(x,y)$，$f'_y(x,y)$ 连续，并且 $|\Delta x|$，$|\Delta y|$ 都较小时，就有

$$\Delta z\approx dz=f'_x(x,y)\Delta x+f'_y(x,y)\Delta y,\tag{7}$$

或

$$f(x+\Delta x,y+\Delta y)\approx f(x,y)+f'_x(x,y)\Delta x+f'_y(x,y)\Delta y.\tag{8}$$

利用(7)式或(8)式，我们可以对二元函数作近似计算. 下面是关于近似计算的一个简单的例子.

例 4 求 $\sqrt[3]{(2.02)^2+(1.97)^2}$ 的近似值.

解 问题归结为计算函数 $f(x,y)=\sqrt[3]{x^2+y^2}$ 在点(2.02,1.97)的值，可设点 $P_0(x_0,y_0)=P_0(2,2)$，则 $\Delta x=0.02,\Delta y=-0.03$，

$$f'_x(x,y)=\frac{2x}{3(\sqrt[3]{x^2+y^2})^2},f'_x(2,2)=\frac{1}{3}.$$

$$f'_y(x,y)=\frac{2y}{3(\sqrt[3]{x^2+y^2})^2},f'_y(2,2)=\frac{1}{3}.$$

又 $f(2,2)=2$，由(8)式，得

$$\begin{aligned}\sqrt[3]{(2.02)^2+(1.97)^2}&\approx f(2,2)+f'_x(2,2)\Delta x+f'_y(2,2)\Delta y\\&=f(2,2)+\frac{1}{3}\times0.02+\frac{1}{3}\times(-0.03)\end{aligned}$$

$$=2-\frac{0.01}{3}\approx 1.997.$$

习题 8-3

1. 求下列函数的全微分：

(1) $z=xy+\frac{x}{y}$；　　(2) $z=e^{\frac{y}{x}}$；

(3) $z=\frac{y}{\sqrt{x^2+y^2}}$；　　(4) $u=x^{yz}$；

(5) $z=3xe^y-2\sqrt{x}+\ln 5$.

2. 求函数 $z=\ln(1+x^2+y^2)$ 当 $x=1,y=2$ 时的全微分.

3. 求函数 $z=\frac{y}{x}$ 当 $x=2,y=1,\Delta x=0.1,\Delta y=-0.2$ 时的全增量和全微分.

4. 求函数 $z=e^{xy}$ 当 $x=1,y=1,\Delta x=0.15,\Delta y=0.1$ 时的全微分.

5. 计算 $\sqrt{(102)^3+(1.97)^3}$ 的近似值.

6. 计算 $(1.97)^{1.05}$ 的近似值($\ln 2=0.693$).

8.4 多元复合函数的求导法则

我们在上册已经学习了一元复合函数求导的链式法则：如果函数 $x=g(t)$ 在点 t 可导，函数 $y=f(x)$ 在对应点 x 可导，则复合函数 $y=f[g(t)]$ 在点 t 可导，且有

$$\frac{dy}{dt}=\frac{dy}{dx}\cdot\frac{dx}{dt}.$$

现在把这一重要法则推广到多元复合函数. 由于有多个自变量，复合结构比一元函数复杂得多，因此多元复合函数的求导法则在不同的函数复合的情形下，表达形式会有所不同. 下面归纳成三种典型情形加以讨论.

8.4.1 复合函数的中间变量均为一元函数的情形

定理 1 如果函数 $u=\varphi(t)$ 及 $v=\psi(t)$ 都在点 t 可导，函数 $z=f(u,v)$ 在对应点 (u,v) 具有连续偏导数，则复合函数 $z=f[\varphi(t),\psi(t)]$ 在点 t 可导，且有

$$\frac{dz}{dt}=\frac{\partial z}{\partial u}\cdot\frac{du}{dt}+\frac{\partial z}{\partial v}\cdot\frac{dv}{dt}. \tag{1}$$

证 设 t 取得增量 Δt，这时 u 和 v 相应取得增量 Δu 和 Δv，由于 $z=f(u,v)$

在点(u,v)具有连续偏导数，因此$z=f(u,v)$在点(u,v)可微，故z的全增量

$$\Delta z=\frac{\partial z}{\partial u}\Delta u+\frac{\partial z}{\partial v}\Delta v+o(\rho),$$

其中$\rho=\sqrt{(\Delta u)^2+(\Delta v)^2}$.

将上式两端同除以Δt，得

$$\frac{\Delta z}{\Delta t}=\frac{\partial z}{\partial u}\cdot\frac{\Delta u}{\Delta t}+\frac{\partial z}{\partial v}\cdot\frac{\Delta v}{\Delta t}+\frac{o(\rho)}{\Delta t},$$

其中 $\frac{o(\rho)}{\Delta t}$可改写成$\frac{o(\rho)}{\rho}\cdot\frac{\rho}{\Delta t}$.

当$\Delta t\to 0$时，$\Delta u\to 0$，$\Delta v\to 0$，$\frac{\Delta u}{\Delta t}\to\frac{\mathrm{d}u}{\mathrm{d}t}$，$\frac{\Delta v}{\Delta t}\to\frac{\mathrm{d}v}{\mathrm{d}t}$，则

$$\lim_{\Delta t\to 0}\left|\frac{\rho}{\Delta t}\right|=\lim_{\Delta t\to 0}\left|\sqrt{\left(\frac{\Delta u}{\Delta t}\right)^2+\left(\frac{\Delta v}{\Delta t}\right)^2}\right|$$
$$=\sqrt{\left(\frac{\mathrm{d}u}{\Delta t}\right)^2+\left(\frac{\mathrm{d}v}{\mathrm{d}t}\right)^2}.$$

于是

$$\lim_{\Delta t\to 0}\left|\frac{o(\rho)}{\Delta t}\right|=\lim_{\Delta t\to 0}\left|\frac{o(\rho)}{\rho}\cdot\frac{\rho}{\Delta t}\right|$$
$$=\lim_{\Delta t\to 0}\left|\frac{o(\rho)}{\rho}\right|\cdot\left|\frac{\rho}{\Delta t}\right|=0.$$

从而 $$\lim_{\Delta t\to 0}\frac{o(\rho)}{\Delta t}=0.$$

故

$$\frac{\mathrm{d}z}{\mathrm{d}t}=\lim_{\Delta t\to 0}\frac{\Delta z}{\Delta t}=\frac{\partial z}{\partial u}\cdot\frac{\mathrm{d}u}{\mathrm{d}t}+\frac{\partial z}{\partial v}\cdot\frac{\mathrm{d}v}{\mathrm{d}t}.$$

(1)式可推广到复合函数的中间变量多于两个的情形. 例如，设

$$z=f(u,v,w),u=\varphi(t),v=\psi(t),w=\omega(t),$$

它们复合成函数

$$z=f[\varphi(t),\psi(t),\omega(t)],$$

则在定理1类似的条件下，这复合函数的导数存在且可用下述公式计算：

$$\frac{\mathrm{d}z}{\mathrm{d}t}=\frac{\partial z}{\partial u}\cdot\frac{\mathrm{d}u}{\mathrm{d}t}+\frac{\partial z}{\partial v}\cdot\frac{\mathrm{d}v}{\mathrm{d}t}+\frac{\partial z}{\partial w}\cdot\frac{\mathrm{d}w}{\mathrm{d}t}. \tag{2}$$

在公式(1)、(2)中的导数$\frac{\mathrm{d}z}{\mathrm{d}t}$称为全导数.

例 1 设$z=u\ln v$，$u=\mathrm{e}^t$，$v=\sin t$，求$\frac{\mathrm{d}z}{\mathrm{d}t}$.

解 $\frac{\partial z}{\partial u}=\ln v$，$\frac{\partial z}{\partial v}=\frac{u}{v}$，$\frac{\mathrm{d}u}{\mathrm{d}t}=\mathrm{e}^t$，$\frac{\mathrm{d}v}{\mathrm{d}t}=\cos t$.

由公式(1)有

$$\frac{dz}{dt}=\frac{\partial z}{\partial u}\cdot\frac{du}{dt}+\frac{\partial z}{\partial v}\cdot\frac{dv}{dt}$$

$$=e^t\ln v+\frac{u}{v}\cos t$$

$$=e^t\ln\sin t+e^t\cot t.$$

例 2　设 $z=u^v(u>0,u\neq1)$，而 $u=u(x)$ 及 $v=v(x)$ 均可导，求全导数 $\frac{dz}{dx}$.

解　根据复合函数的求导法则，复合函数 $z=u(x)^{v(x)}$ 可导，其导数为

$$\frac{dz}{dx}=\frac{\partial z}{\partial u}\cdot\frac{du}{dx}+\frac{\partial z}{\partial v}\cdot\frac{dv}{dx}$$

$$=vu^{v-1}\cdot\frac{du}{dx}+u^v\ln u\cdot\frac{dv}{dx}$$

$$=u^v\left(\frac{v}{u}\frac{du}{dx}+\ln u\,\frac{dv}{dx}\right).$$

8.4.2　复合函数的中间变量均为多元函数的情形

定理 2　如果函数 $u=\varphi(x,y)$ 及 $v=\psi(x,y)$ 都在点 (x,y) 具有对 x 及对 y 的偏导数，函数 $z=f(u,v)$ 在对应点 (u,v) 具有连续偏导数，则复合函数 $z=f[\varphi(x,y),\psi(x,y)]$ 在点 (x,y) 的两个偏导数存在，且有

$$\frac{\partial z}{\partial x}=\frac{\partial z}{\partial u}\cdot\frac{\partial u}{\partial x}+\frac{\partial z}{\partial v}\cdot\frac{\partial v}{\partial x},\tag{3}$$

$$\frac{\partial z}{\partial y}=\frac{\partial z}{\partial u}\cdot\frac{\partial u}{\partial y}+\frac{\partial z}{\partial v}\cdot\frac{\partial v}{\partial y}.\tag{4}$$

定理的证明从略. 这里只对证明思路作一个说明：在求 $\frac{\partial z}{\partial x}$ 时，可将 y 看做常量，因此中间变量 u 和 v 可看做一元函数而应用定理 1. 但由于

$$z=f[\varphi(x,y),\psi(x,y)]$$

及

$$u=\varphi(x,y),v=\psi(x,y)$$

都是 x、y 的二元函数，故应把(1)式中的求导符号“d”改成求偏导符号“∂”，这样便由(1)式得到(3)式. 同理也可由(1)式得到(4)式.

定理 2 也可推广到复合函数的中间变量多于两个的情形. 例如设 $z=f(u,v,w)$ 具有连续偏导数，而

$$u=\varphi(x,y),v=\psi(x,y),w=\omega(x,y)$$

都具有偏导数，则复合函数

$$z=f[\varphi(x,y),\psi(x,y),\omega(x,y)]$$

有对自变量 x,y 的偏导数,且

$$\frac{\partial z}{\partial x}=\frac{\partial z}{\partial u}\cdot\frac{\partial u}{\partial x}+\frac{\partial z}{\partial v}\cdot\frac{\partial v}{\partial x}+\frac{\partial z}{\partial w}\cdot\frac{\partial w}{\partial x},\tag{5}$$

$$\frac{\partial z}{\partial y}=\frac{\partial z}{\partial u}\cdot\frac{\partial u}{\partial y}+\frac{\partial z}{\partial v}\cdot\frac{\partial v}{\partial y}+\frac{\partial z}{\partial w}\cdot\frac{\partial w}{\partial y}.\tag{6}$$

例 3 设 $z=u^2+v^2,u=x-y,v=x+y$,求$\frac{\partial z}{\partial x},\frac{\partial z}{\partial y}$.

解 把 u,v 看作为中间变量,x,y 看作为自变量.

利用公式(3)、(4)有

$$\frac{\partial z}{\partial x}=\frac{\partial z}{\partial u}\cdot\frac{\partial u}{\partial x}+\frac{\partial z}{\partial v}\cdot\frac{\partial v}{\partial x}=2u+2v=4x,$$

$$\frac{\partial z}{\partial y}=\frac{\partial z}{\partial u}\cdot\frac{\partial u}{\partial y}+\frac{\partial z}{\partial v}\cdot\frac{\partial v}{\partial y}=-2u+2v=4y.$$

例 4 设 $z=f\left(xy,\frac{x}{y}\right)$,$f$ 有一阶连续偏导数,求$\frac{\partial z}{\partial x},\frac{\partial z}{\partial y}$.

解 令 $u=xy,v=\frac{x}{y}$,则 z 是以 u,v 为中间变量,以 x,y 为自变量的复合函数.由于 f 无具体形式,为书写方便,可用记号 f_1',f_2'表示函数 $z=f(u,v)$分别对第一、二个中间变量的偏导数,则由公式(3)、(4)有

$$\begin{aligned}\frac{\partial z}{\partial x}&=\frac{\partial z}{\partial u}\cdot\frac{\partial u}{\partial x}+\frac{\partial z}{\partial v}\cdot\frac{\partial v}{\partial x}\\&=f_1'\cdot y+f_2'\cdot\frac{1}{y}=yf_1'+\frac{1}{y}f_2';\\\frac{\partial z}{\partial y}&=\frac{\partial z}{\partial u}\cdot\frac{\partial u}{\partial y}+\frac{\partial z}{\partial v}\cdot\frac{\partial v}{\partial y}\\&=f_1'\cdot x+f_2'\cdot\left(-\frac{x}{y^2}\right)\\&=xf_1'-\frac{x}{y^2}f_2'.\end{aligned}$$

8.4.3 复合函数的中间变量既有一元函数,又有多元函数的情形

定理 3 如果函数 $u=\varphi(x,y)$在点(x,y)具有对 x 及对 y 的偏导数,函数 $v=\psi(y)$在点 y 可导,函数 $z=f(u,v)$在对应点(u,v)具有连续偏导数,则复合函数 $z=f[\varphi(x,y),\psi(y)]$在点$(x,y)$的两个偏导数存在,且有

$$\frac{\partial z}{\partial x}=\frac{\partial z}{\partial u}\cdot\frac{\partial u}{\partial x},\tag{7}$$

$$\frac{\partial z}{\partial y}=\frac{\partial z}{\partial u}\cdot\frac{\partial u}{\partial y}+\frac{\partial z}{\partial v}\cdot\frac{\mathrm{d}v}{\mathrm{d}y}.\tag{8}$$

事实上,只要注意到 v 与 x 无关,因而定理 3 是定理 2 的特殊情形,即在式(3)、(4)中 $\frac{\partial v}{\partial x}=0$,并注意一元函数求导的符号,就得到式(7)、(8).

例 5　设 $z=\arcsin(uv)$, $u=xe^y$, $v=y^2$,求 $\frac{\partial z}{\partial x}$ 和 $\frac{\partial z}{\partial y}$.

解　$\frac{\partial z}{\partial x}=\frac{\partial z}{\partial u}\cdot\frac{\partial u}{\partial x}=\frac{v}{\sqrt{1-u^2v^2}}e^y=\frac{y^2e^y}{\sqrt{1-x^2y^4e^{2y}}}$;

$$\begin{aligned}\frac{\partial z}{\partial y}&=\frac{\partial z}{\partial u}\cdot\frac{\partial u}{\partial y}+\frac{\partial z}{\partial v}\cdot\frac{dv}{dy}\\&=\frac{v}{\sqrt{1-u^2v^2}}\cdot xe^y+\frac{u}{\sqrt{1-u^2v^2}}\cdot 2y\\&=\frac{xye^y(y+2)}{\sqrt{1-x^2y^4e^{2y}}}.\end{aligned}$$

在情形 3 中往往会遇到这样的情况:复合函数的某些中间变量本身又是复合函数的自变量.这时要特别地防止记号的混淆.

例如设 $z=f(u,x,y)$ 具有连续偏导数,而 $u=\varphi(x,y)$ 具有偏导数,则复合函数 $z=f[\varphi(x,y),x,y]$ 具有对 x 和对 y 的偏导数.这时变量 x 和 y 既是中间变量又是自变量,按公式(5)、(6),注意到 $v=x$, $w=y$,因 $\frac{\partial v}{\partial x}=1$, $\frac{\partial w}{\partial x}=0$; $\frac{\partial v}{\partial y}=0$, $\frac{\partial w}{\partial y}=1$,从而有

$$\frac{\partial z}{\partial x}=f'_u\frac{\partial u}{\partial x}+f'_x;$$

$$\frac{\partial z}{\partial y}=f'_u\frac{\partial u}{\partial y}+f'_y.$$

这里要注意等式两端的 $\frac{\partial z}{\partial x}$ 和 f'_x 是不同的,左端的 $\frac{\partial z}{\partial x}$ 是把复合函数 $z=f[\varphi(x,y),x,y]$ 中的 y 看成常量而对 x 的偏导数,这时 z 是二元函数;f'_x 是函数 $z=f(u,x,y)$ 中把 u 和 y 看成常量而对 x 的偏导数,这时 f 是三元函数.同样 $\frac{\partial z}{\partial y}$ 和 f'_y 也有类似的区别.

例 6　设 $u=f(x,y,z)=e^{x^2+y^2+z^2}$,而 $z=x^2\sin y$,求 $\frac{\partial u}{\partial x}$ 和 $\frac{\partial u}{\partial y}$.

解　$\frac{\partial u}{\partial x}=\frac{\partial f}{\partial x}+\frac{\partial f}{\partial z}\cdot\frac{\partial z}{\partial x}=2xe^{x^2+y^2+z^2}+2ze^{x^2+y^2+z^2}\cdot 2x\sin y$

$=2x(1+2x^2\sin^2 y)e^{x^2+y^2+z^2}$;

$\frac{\partial u}{\partial y}=\frac{\partial f}{\partial y}+\frac{\partial f}{\partial z}\cdot\frac{\partial z}{\partial y}=2ye^{x^2+y^2+z^2}+2ze^{x^2+y^2+z^2}\cdot x^2\cos y$

$=2(y+x^4\sin y\cos y)e^{x^2+y^2+z^2}$.

对于复合函数的高阶偏导数，仍然用链式法则来求，只不过过程更复杂一些而已. 下面举例说明.

例 7 设 $z=f(x+y,xy)$，f 具有二阶连续偏导数，求 $\frac{\partial^2 z}{\partial x^2}$.

解 令 $u=x+y, v=xy$，利用链式法则有

$$\frac{\partial z}{\partial x}=\frac{\partial z}{\partial u}\cdot\frac{\partial u}{\partial x}+\frac{\partial z}{\partial v}\cdot\frac{\partial v}{\partial x}$$

$$=\frac{\partial z}{\partial u}+y\frac{\partial z}{\partial v}=f'_1+yf'_2.$$

记 $f''_{11}=\frac{\partial^2 f(u,v)}{\partial u^2}$，类似地引入 $f''_{12}, f''_{21}, f''_{22}$，于是有

$$\frac{\partial^2 z}{\partial x^2}=\frac{\partial f'_1}{\partial x}+y\frac{\partial f'_2}{\partial x}$$

$$=\left(\frac{\partial f'_1}{\partial u}\cdot\frac{\partial u}{\partial x}+\frac{\partial f'_1}{\partial v}\cdot\frac{\partial v}{\partial x}\right)$$

$$+y\left(\frac{\partial f'_2}{\partial u}\cdot\frac{\partial u}{\partial x}+\frac{\partial f'_2}{\partial v}\cdot\frac{\partial v}{\partial x}\right)$$

$$=(f''_{11}+yf''_{12})+y(f''_{21}+yf''_{22})$$

$$=f''_{11}+y^2f''_{22}+2yf''_{12}.$$

这里 $f''_{12}=f''_{21}$. 需要特别强调的是在求 $\frac{\partial f'_1}{\partial x}$ 及 $\frac{\partial f'_2}{\partial x}$ 时，应注意 f'_1 及 f'_2 仍然是复合函数.

全微分形式不变性 在讨论一元函数时，我们曾介绍了一阶微分形式的不变性. 多元函数也具有这一性质. 以下我们假设所讨论的各个函数都满足可微性的条件.

对于二元函数 $z=f(x,y)$，如果 x,y 是自变量，则有

$$dz=\frac{\partial z}{\partial x}dx+\frac{\partial z}{\partial y}dy, \tag{9}$$

现设 $x=\varphi(s,t)$，$y=\psi(s,t)$，这两个函数及 $z=f(x,y)$ 可构成以 x、y 为中间变量，s、t 为自变量的复合函数：

$$z=f[\varphi(s,t),\psi(s,t)],$$

它的全微分为

$$dz=\frac{\partial z}{\partial s}ds+\frac{\partial z}{\partial t}dt. \tag{10}$$

利用复合函数求导法则，我们有

$$\frac{\partial z}{\partial s}=\frac{\partial z}{\partial x}\cdot\frac{\partial x}{\partial s}+\frac{\partial z}{\partial y}\cdot\frac{\partial y}{\partial s},\quad \frac{\partial z}{\partial t}=\frac{\partial z}{\partial x}\cdot\frac{\partial x}{\partial t}+\frac{\partial z}{\partial y}\cdot\frac{\partial y}{\partial t},$$

将上述结果代入(10)式，得

$$\begin{aligned}\mathrm{d}z&=\left(\frac{\partial z}{\partial x}\cdot\frac{\partial x}{\partial s}+\frac{\partial z}{\partial y}\cdot\frac{\partial y}{\partial s}\right)\mathrm{d}s+\left(\frac{\partial z}{\partial x}\cdot\frac{\partial x}{\partial t}+\frac{\partial z}{\partial y}\cdot\frac{\partial y}{\partial t}\right)\mathrm{d}t\\&=\frac{\partial z}{\partial x}\left(\frac{\partial x}{\partial s}\mathrm{d}s+\frac{\partial x}{\partial t}\mathrm{d}t\right)+\frac{\partial z}{\partial y}\left(\frac{\partial y}{\partial s}\mathrm{d}s+\frac{\partial y}{\partial t}\mathrm{d}t\right);\end{aligned}\tag{11}$$

另一方面

$$\mathrm{d}x=\frac{\partial x}{\partial s}\mathrm{d}s+\frac{\partial x}{\partial t}\mathrm{d}t,\ \mathrm{d}y=\frac{\partial y}{\partial s}\mathrm{d}s+\frac{\partial y}{\partial t}\mathrm{d}t,\tag{12}$$

将(12)式代入(11)式，得

$$\mathrm{d}z=\frac{\partial z}{\partial x}\mathrm{d}x+\frac{\partial z}{\partial y}\mathrm{d}y.$$

由此可见，当 x,y 是中间变量时，所得到的复合函数的全微分形式与 x、y 作为自变量时的式(9)完全一样，这就是一阶全微分形式的不变性.

从全微分表示式(9)中看到，$\mathrm{d}x,\mathrm{d}y$ 前面的乘积项分别是函数 $z=f(x,y)$ 的偏导数 $\frac{\partial z}{\partial x},\frac{\partial z}{\partial y}$. 因此，求得了全微分，就得到了相应的偏导数. 而且利用全微分求解偏导数的优点也十分明显，即计算过程中不必区分自变量与中间变量，运算层次分明，不易出错，应用于下一节的隐函数求导中也会特别方便.

例 8 设 $z=(x^2+y^2)\mathrm{e}^{xy}$，求 $\frac{\partial z}{\partial x},\frac{\partial z}{\partial y}$.

解 方法 1：利用复合函数求导法则，引入中间变量 $u=x^2+y^2,v=xy$，这时 $z=u\mathrm{e}^v$，于是

$$\begin{aligned}\frac{\partial z}{\partial x}&=\frac{\partial z}{\partial u}\cdot\frac{\partial u}{\partial x}+\frac{\partial z}{\partial v}\cdot\frac{\partial v}{\partial x}\\&=\mathrm{e}^v\cdot 2x+u\mathrm{e}^v\cdot y\\&=(2x+x^2y+y^3)\mathrm{e}^{xy}.\end{aligned}$$

利用对称性可得

$$\frac{\partial z}{\partial y}=(2y+xy^2+x^3)\mathrm{e}^{xy}.$$

方法 2：利用一阶微分方程形式不变性：

$$\begin{aligned}\mathrm{d}z&=\mathrm{d}[(x^2+y^2)\mathrm{e}^{xy}]\\&=\mathrm{e}^{xy}\mathrm{d}(x^2+y^2)+(x^2+y^2)\mathrm{d}\mathrm{e}^{xy}\\&=\mathrm{e}^{xy}(2x\mathrm{d}y+2y\mathrm{d}y)+(x^2+y^2)\cdot\mathrm{e}^{xy}\mathrm{d}(xy)\\&=\mathrm{e}^{xy}(2x\mathrm{d}x+2y\mathrm{d}y)+(x^2+y^2)\cdot\mathrm{e}^{xy}(y\mathrm{d}x+x\mathrm{d}y)\\&=\mathrm{e}^{xy}(2x+x^2y+y^3)\mathrm{d}x+\mathrm{e}^{xy}(2y+xy^2+x^3)\mathrm{d}y,\end{aligned}$$

于是

$$\frac{\partial z}{\partial x}=(2x+x^2y+y^3)\mathrm{e}^{xy},$$

$$\frac{\partial x}{\partial y}=(2y+xy^2+x^3)\mathrm{e}^{xy}.$$

习题 8－4

1. 求下列函数的全导数：

(1)设 $z=\frac{v}{u}$，而 $u=\ln x, v=\mathrm{e}^x$，求 $\frac{\mathrm{d}z}{\mathrm{d}x}$；

(2)设 $z=\arctan(x-y)$，而 $x=3t, y=4t^3$，求 $\frac{\mathrm{d}z}{\mathrm{d}t}$；

(3)设 $z=xy+yt$，而 $y=2^x, t=\sin x$，求 $\frac{\mathrm{d}z}{\mathrm{d}x}$.

2. 求下列函数的一阶偏导数(其中 f 具有一阶连续偏导数)：

(1) $z=u\mathrm{e}^v$，而 $u=x^2+y^2, v=xy$； (2) $z=x^2\ln y$，而 $x=\frac{u}{v}, y=3u-2v$；

(3) $z=f(x^2-y^2, \mathrm{e}^{xy})$； (4) $u=f\left(\frac{x}{y}, \frac{y}{z}\right)$.

3. 设 $z=\arctan\frac{x}{y}$，而 $x=u+v, y=u-v$，验证 $\frac{\partial z}{\partial u}+\frac{\partial z}{\partial v}=\frac{u-v}{u^2+v^2}$.

4. 设 $z=xy+xF(u)$，而 $u=\frac{y}{x}$，$F(u)$ 为可导函数，证明 $x\frac{\partial z}{\partial x}+y\frac{\partial z}{\partial y}=z+xy$.

5. 设 $z=\frac{y}{f(x^2-y^2)}$，其中 $f(u)$ 为可导函数，验证 $\frac{1}{x}\frac{\partial z}{\partial x}+\frac{1}{y}\frac{\partial z}{\partial y}=\frac{z}{y^2}$.

6. 求下列函数的二阶偏导数：

(1) $z=\sin^2(ax+by)$； (2) $z=\ln(y+\sqrt{x^2+y^2})$.

7. 求下列函数的二阶偏导数(其中 f 具有二阶连续偏导数)：

(1) $z=f\left(2x, \frac{x}{y}\right)$； (2) $z=f(x\ln y, y-x)$.

8. 设 $u=f(x,y)$ 的所有二阶偏导数连续，而 $x=\frac{s-\sqrt{3}t}{2}, y=\frac{\sqrt{3}s+t}{2}$，

证明 $\left(\frac{\partial u}{\partial x}\right)^2+\left(\frac{\partial u}{\partial y}\right)^2=\left(\frac{\partial u}{\partial s}\right)^2+\left(\frac{\partial u}{\partial t}\right)^2$ 及 $\frac{\partial^2 u}{\partial x^2}+\frac{\partial^2 u}{\partial y^2}=\frac{\partial^2 u}{\partial s^2}+\frac{\partial^2 u}{\partial t^2}$.

9. 设 f 与 g 有二阶连续导数，且 $z=f(x+at)+g(x-at)$，证明

$$\frac{\partial^2 z}{\partial t^2}=a^2\frac{\partial^2 z}{\partial x^2}.$$

8.5 隐函数的求导公式

在第 2 章里我们已经提出了隐函数的概念，并且指出了不经过显化直接由方程

$$F(x,y)=0 \tag{1}$$

求出它所确定的隐函数的导数的方法. 但那是在假定方程能确定隐函数且该隐函数存在导数的前提下进行的. 然而我们知道，形如(1)式的方程并不一定都能够确定一个一元函数 $y=f(x)$，例如方程

$$x^2+y^2+1=0,$$

由于 x,y 无论取什么实数都不能满足这方程，从而这方程不能确定任何函数 $y=f(x)$. 因此在隐函数求导之前，必须讨论两个问题：一是在什么条件下隐函数存在；二是如果隐函数存在，在什么条件下隐函数连续可导. 这就是隐函数存在定理. 我们不仅要讨论由一个方程所确定的隐函数，还要讨论由多个方程而构成的方程组所确定的隐函数. 这里的隐函数可以是一元函数，也可以是多元函数.

8.5.1 一个方程的情形

考虑方程(1)，我们给出如下的隐函数存在定理：

定理 1(一元隐函数存在定理)　若二元函数 $F(x,y)$ 满足下列条件：

(1) $F(x,y)$ 在点 $P_0(x_0,y_0)$ 的某一邻域内具有连续偏导数；

(2) $F(x_0,y_0)=0$；

(3) $F'_y(x_0,y_0)\neq 0$.

则方程 $F(x,y)=0$ 在点 (x_0,y_0) 的某一邻域内恒能唯一确定一个连续且具有连续导数的函数 $y=f(x)$，它满足条件 $y_0=f(x_0)$，并有

$$\frac{\mathrm{d}y}{\mathrm{d}x}=-\frac{F'_x}{F'_y}. \tag{2}$$

公式(2)是隐函数的求导公式.

定理证明从略，现仅对公式(2)作如下推导.

将方程(1)所确定的函数 $y=f(x)$ 代入方程(1)，得恒等式

$$F[x,f(x)]\equiv 0.$$

上式左端可以看做是 x 的一个复合函数，现在求这个函数的全导数. 由于恒等式两端求导后仍相等，即得

$$F'_x+F'_y\frac{\mathrm{d}y}{\mathrm{d}x}=0.$$

由于 F'_y 连续，且 $F'_y(x_0,y_0)\neq 0$，所以存在点 (x_0,y_0) 的一个邻域，在这个邻域内

$F'_y \neq 0$，于是得

$$\frac{\mathrm{d}y}{\mathrm{d}x} = -\frac{F'_x}{F'_y}.$$

例 1 验证方程

$$y - x - \frac{1}{2}\sin y = 0,$$

能确定唯一一个连续可微的函数 $y = f(x)$.

证 问题归结为验证定理 1 中的诸多条件. 现在 $F(x,y) = y - x - \frac{1}{2}\sin y$. 显然$F(x,y)$在全平面 $\mathbf{R}^2$ 内有连续偏导数. 又 $F(0,0)=0$，$F'_y(0,0) = 1 - \frac{1}{2}\cos y > 0$，因此该方程唯一可确定一个连续可微的函数 $y = f(x)$，只是它不能用我们熟悉的任何初等函数来显式表示.

例 2 设方程 $e^{xy} = 3xy^2$ 确定 y 是 x 的函数，求$\frac{\mathrm{d}y}{\mathrm{d}x}$.

解 设利用公式(2)，将方程改写为

$$e^{xy} - 3xy^2 = 0,$$

令 $F(x,y) = e^{xy} - 3xy^2$，则

$$F'_x(x,y) = ye^{xy} - 3y^2,$$
$$F'_y(x,y) = xe^{xy} - 6xy.$$

由公式(2)

$$\frac{\mathrm{d}y}{\mathrm{d}x} = -\frac{F'_x(x,y)}{F'_y(x,y)} = \frac{ye^{xy} - 3y^2}{6xy - xe^{xy}}.$$

定理 1 可推广到多元函数. 特别地，关于一个三元方程

$$F(x,y,z) = 0, \tag{3}$$

它有可能确定一个二元隐函数. 相应地隐函数存在定理具体叙述如下.

定理 2(二元隐函数存在定理) 若三元函数 $F(x,y,z)$满足下列条件：

(1)$F(x,y,z)$在点 $P_0(x_0,y_0,z_0)$的某一邻域内具有连续偏导数；

(2)$F(x_0,y_0,z_0) = 0$；

(3)$F'_z(x_0,y_0,z_0) \neq 0$.

则方程 $F(x,y,z)=0$ 在点(x_0,y_0,z_0)的某一邻域恒能唯一确定一个连续且具有连续偏导数的函数 $z = f(x,y)$，它满足条件 $z_0 = f(x_0,y_0)$，并有

$$\frac{\partial z}{\partial x} = -\frac{F'_x}{F'_z}, \frac{\partial z}{\partial y} = -\frac{F'_y}{F'_z}. \tag{4}$$

定理 2 的证明从略.

例 3 设 $z = z(x,y)$是由方程 $e^z - xyz = 0$ 所确定的隐函数，求$\frac{\partial^2 z}{\partial x^2}$.

解 先求$\frac{\partial z}{\partial x}$.

令 $F(x,y,z)=e^z-xyz$,则

$$F'_x=-yz,\ F'_z=e^z-xy,$$

由公式(3),可得

$$\frac{\partial z}{\partial x}=-\frac{F'_x}{F'_z}=\frac{yz}{e^z-xy}=\frac{z}{x(z-1)}\quad(x\neq 0,z\neq 1),\tag{5}$$

再求$\frac{\partial^2 z}{\partial x^2}$.利用复合函数求导法则,得

$$\frac{\partial^2 z}{\partial x^2}=\frac{\partial}{\partial x}\left[\frac{z}{x(z-1)}\right]=\frac{x(z-1)\frac{\partial z}{\partial x}-z\left(z-1+x\frac{\partial z}{\partial x}\right)}{x^2(z-1)^2}$$

$$=\frac{-x\frac{\partial z}{\partial x}-z^2+z}{x^2(z-1)^2}.$$

再将(4)式代入上式,得

$$\frac{\partial^2 z}{\partial x^2}=\frac{z(z^2-2z+2)}{x^2(1-z)^3}.$$

8.5.2 方程组的情形

隐函数存在定理也可推广到由方程组所确定的隐函数的情形.我们以四个变量,两个方程的情形为例说明.

考虑方程组

$$\begin{cases}F(x,y,u,v)=0,\\G(x,y,u,v)=0.\end{cases}\tag{6}$$

我们给出下面的定理.

定理3(隐函数组存在定理) 设函数 $F(x,y,u,v)$,$G(x,y,u,v)$满足下列条件:

(1)$F(x,y,u,v)$及$G(x,y,u,v)$在点$P_0(x_0,y_0,u_0,v_0)$的某一邻域内都有一阶连续偏导数;

(2)$F(x_0,y_0,u_0,v_0)=0$,$G(x_0,y_0,u_0,v_0)=0$;

(3)由偏导数所组成的函数行列式[或称为雅可比(Jacobi)行列式]:

$$J=\left.\frac{\partial(F,G)}{\partial(u,v)}\right|_{P_0}=\left|\begin{matrix}\frac{\partial F}{\partial u}&\frac{\partial F}{\partial v}\\\frac{\partial G}{\partial u}&\frac{\partial G}{\partial v}\end{matrix}\right|_{P_0}\neq 0.$$

则方程组 $F(x,y,u,v)=0$,$G(x,y,u,v)=0$ 在点(x_0,y_0,u_0,v_0)的某一邻域内

恒能唯一确定一组连续且具有连续偏导数的函数 $u=u(x,y)$，$v=v(x,y)$，它们满足条件 $u_0=u(x_0,y_0)$，$v_0=v(x_0,y_0)$，并有

$$\frac{\partial u}{\partial x}=-\frac{1}{J}\frac{\partial(F,G)}{\partial(x,v)}=-\frac{\begin{vmatrix}F'_x & F'_v\\ G'_x & G'_v\end{vmatrix}}{\begin{vmatrix}F'_u & F'_v\\ G'_u & G'_v\end{vmatrix}},$$

$$\frac{\partial v}{\partial x}=-\frac{1}{J}\frac{\partial(F,G)}{\partial(u,x)}=-\frac{\begin{vmatrix}F'_u & F'_x\\ G'_u & G'_x\end{vmatrix}}{\begin{vmatrix}F'_u & F'_v\\ G'_u & G'_v\end{vmatrix}},\tag{7}$$

$$\frac{\partial u}{\partial y}=-\frac{1}{J}\frac{\partial(F,G)}{\partial(y,v)}=-\frac{\begin{vmatrix}F'_y & F'_v\\ G'_y & G'_v\end{vmatrix}}{\begin{vmatrix}F'_u & F'_v\\ G'_u & G'_v\end{vmatrix}},$$

$$\frac{\partial v}{\partial y}=-\frac{1}{J}\frac{\partial(F,G)}{\partial(u,y)}=-\frac{\begin{vmatrix}F'_u & F'_y\\ G'_u & G'_y\end{vmatrix}}{\begin{vmatrix}F'_u & F'_v\\ G'_u & G'_v\end{vmatrix}}.$$

这个定理不作证明. 下面仅就公式(7)作如下推导.

由于

$$\begin{cases}F[x,y,u(x,y),v(x,y)]\equiv 0,\\ G[x,y,u(x,y),v(x,y)]\equiv 0,\end{cases}$$

将恒等式两边分别对 x 求导，应用复合函数求导法则得

$$\begin{cases}F'_x+F'_u\dfrac{\partial u}{\partial x}+F'_v\dfrac{\partial v}{\partial x}=0,\\ G'_x+G'_u\dfrac{\partial u}{\partial x}+G'_v\dfrac{\partial v}{\partial x}=0.\end{cases}$$

这是关于$\dfrac{\partial u}{\partial x}$、$\dfrac{\partial v}{\partial x}$的线性方程组，由假设可知在点 $P(x_0,y_0,u_0,v_0)$ 的一个邻域内系数行列式

$$J=\begin{vmatrix}F'_u & F'_v\\ G'_u & G'_v\end{vmatrix}\neq 0,$$

从而可解出$\dfrac{\partial u}{\partial x}$，$\dfrac{\partial v}{\partial x}$，得

$$\frac{\partial u}{\partial x}=-\frac{1}{J}\frac{\partial(F,G)}{\partial(x,v)},\ \frac{\partial v}{\partial x}=-\frac{1}{J}\frac{\partial(F,G)}{\partial(u,x)}.$$

同理,可得

$$\frac{\partial u}{\partial y}=-\frac{1}{J}\frac{\partial(F,G)}{\partial(y,v)},\frac{\partial v}{\partial y}=-\frac{1}{J}\frac{\partial(F,G)}{\partial(u,y)}.$$

定理 3 给出了公式(7),但读者不必死记这一公式.对于具体问题,往往从方程组(6)出发,依照公式(7)的推导方法,利用复合函数求导法则来求各个隐函数的偏导数.

例 4 对于下面给出的方程组

$$\begin{cases}F(x,y,u,v)=u^2+v^2-x^2-y=0,\\ G(x,y,u,v)=u+v-x^2+y=0,\end{cases}$$

讨论在点 $P_0(2,1,1,2)$ 的某一邻域内能否确定隐函数组

$$\begin{cases}u=u(x,y),\\ v=v(x,y).\end{cases}$$

该隐函数组是否有连续偏导数;如果有,试求出它们在点 $P_0(2,1,1,2)$ 的偏导数.

解 由于 F,G 均为多元多项式函数,故它们在全空间 $\mathbf{R}^4$ 连续且有连续偏导数,又

$$F(2,1,1,2)=G(2,1,1,2)=0,$$

$$J=\frac{\partial(F,G)}{\partial(u,v)}\bigg|_{(2,1,1,2)}=\begin{vmatrix}F'_u & F'_v\\ G'_u & G'_v\end{vmatrix}\bigg|_{(2,1,1,2)}=\begin{vmatrix}2 & 4\\ 1 & 1\end{vmatrix}=-2\neq 0.$$

于是由定理 3 知,方程组确定了一个定义在点(2,1)附近的隐函数组:

$$\begin{cases}u=u(x,y),\\ v=v(x,y),\end{cases}$$

且它们在点(2,1)附近连续并有连续的偏导数.为求它们在点(2,1)处的偏导数,在方程组两边对 x 求导,注意 u,v 均为 x,y 的二元函数,得

$$\begin{cases}2uu'_x+2vv'_x-2x=0,\\ u'_x+v'_x-2x=0.\end{cases}$$

解出

$$u'_x=\frac{x(1-2v)}{u-v};v'_x=\frac{x(2u-1)}{u-v}.$$

从而

$$u'_x\big|_{(2,1,1,2)}=6;v'_x\big|_{(2,1,1,2)}=-\frac{5}{2}.$$

同理方程组两边对 y 求导,可求得

$$u'_y=\frac{1+2v}{2(u-v)};v'_y=\frac{-2u-1}{2(u-v)}.$$

故

$$u'_y\big|_{(2,1,1,2)}=-2;v'_y\big|_{(2,1,1,2)}=\frac{3}{2}.$$

习题 8－5

1. 设 $xy-\ln y=\mathrm{e}$，求$\dfrac{\mathrm{d}y}{\mathrm{d}x}$.

2. 设 $\ln\sqrt{x^2+y^2}=\arctan\dfrac{y}{x}$，求$\dfrac{\mathrm{d}y}{\mathrm{d}x}$.

3. 设 $\sin(xy)+\cos(xz)+\tan(yz)=0$，求$\dfrac{\partial z}{\partial x},\dfrac{\partial z}{\partial y}$.

4. 设 $x+z=yf(x^2-z^2)$，其中 f 具有连续导数，求 $z\dfrac{\partial z}{\partial x}+y\dfrac{\partial z}{\partial y}$.

5. 设 $x=x(y,z)$，$y=y(x,z)$，$z=z(x,y)$，都是由方程 $F(x,y,z)=0$ 所确定的有连续偏导数的函数，证明$\dfrac{\partial x}{\partial y}\cdot\dfrac{\partial y}{\partial z}\cdot\dfrac{\partial z}{\partial x}=-1$.

6. 证明：由方程 $u=y+x\varphi(u)$ 确定的函数 $u=u(x,y)$ 满足方程

$$\frac{\partial^2 u}{\partial x^2}=\frac{\partial}{\partial y}\left[\varphi^2(u)\frac{\partial u}{\partial y}\right].$$

7. 设 $\varphi(u,v)$ 具有连续偏导数，证明由方程 $\varphi(cx-az,cy-bz)=0$ 所确定的函数 $z=f(x,y)$ 满足

$$a\frac{\partial z}{\partial x}+b\frac{\partial z}{\partial y}=c.$$

8. 设$\dfrac{x}{z}=\ln\dfrac{z}{y}$，求$\dfrac{\partial^2 z}{\partial x^2},\dfrac{\partial^2 z}{\partial y^2}$.

9. 设 $\mathrm{e}^z=xyz$，求$\dfrac{\partial^2 z}{\partial x\partial y}$.

10. 求由下列方程组所确定的函数的导数或偏导数：

(1)设$\begin{cases}z=x^2+y^2\\x^2+2y^2+3z^2=20\end{cases}$，求$\dfrac{\mathrm{d}y}{\mathrm{d}x},\dfrac{\mathrm{d}z}{\mathrm{d}x}$；

(2)设$\begin{cases}x+y+z=0\\x^2+y^2+z^2=1\end{cases}$，求$\dfrac{\mathrm{d}x}{\mathrm{d}z},\dfrac{\mathrm{d}y}{\mathrm{d}z}$；

(3)设$\begin{cases}u=f(ux,v+y)\\v=g(u-x,v^2y)\end{cases}$，其中 f,g 具有一阶连续偏导数，求$\dfrac{\partial u}{\partial x},\dfrac{\partial v}{\partial x}$；

(4)设$\begin{cases}x=\mathrm{e}^u+u\sin v\\y=\mathrm{e}^u-u\cos v\end{cases}$，求$\dfrac{\partial u}{\partial x},\dfrac{\partial u}{\partial y},\dfrac{\partial v}{\partial x},\dfrac{\partial v}{\partial y}$.

8.6 多元函数微分学的几何应用

8.6.1 空间曲线的切线与法平面

平面曲线的切线可用一元函数微分学知识进行讨论，对于空间曲线的切线问题则需要多元微分学知识来研究.

由第 7 章我们已经知道，一条空间曲线可用参数式方程或一般式方程两种方法表示. 下面分别针对这两种方程形式来讨论空间曲线在一点处的切线与法平面方程.

先考虑参数式方程. 设空间曲线 Γ 的方程为

$$\begin{cases} x=x(t), \\ y=y(t), \qquad \alpha\leqslant t\leqslant\beta, \\ z=z(t), \end{cases} \tag{1}$$

其中 $x(t)$、$y(t)$ 和 $z(t)$ 都在 $[\alpha,\beta]$ 上可导，且导数不同时为零.

在曲线 Γ 上取对应于 $t=t_0$ 的一点 $M(x_0,y_0,z_0)$ 及对应于 $t=t_0+\Delta t$ 的邻近一点 $M'(x_0+\Delta x,y_0+\Delta y,z_0+\Delta z)$，则割线 MM' 的方程是

$$\frac{x-x_0}{\Delta x}=\frac{y-y_0}{\Delta y}=\frac{z-z_0}{\Delta z}.$$

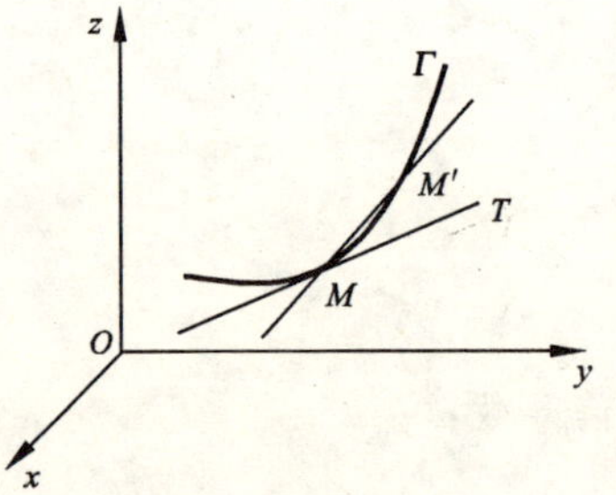

图 8-3

如果当 M' 沿着 Γ 趋于 M 时，割线 MM' 趋于一极限位置，此极限位置 MT 就是曲线 Γ 在点 M 的切线(图 8-3). 用 Δt 除上式各分母，得

$$\frac{x-x_0}{\frac{\Delta x}{\Delta t}}=\frac{y-y_0}{\frac{\Delta y}{\Delta t}}=\frac{z-z_0}{\frac{\Delta z}{\Delta t}},$$

令 $M'\to M$(这时 $\Delta t\to 0$)，通过对上式取极限，即得曲线 Γ 在点 M 的切线方程为

$$\frac{x-x_0}{x'(t_0)}=\frac{y-y_0}{y'(t_0)}=\frac{z-z_0}{z'(t_0)}, \tag{2}$$

其中 $x'(t_0),y'(t_0),z'(t_0)$ 不全为零. 如其中有个别为零，则方程(2)按解析几何中直线的对称式方程的说明来理解.

从(2)式可以看到，由参数方程(1)给定的空间曲线 Γ 在对应于 $t=t_0$ 的点 $M(x_0,y_0,z_0)$ 处的切线的方向向量是

$$(x'(t_0),y'(t_0),z'(t_0)),$$

称之为曲线 Γ 在点 M 处的切向量.

通过切点而与切线垂直的平面称为曲线在该点的法平面. 因此曲线 Γ 在点

M 的法平面方程为

$$x'(t_0)(x-x_0)+y'(t_0)(y-y_0)+z'(t_0)(z-z_0)=0. \tag{3}$$

特别地，若曲线 Γ 由方程

$$\begin{cases} y=y(x), \\ z=z(x) \end{cases} (a\leqslant x\leqslant b)$$

给出，则可视为(1)式的特例，即

$$\begin{cases} x=x, \\ y=y(x), a\leqslant x\leqslant b. \\ z=z(x), \end{cases}$$

当 $x=x_0$ 时，记 $y_0=y(x_0)$，$z_0=z(x_0)$. 若 $y(x)$，$z(x)$ 在 $x=x_0$ 处可导，则曲线 Γ 在 (x_0,y_0,z_0) 处的切线方程为

$$\frac{x-x_0}{1}=\frac{y-y_0}{y'(x_0)}=\frac{z-z_0}{z'(x_0)}, \tag{4}$$

而该点的法平面方程为

$$(x-x_0)+y'(x_0)(y-y_0)+z'(x_0)(z-z_0)=0. \tag{5}$$

例 1 求曲线

$$\begin{cases} x=\dfrac{t}{1+t}, \\ y=\dfrac{1+t}{t}, \\ z=t^2, \end{cases}$$

在对应 $t_0=1$ 的点处的切线与法平面方程.

解 当 $t_0=1$ 时，$x=\frac{1}{2}$，$y=2$，$z=1$. 由于 $x'(t)=\frac{1}{(1+t)^2}$，$y'(t)=-\frac{1}{t^2}$，$z'(t)=2t$，则

$$x'(t_0)=x'(1)=\frac{1}{4}, y'(t_0)=y'(1)=-1, z'(t_0)=z'(1)=2,$$

由公式(2)，得曲线在 $t_0=1$ 对应点 $(\frac{1}{2},2,1)$ 处的切线方程为

$$\frac{x-\frac{1}{2}}{\frac{1}{4}}=\frac{y-2}{-1}=\frac{z-1}{2},$$

而该点的法平面方程为

$$\frac{1}{4}(x-\frac{1}{2})-(y-2)+2(z-1)=0.$$

例 2 求曲线 $y=x^2$，$z=x^3$ 在点 $(1,1,1)$ 的切线与法平面方程.

解　将曲线视作以 x 为参数的参数方程

$$\begin{cases} x = x, \\ y = x^2, \\ z = x^3. \end{cases}$$

则 $y'|_{x=1}=2, z'|_{x=1}=3$,于是切线方程为

$$\frac{x-1}{1}=\frac{y-1}{2}=\frac{z-1}{3},$$

法平面方程为

$$(x-1)+2(y-1)+3(z-1)=0,$$

即

$$x+2y+3z-6=0.$$

现在我们考虑一般情形.设空间曲线 Γ 的方程以

$$\begin{cases} F(x,y,z)=0, \\ G(x,y,z)=0 \end{cases} \tag{6}$$

的形式给出,$M(x_0,y_0,z_0)$是曲线 Γ 上的一点,又设 F,G 对各个变量的偏导数连续,且

$$\left.\frac{\partial(F,G)}{\partial(y,z)}\right|_M \neq 0.$$

这时方程(6)在点 $M(x_0,y_0,z_0)$的某一邻域内确定了一组函数 $y=y(x),z=z(x)$.要求曲线 Γ 在点 M 处的切线方程和法平面方程,只要求出 $y'(x_0)$,$z'(x_0)$,然后代入(4)、(5)两式就行了,为此,我们在恒等式

$$\begin{cases} F[x,y(x),z(x)] \equiv 0, \\ G[x,y(x),z(x)] \equiv 0 \end{cases}$$

两边分别对 x 求全导数,得

$$\begin{cases} \dfrac{\partial F}{\partial x}+\dfrac{\partial F}{\partial y}\cdot\dfrac{\mathrm{d}y}{\mathrm{d}x}+\dfrac{\partial F}{\partial z}\cdot\dfrac{\mathrm{d}z}{\mathrm{d}x}=0, \\ \dfrac{\partial G}{\partial x}+\dfrac{\partial G}{\partial y}\cdot\dfrac{\mathrm{d}y}{\mathrm{d}x}+\dfrac{\partial G}{\partial z}\cdot\dfrac{\mathrm{d}z}{\mathrm{d}x}=0. \end{cases}$$

由假设可知,在点 M 的某个邻域内

$$J=\frac{\partial(F,G)}{\partial(y,z)}\neq 0,$$

故可解得

$$\left.\frac{\mathrm{d}y}{\mathrm{d}x}\right|_{x_0}=y'(x_0)=\frac{\left.\dfrac{\partial(F,G)}{\partial(z,x)}\right|_M}{\left.\dfrac{\partial(F,G)}{\partial(y,z)}\right|_M}, \tag{7}$$

$$\left.\frac{\mathrm{d}z}{\mathrm{d}x}\right|_{x_0}=z'(x_0)=\frac{\left.\dfrac{\partial(F,G)}{\partial(x,y)}\right|_M}{\left.\dfrac{\partial(F,G)}{\partial(y,z)}\right|_M}. \tag{8}$$

于是得到曲线(6)在 $M(x_0,y_0,z_0)$ 处的切向量为 $(1,y'(x_0),z'(x_0))$，其中 $y'(x_0)$，$z'(x_0)$ 分别由(7)、(8)两式表示，将切向量的三个分量同乘 $\left.\frac{\partial(F,G)}{\partial(y,z)}\right|_M$，得到平行于 $(1,y'(x_0),z'(x_0))$ 的向量

$$\left(\frac{\partial(F,G)}{\partial(y,z)},\frac{\partial(F,G)}{\partial(z,x)},\frac{\partial(F,G)}{\partial(x,y)}\right)_M,$$

从而得到曲线 Γ 在点 M 处的切线方程为

$$\frac{x-x_0}{\left.\frac{\partial(F,G)}{\partial(y,z)}\right|_M}=\frac{y-y_0}{\left.\frac{\partial(F,G)}{\partial(z,x)}\right|_M}=\frac{z-z_0}{\left.\frac{\partial(F,G)}{\partial(x,y)}\right|_M}. \tag{9}$$

相应地，在点 M 处的法平面方程为

$$\left.\frac{\partial(F,G)}{\partial(y,z)}\right|_M(x-x_0)+\left.\frac{\partial(F,G)}{\partial(z,x)}\right|_M(y-y_0)+\left.\frac{\partial(F,G)}{\partial(x,y)}\right|_M(z-z_0)=0. \tag{10}$$

例 3 求曲线

$$\begin{cases}x^2+y^2+z^2=6,\\x^2+y^2=z\end{cases}$$

在点(1,1,2)处的切线方程与法平面方程.

解 令 $F(x,y,z)=x^2+y^2+z^2-6$，$G(x,y,z)=x^2+y^2-z$，则

$$\begin{aligned}&F'_x(x,y,z)=2x,F'_y(x,y,z)=2y,\\&F'_z(x,y,z)=2z;\\&G'_x(x,y,z)=2x,G'_y(x,y,z)=2y,\\&G'_z(x,y,z)=-1.\end{aligned}$$

从而
$$\begin{aligned}&F'_x(1,1,2)=2,F'_y(1,1,2)=2,F'_z(1,1,2)=4,\\&G'_x(1,1,2)=2,G'_y(1,1,2)=2,G'_z(1,1,2)=-1,\end{aligned}$$

于是

$$\left.\frac{\partial(F,G)}{\partial(y,z)}\right|_{(1,1,2)}=\begin{vmatrix}2&4\\2&-1\end{vmatrix}=-10,$$

$$\left.\frac{\partial(F,G)}{\partial(z,x)}\right|_{(1,1,2)}=\begin{vmatrix}4&2\\-1&2\end{vmatrix}=10,$$

$$\left.\frac{\partial(F,G)}{\partial(x,y)}\right|_{(1,1,2)}=\begin{vmatrix}2&2\\2&2\end{vmatrix}=0.$$

故曲线在点(1,1,2)处的切线方程为

$$\frac{x-1}{-10}=\frac{y-1}{10}=\frac{z-2}{0},$$

相应地，在点(1,1,2)处的法平面方程为

$$-10(x-1)+10(y-1)+0(z-2)=0,$$

即

$$x-y=0.$$

8.6.2 曲面的切平面与法线

我们先讨论由隐式给出的曲面方程

$$F(x,y,z)=0 \tag{11}$$

的情形，然后把由显式给出的曲面方程 $z=f(x,y)$ 作为它的特殊情形.

设曲面 Σ 由方程(11)给出，$M(x_0,y_0,z_0)$ 是曲面 Σ 上的一点，并假设 F 的三个偏导数 F_x,F_y,F_z 在点 M 连续且不全为零，在曲面 Σ 上，通过点 M 任意引一条曲线 Γ(即 $\Gamma\subset\Sigma$)，设其方程为

$$\begin{cases}x=x(t),\\y=y(t),\\z=z(t),\end{cases} \tag{12}$$

其中点 $M(x_0,y_0,z_0)$ 对应于参数 $t=t_0$，由于

$$F[x(t),y(t),z(t)]\equiv 0,$$

上式两边对 t 求导，且令 $t=t_0$ 有

$$F'_x(x_0,y_0,z_0)x'(t_0)+F'_y(x_0,y_0,z_0)y'(t_0)+F'_z(x_0,y_0,z_0)z'(t_0)=0,$$

写成数量积的形式便是

$$(F'_x(x_0,y_0,z_0),F'_y(x_0,y_0,z_0),F'_z(x_0,y_0,z_0))\cdot(x'(t_0),y'(t_0),z'(t_0))=0, \tag{13}$$

引入向量

$$\boldsymbol{n}=(F'_x(x_0,y_0,z_0),F'_y(x_0,y_0,z_0),F'_z(x_0,y_0,z_0)),$$

则(13)式表示曲线(12)在点 M 处的切向量

$$\boldsymbol{T}=(x'(t_0),y'(t_0),z'(t_0))$$

与向量 $\boldsymbol{n}$ 垂直. 因为曲线(12)是曲面上通过点 M 的任意一条曲线，它们在点 M 的切线与同一向量 $\boldsymbol{n}$ 垂直，所以曲面上通过点 M 的一切曲线在点 M 的切线都在同一平面上. 这个平面称为曲面 Σ 在点 M 处的切平面. 向量 $\boldsymbol{n}$ 称为曲面 Σ 在点 M 的法向量，由平面的点法式方程，我们可以写出这个切平面的方程：

$$F'_x(x_0,y_0,z_0)(x-x_0)+F'_y(x_0,y_0,z_0)(y-y_0)+F'_z(x_0,y_0,z_0)(z-z_0)=0, \tag{14}$$

相应的法线方程为

$$\frac{x-x_0}{F'_x(x_0,y_0,z_0)}=\frac{y-y_0}{F'_y(x_0,y_0,z_0)}=\frac{z-z_0}{F'_z(x_0,y_0,z_0)}. \tag{15}$$

特别地，若曲面 Σ 表示为显式形式

$$z=f(x,y), \tag{16}$$

则此时相当于 $F(x,y,z)=f(x,y)-z$,易见

$$F'_x(x,y,z)=f'_x(x,y),F'_y(x,y,z)=f'_y(x,y),F'_z(x,y,z)=-1.$$

于是当函数 $f(x,y)$ 的偏导数 $f'_x(x,y),f'_y(x,y)$ 在点 (x_0,y_0) 连续时,曲面(16)在点 $M(x_0,y_0,z_0)$ 处的法向量为

$$\boldsymbol{n}=(f'_x(x_0,y_0),f'_y(x_0,y_0),-1),$$

故切平面方程为

$$f'_x(x_0,y_0)(x-x_0)+f'_y(x_0,y_0)(y-y_0)-(z-z_0)=0,$$

或

$$z-z_0=f'_x(x_0,y_0)(x-x_0)+f'_y(x_0,y_0)(y-y_0), \tag{17}$$

而法线方程为

$$\frac{x-x_0}{f'_x(x_0,y_0)}=\frac{y-y_0}{f'_y(x_0,y_0)}=\frac{z-z_0}{-1}. \tag{18}$$

若用 α,β,γ 分别表示曲面的法向量的方向角,并假定法向量的方向是向上的,即使得它与 z 轴的正向所成的角 γ 是一锐角,则法向量的方向余弦为

$$\cos\alpha=\frac{-f'_x}{\sqrt{1+(f'_x)^2+(f'_y)^2}},\cos\beta=\frac{-f'_y}{\sqrt{1+(f'_x)^2+(f'_y)^2}},$$

$$\cos\gamma=\frac{1}{\sqrt{1+(f'_x)^2+(f'_y)^2}}.$$

这里,把 $f'_x(x_0,y_0),f'_y(x_0,y_0)$ 分别简记为 f'_x,f'_y.

例 4 求椭球面 $x^2+2y^2+3z^2=6$ 在点 $(1,1,1)$ 处的切平面方程和法线方程.

解 设 $F(x,y,z)=x^2+2y^2+3z^2-6$,则

$$F'_x(x,y,z)=2x,F'_y(x,y,z)=4y,F'_z(x,y,z)=6z,$$

$$F'_x(1,1,1)=2,F'_y(1,1,1)=4,F'_z(1,1,1)=6.$$

由公式(14)得切平面方程

$$2(x-1)+4(y-1)+6(z-1)=0,$$

即

$$x+2y+3z-6=0;$$

相应的法线方程为

$$\frac{x-1}{1}=\frac{y-1}{2}=\frac{z-1}{3}.$$

例 5 求旋转抛物面 $z=x^2+y^2-1$ 在点 $(2,1,4)$ 处的切平面及法线方程.

解 令 $F(x,y,z)=x^2+y^2-1-z$,则

$$F'_x(x,y,z)=2x,F'_y(x,y,z)=2y,F'_z(x,y,z)=-1,$$

$$F'_x(2,1,4)=4,F'_y(2,1,4)=2,F'_z(2,1,4)=-1.$$

因此曲面在点(2,1,4)处的切平面方程为

$$4(x-2)+2(y-1)-(z-4)=0,$$

即

$$4x+2y-z-6=0.$$

相应的法线方程为

$$\frac{x-2}{4}=\frac{y-1}{2}=\frac{z-4}{-1}.$$

习题 8 - 6

1. 求曲线 $x=t-\sin t, y=1-\cos t, z=4\sin\frac{t}{2}$ 在点 $\left(\frac{\pi}{2}-1,1,2\sqrt{2}\right)$ 处的切线及法平面方程.

2. 求曲线上的点,使曲线 $x=t, y=t^2, z=t^3$ 在该点的切线平行于平面 $x+2y+z=4$,并写出切线方程.

3. 证明螺旋线 $x=a\cos t, y=a\sin t, z=3t$ 上任一点的切线与 Oz 轴成定角.

4. 求曲线 $y^2=2mx, z^2=m-x$ 在点 (x_0,y_0,z_0) 处的切线及法平面方程.

5. 求曲线 $\begin{cases}x^2+y^2+z^2-3x=0\\2x-3y+5z-4=0\end{cases}$ 在点(1,1,1)处的切线及法平面方程.

6. 求曲面 $e^z-z+xy=3$ 在点(2,1,0)处的切平面及法线方程.

7. 求曲面 $ax^2+by^2+cz^2=1$ 在点 (x_0,y_0,z_0) 处的切平面及法线方程.

8. 求椭球面 $x^2+2y^2+z^2=1$ 上平行于平面 $x-y+2z=0$ 的切平面方程.

9. 求旋转椭球面 $3x^2+y^2+z^2=16$ 上点(−1,−2,3)处的切平面与 xOy 面的夹角的余弦.

10. 试证曲面 $\sqrt{x}+\sqrt{y}+\sqrt{z}=\sqrt{a}\ (a>0)$ 上任何点处的切平面在各坐标轴上的截距之和等于 a.

11. 证明:曲面 $xyz=a^3\ (a>0)$ 上任意点处的切平面与三坐标面所围成的四面体的体积为常数.

12. 证明:曲面 $z=xf\left(\frac{y}{x}\right)$ 上任一点的切平面过原点,其中 f 可微.

13. 设 $\varphi(u)$ 可微,证明曲面 $e^{2x-z}=\varphi(\pi y-\sqrt{2}z)$ 为柱面.

14. 设直线 $l:\begin{cases}x+y+b=0\\x+ay-z-3=0\end{cases}$ 在平面 π 上,而平面 π 与曲面 $z=x^2+y^2$ 相切于点(1,−2,5),求 a,b 之值.

8.7* 方向导数与梯度

8.7.1 方向导数

偏导数反映的是函数沿坐标轴方向的变化率，但许多物理现象告诉我们，只考虑函数沿坐标轴的变化率是不够的. 例如，热空气要向冷的地方流动，气象学中就要确定大气温度、气压沿着某些方向的变化率，因此我们有必要讨论函数沿任一指定方向的变化率问题.

设函数 $u=f(x,y,z)$ 在区域 $\Omega\subset\mathbf{R}^3$ 内有定义，$P_0(x_0,y_0,z_0)\in\Omega$，$l$ 是从点 P_0 引出的一条射线，$P(x_0+\Delta x,y_0+\Delta y,z_0+\Delta z)$ 是 l 上的任意一点(图 8-4)，P 与 P_0 的距离 $|PP_0|$ 记为 ρ，则

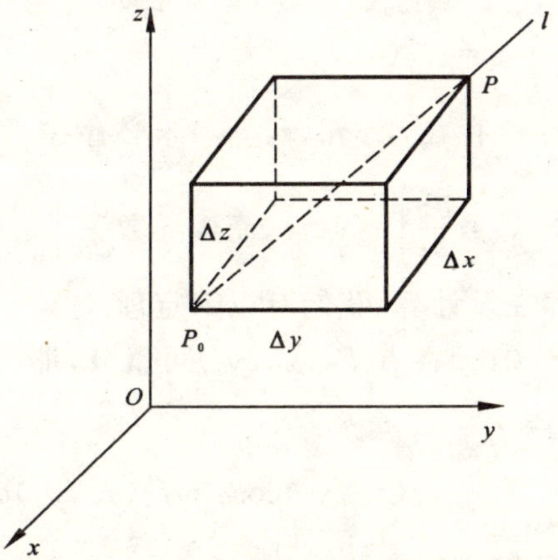

图 8-4

$$\rho=\sqrt{(\Delta x)^2+(\Delta y)^2+(\Delta z)^2}.$$

比值

$$\frac{f(x_0+\Delta x,y_0+\Delta y,z_0+\Delta z)-f(x_0,y_0,z_0)}{\rho} \tag{1}$$

表示函数 $u=f(x,y,z)$ 在点 P_0 处沿 l 方向的平均变化率. 如果当点 P 沿着射线 l 趋于点 P_0(即 $\rho\to0$)时(1)式的极限存在，则称这个极限值为函数 $u=f(x,y,z)$ 在点 P_0 沿方向 l 的方向导数，记作

$$\left.\frac{\partial u}{\partial l}\right|_{(x_0,y_0,z_0)}=\lim_{\rho\to0}\frac{f(x_0+\Delta x,y_0+\Delta y,z_0+\Delta z)-f(x_0,y_0,z_0)}{\rho}. \tag{2}$$

特别地，考虑二元函数 $u=f(x,y)$，则(2)式为

$$\left.\frac{\partial u}{\partial l}\right|_{(x_0,y_0)}=\lim_{\rho\to 0}\frac{f(x_0+\Delta x,y_0+\Delta y)-f(x_0,y_0)}{\rho}, \tag{3}$$

其中 $\rho=\sqrt{(\Delta x)^2+(\Delta y)^2}$，称为函数 $u=f(x,y)$ 在点 (x_0,y_0) 沿方向 l 的方向导数. 若函数 $f(x,y)$ 在点 $P_0(x_0,y_0)$ 的偏导数存在，l 的方向为 $\boldsymbol{e}_l=\boldsymbol{i}=(1,0)$，则

$$\begin{aligned}\left.\frac{\partial f}{\partial l}\right|_{(x_0,y_0)}&=\lim_{|\Delta x|\to 0}\frac{f(x_0+\Delta x,y_0)-f(x_0,y_0)}{|\Delta x|}\\&=\lim_{\Delta x\to 0^+}\frac{f(x_0+\Delta x,y_0)-f(x_0,y_0)}{\Delta x}\\&=f'_x(x_0,y_0).\end{aligned}$$

又若 $\boldsymbol{l}$ 方向为 $\boldsymbol{e}_l=\boldsymbol{j}=(0,1)$，则

$$\begin{aligned}\left.\frac{\partial f}{\partial l}\right|_{(x_0,y_0)}&=\lim_{|\Delta y|\to 0}\frac{f(x_0,y_0+\Delta y)-f(x_0,y_0)}{|\Delta y|}\\&=\lim_{\Delta y\to 0^+}\frac{f(x_0,y_0+\Delta y)-f(x_0,y_0)}{\Delta y}\\&=f'_y(x_0,y_0).\end{aligned}$$

但反之，若 $\boldsymbol{e}_l=\boldsymbol{i}$，$\left.\frac{\partial f}{\partial l}\right|_{(x_0,y_0)}$ 存在，则 $f'_x(x_0,y_0)$ 未必存在. 例如，$z=\sqrt{x^2+y^2}$ 在点 $(0,0)$ 处沿方向 $\boldsymbol{i}$ 的方向导数 $\left.\frac{\partial z}{\partial l}\right|_{(0,0)}=1$，而偏导数 $\left.\frac{\partial z}{\partial x}\right|_{(0,0)}$ 不存在.

关于方向导数的存在及计算，我们有以下定理.

定理 如果函数 $f(x,y)$ 在点 $P_0(x_0,y_0)$ 可微分，那么函数在该点沿任一方向 l 的方向导数存在，且有

$$\left.\frac{\partial f}{\partial l}\right|_{(x_0,y_0)}=f'_x(x_0,y_0)\cos\alpha+f'_y(x_0,y_0)\cos\beta, \tag{4}$$

其中 $\cos\alpha,\cos\beta$ 是方向 l 的方向余弦.

证 由于 $u=f(x,y)$ 在点 $P_0(x_0,y_0)$ 可微，故

$$\begin{aligned}\Delta u&=f(x_0+\Delta x,y_0+\Delta y)-f(x_0,y_0)\\&=f'_x(x_0,y_0)\Delta x+f'_y(x_0,y_0)\Delta y+o(\rho),\end{aligned}$$

上式两边各除以 ρ，得

$$\begin{aligned}\frac{\Delta u}{\rho}&=f'_x(x_0,y_0)\frac{\Delta x}{\rho}+f'_y(x_0,y_0)\frac{\Delta y}{\rho}+\frac{o(\rho)}{\rho}\\&=f'_x(x_0,y_0)\cos\alpha+f'_y(x_0,y_0)\cos\beta+\frac{o(\rho)}{\rho},\end{aligned}$$

令 $\rho\to 0$ 取极限，便有

$$\left.\frac{\partial u}{\partial l}\right|_{(x_0,y_0)}=\lim_{\rho\to 0}\frac{\Delta u}{\rho}=f'_x(x_0,y_0)\cos\alpha+f'_y(x_0,y_0)\cos\beta.$$

同样可以证明：如果函数 $f(x,y,z)$ 在点 (x_0,y_0,z_0) 可微分，那么函数在该

点沿着方向 $e_l=(\cos\alpha,\cos\beta,\cos\gamma)$ 的方向导数为

$$\left.\frac{\partial f}{\partial l}\right|_{(x_0,y_0,z_0)}=f'_x(x_0,y_0,z_0)\cos\alpha+f'_y(x_0,y_0,z_0)\cos\beta+f'_z(x_0,y_0,z_0)\cos\gamma. \tag{5}$$

例 1 求函数 $z=xe^{2y}$ 在点 $P(1,0)$ 处沿从点 $P(1,0)$ 到点 $Q(2,-1)$ 的方向的方向导数.

解 这里方向 l 即向量 $\overrightarrow{PQ}=(1,-1)$ 的方向，与 l 同向的单位向量为

$$e_l=\left(\frac{1}{\sqrt{2}},-\frac{1}{\sqrt{2}}\right).$$

因为函数可微分，且

$$\left.\frac{\partial z}{\partial x}\right|_{(1,0)}=\left.e^{2y}\right|_{(1,0)}=1,$$

$$\left.\frac{\partial z}{\partial y}\right|_{(1,0)}=\left.2xe^{2y}\right|_{(1,0)}=2,$$

故所求方向导数为

$$\left.\frac{\partial z}{\partial l}\right|_{(1,0)}=1\cdot\frac{1}{\sqrt{2}}+2\cdot\left(-\frac{1}{\sqrt{2}}\right)=-\frac{\sqrt{2}}{2}.$$

例 2 求 $f(x,y,z)=xy+yz+zx$ 在点$(1,1,2)$沿方向 l 的方向导数，其中 l 的方向角分别为 $60°,45°,60°$.

解 与 l 同向的单位向量

$$e_l=(\cos60°,\cos45°,\cos60°)=\left(\frac{1}{2},\frac{\sqrt{2}}{2},\frac{1}{2}\right).$$

因为函数可微分，且

$$f'_x(1,1,2)=(y+z)|_{(1,1,2)}=3,$$

$$f'_y(1,1,2)=(x+z)|_{(1,1,2)}=3,$$

$$f'_z(1,1,2)=(x+y)|_{(1,1,2)}=2,$$

由公式(5)得

$$\left.\frac{\partial f}{\partial l}\right|_{(1,1,2)}=3\cdot\frac{1}{2}+3\cdot\frac{\sqrt{2}}{2}+2\cdot\frac{1}{2}=\frac{1}{2}(5+3\sqrt{2}).$$

注意，公式(4)、(5)给出的是可微函数求方向导数的公式，但由于方向导数存在不能推出该点可微，因此对不可微函数求方向导数时，不能用上面的公式，而需要用方向导数的定义去求.

8.7.2 梯度

前面指出，方向导数反映了函数 $f(x,y,z)$ 在点 P_0 沿某方向 l 的变化率，那么自然要问：在给定点 P_0，函数 $f(x,y,z)$ 沿哪个方向增加最快？也就是说在函

数 $f(x,y,z)$在点 P_0 沿哪一方向的方向导数最大？为此我们把公式(5)写成两个向量数量积形式.记

$$\boldsymbol{g}=(f'_x(x_0,y_0,z_0),f'_y(x_0,y_0,z_0),f'_z(x_0,y_0,z_0)),l=(\cos\alpha,\cos\beta,\cos\gamma),$$

于是函数 $f(x,y,z)$在点 P_0 沿方向 l 的方向导数$\left.\frac{\partial f}{\partial l}\right|_{(x_0,y_0,z_0)}$可写成

$$\begin{aligned}\left.\frac{\partial f}{\partial l}\right|_{(x_0,y_0,z_0)} &=(f'_x(x_0,y_0,z_0),f'_y(x_0,y_0,z_0),f'_z(x_0,y_0,z_0))\cdot \\ &\quad(\cos\alpha,\cos\beta,\cos\gamma) \\ &=\boldsymbol{g}\cdot\boldsymbol{l}=|\boldsymbol{g}|\cdot|l|\cos(\widehat{\boldsymbol{g},l}) \\ &=|\boldsymbol{g}|\cdot\cos(\widehat{\boldsymbol{g},l}).\end{aligned}$$

这样，方向导数写成了两个因子的乘积，第一个因子$|\boldsymbol{g}|$是向量 $\boldsymbol{g}$ 的模，它只与 P_0 有关而与方向 l 无关；第二个因子 $\cos(\widehat{\boldsymbol{g},l})$因 $\boldsymbol{g}$ 是常向量(对固定点 P_0 而言)，所以它只与方向 l 有关，且当 $\cos(\widehat{\boldsymbol{g},l})=1$ 时，即 l 方向与 $\boldsymbol{g}$ 方向一致时，方向导数$\left.\frac{\partial f}{\partial l}\right|_{(x_0,y_0,z_0)}$达到最大值，可见向量 $\boldsymbol{g}$ 的方向是函数 $f(x,y,z)$在点 P_0 增加最快的方向.

鉴于以上所说，我们特称向量 $\boldsymbol{g}=(f'_x(x_0,y_0,z_0),f'_y(x_0,y_0,z_0),f'_z(x_0,y_0,z_0))$为函数 $f(x,y,z)$在点 P_0 的梯度，记作

$$\begin{aligned}\mathbf{grad}\,f(x_0,y_0,z_0)&=(f'_x(x_0,y_0,z_0),f'_y(x_0,y_0,z_0),f'_z(x_0,y_0,z_0)) \\ &=f'_x(x_0,y_0,z_0)\boldsymbol{i}+f'_y(x_0,y_0,z_0)\boldsymbol{j}+f'_z(x_0,y_0,z_0)\boldsymbol{k}.\end{aligned}$$

由上面的讨论知道，函数在一点的梯度是一个向量，它的方向是使函数值增加得最快的方向，它的模是函数沿该方向的方向导数.

有了梯度的概念，我们可以给出方向导数与梯度的关系

$$\frac{\partial f}{\partial l}=|\mathbf{grad}\,f|\cos\theta. \tag{6}$$

其中 θ 是 $\mathbf{grad}\,f$ 与方向 l 的夹角.(6)式表明，函数沿方向 l 的方向导数等于梯度在方向 l 上的投影.

设函数 $u=f(x,y,z)$的等值面方程为

$$f(x,y,z)=C,$$

该等值面的法向量为$\left(\frac{\partial u}{\partial x},\frac{\partial u}{\partial y},\frac{\partial u}{\partial z}\right)=\frac{\partial u}{\partial x}\boldsymbol{i}+\frac{\partial u}{\partial y}\boldsymbol{j}+\frac{\partial u}{\partial z}\boldsymbol{k}$，它恰好是梯度 $\mathbf{grad}\,u$，可见函数 $u=f(x,y,z)$的梯度垂直于等值面.因此，函数 $u=f(x,y,z)$在每点(x,y,z)的梯度的方向就是过该点的等值面 $f(x,y,z)=C$ 在这点处的法线方向且指向 f 增加的一方，梯度的模就是函数在这个法线方向的方向导数，这就是梯度的特征.

不难证明,梯度有如下性质:

(1)$\mathbf{grad}(f_1 \pm f_2)=\mathbf{grad}f_1 \pm \mathbf{grad}f_2$;

(2)$\mathbf{grad}(f_1 f_2)=f_1\mathbf{grad}f_2+f_2\mathbf{grad}f_1$.

这里假定所涉及的函数均满足求导要求.

上面讨论的虽然是三元函数,但对一般 n 元函数也是成立的.例如二元函数 $z=f(x,y)$ 的梯度为 $\mathbf{grad}f=\left(\frac{\partial f}{\partial x},\frac{\partial f}{\partial y}\right)=\frac{\partial f}{\partial x}\boldsymbol{i}+\frac{\partial f}{\partial y}\boldsymbol{j}$;对 n 元函数 $u=f(x_1,x_2,\cdots,x_n)$,其梯度为

$$\mathbf{grad}f=\left(\frac{\partial f}{\partial x_1},\frac{\partial f}{\partial x_2},\cdots,\frac{\partial f}{\partial x_n}\right).$$

例 3 求 $\mathbf{grad}\,\frac{1}{x^2+y^2}$.

解 令 $f(x,y)=\frac{1}{x^2+y^2}$.

因为

$$\frac{\partial f}{\partial x}=-\frac{2x}{(x^2+y^2)^2},\frac{\partial f}{\partial y}=-\frac{2y}{(x^2+y^2)^2},$$

因此

$$\mathbf{grad}\,\frac{1}{x^2+y^2}=-\frac{2x}{(x^2+y^2)^2}\boldsymbol{i}-\frac{2y}{(x^2+y^2)^2}\boldsymbol{j}.$$

例 4 设 $f(x,y,z)=x^2+y^2+z^2-1$,求 $\mathbf{grad}f(1,-1,2)$.

解 $\mathbf{grad}f=(f'_x,f'_y,f'_z)=(2x,2y,2z)$,

于是

$$\mathbf{grad}f(1,-1,2)=(2,-2,4).$$

习题 8-7

1. 求函数 $z=x^2+y^2$ 在点(1,2)处沿从点(1,2)到点$(2,2+\sqrt{3})$的方向的方向导数.

2. 求函数 $z=\ln(x+y)$ 在抛物线 $y^2=4x$ 上点(1,2)处,沿这抛物线在该点处指向 x 轴正向的切线方向的方向导数.

3. 求函数 $z=1-\left(\frac{x^2}{a^2}+\frac{y^2}{b^2}\right)$ 在点$\left(\frac{a}{\sqrt{2}},\frac{b}{\sqrt{2}}\right)$处沿曲线 $\frac{x^2}{a^2}+\frac{y^2}{b^2}=1$ 在这点的内法线方向的方向导数.

4. 求函数 $u=xy^2+z^3-xyz$ 在点(1,1,2)处沿方向角为 $\alpha=\frac{\pi}{3},\beta=\frac{\pi}{4},\gamma=$

$\frac{\pi}{3}$的方向的方向导数.

5. 求函数 $u=xyz$ 在点(5,1,2)处沿从点(5,1,2)到点(9,4,14)的方向的方向导数.

6. 求函数 $u=x^2+y^2+z^2$ 在曲线 $x=t,y=t^2,z=t^3$ 上点(1,1,1)处,沿曲线在该点的切线正方向(对应于 t 增大的方向)的方向导数.

7. 求函数 $u=x+y+z$ 在球面 $x^2+y^2+z^2=1$ 上点 (x_0,y_0,z_0) 处,沿球面在该点的外法线方向的方向导数.

8. 求函数 $u=x^2+2y^2+3z^2+xy-4x+2y-4z$ 在点 $A(0,0,0)$ 及点 $B\left(5,-3,\frac{2}{3}\right)$处的梯度以及它们的模.

9. 设函数 $u=\frac{z^2}{c^2}-\frac{x^2}{a^2}-\frac{y^2}{b^2}$,求它在点 (a,b,c) 的梯度.

10. 设函数 $u=\ln\left(\frac{1}{r}\right)$,其中 $r=\sqrt{(x-a)^2+(y-b)^2+(z-c)^2}$,求 u 的梯度;并求等式 $|\mathbf{grad}u|=1$ 成立的点.

11. 问函数 $u=xy^2z$ 在点 $P(1,-1,2)$ 处沿什么方向的方向导数最大?并求此方向导数的最大值.

8.8 多元函数的极值及其求法

8.8.1 多元函数的极值

在实际问题中,经常会遇到多元函数的极值和最值问题,与一元函数类似,多元函数的最值与极值有密切关系,因此我们以二元函数为例,先来讨论多元函数的极值问题.

定义 1 设函数 $z=f(x,y)$ 在点 $P_0(x_0,y_0)$ 的某邻域 $U(P_0)$ 内有定义,如果对于 $U(P_0)$ 内任何异于 P_0 的点 $P(x,y)$,有

$$f(x,y)<f(x_0,y_0)\quad [\text{或 } f(x,y)>f(x_0,y_0)],\tag{1}$$

则称函数 $f(x,y)$ 在点 P_0 取得极大值(或极小值);点 $P_0(x_0,y_0)$ 称为 $f(x,y)$ 的极大值(或极小值)点;极大值、极小值统称为极值;极大点、极小点统称为极值点.

容易理解,若 $P_0(x_0,y_0)$ 是 $f(x,y)$ 的极值点,则当固定 $y=y_0$ 时,x_0 是一元函数 $f(x,y_0)$ 的极值点;同样,当固定 $x=x_0$ 时,y_0 也是一元函数 $f(x_0,y)$ 的极值点.

例 1 证明函数 $z=2x^2+3y^2$ 在点(0,0)处有极小值.

证 因为对于点(0,0)的任一邻域内异于(0,0)的点,函数值都为正,而在点(0,0)处的函数值为零,所以函数在点(0,0)处有极小值.从几何上看是显然的,因为点(0,0,0)是开口向上的椭圆抛物面 $z=2x^2+3y^2$ 的顶点.

例 2 证明函数 $z=-\sqrt{2x^2+y^2}$ 在点(0,0)处有极大值.

证 因为在点(0,0)处函数值为零,而对于(0,0)的任一邻域内异于(0,0)的点,函数值都为负,所以函数在点(0,0)处有极大值.点(0,0,0)是位于 xOy 面下方的椭圆锥面 $z=-\sqrt{2x^2+y^2}$ 的顶点.

例 3 函数 $z=xy$ 在点(0,0)处既不取得极大值也不取得极小值.

证 因为在点(0,0)处函数值为零,而在点(0,0)的任一邻域内,总有使函数值为正的点,也有使函数为负的点,所以函数在点(0,0)处既不取得极大值也不取得极小值.

定义 2 设 $D\subset\mathbf{R}^2$ 为一区域,$P_0(x_0,y_0)\in D$,函数 $f(x,y)$ 在点 P_0 具有偏导数,且

$$f'_x(x_0,y_0)=0, f'_y(x_0,y_0)=0.$$

则称 $P_0(x_0,y_0)$ 是 $f(x,y)$ 的一个驻点(或称临界点).

二元函数的极值问题,一般可利用偏导数来解决.下面两个定理就是关于这个问题的讨论.

定理 1(必要条件) 设函数 $z=f(x,y)$ 在点 (x_0,y_0) 具有偏导数,且在点 (x_0,y_0) 处有极值,则有

$$f'_x(x_0,y_0)=0, f'_y(x_0,y_0)=0. \tag{2}$$

这个定理的证明比较容易.如前所说,当 (x_0,y_0) 为 $f(x,y)$ 的极值点时,x_0,y_0 也分别是一元函数 $f(x,y_0)$,$f(x_0,y)$ 的极值点,利用可导的一元函数取得极值的必要条件便知(2)式成立.

定理 1 说明,在偏导数存在的条件下,函数的极值点一定是函数的驻点.但函数的驻点不一定能成为函数的极值点.如例 3,点(0,0)是 $z=xy$ 的驻点,但不是其极值点.

那么,怎样判定一个驻点是否是极值点呢?下面的定理回答了这个问题:

定理 2(充分条件) 设 $z=f(x,y)$ 在点 (x_0,y_0) 的某邻域内连续且有一阶及二阶连续偏导数,又 $f'_x(x_0,y_0)=0$,$f'_y(x_0,y_0)=0$,令

$$f''_{xx}(x_0,y_0)=A, f''_{xy}(x_0,y_0)=B, f''_{yy}(x_0,y_0)=C,$$

则 $f(x,y)$ 在 (x_0,y_0) 处是否取得极值的条件如下:

(1) $AC-B^2>0$ 时具有极值,且当 $A<0$ 时有极大值,当 $A>0$ 时有极小值;

(2) $AC-B^2<0$ 时没有极值;

(3) $AC-B^2=0$ 时可能有极值,也可能没有极值,还需另作讨论.

定理 2 的证明从略. 利用定理 1、2，我们把具有二阶连续偏导数的函数 $z=f(x,y)$ 的极值求法叙述如下：

第一步　解方程组

$$f'_x(x_0,y_0)=0,f'_y(x_0,y_0)=0$$

求得一切实数解，即求得所有驻点.

第二步　对于每一个驻点 (x_0,y_0)，求出二阶偏导数的值 A、B 和 C.

第三步　定出 $AC-B^2$ 的符号，按定理 2 的结论判定 $f(x_0,y_0)$ 是否是极值，是极大值还是极小值.

例 4　求函数 $f(x,y)=x^3-y^3+3x^2+3y^2-9x$ 的极值.

解　先解方程组

$$\begin{cases}f'_x(x,y)=3x^2+6x-9=0,\\ f'_y(x,y)=-3y^2+6y=0.\end{cases}$$

求得驻点为 $(1,0)$、$(1,2)$、$(-3,0)$、$(-3,2)$.

再求二阶偏导数

$$f''_{xx}(x,y)=6x+6,f''_{xy}(x,y)=0,f''_{yy}=-6y+6.$$

在点 $(1,0)$ 处，$AC-B^2=12\times6=72>0$，又 $A>0$，所以函数在点 $(1,0)$ 处有极小值 $f(1,0)=-5$；

在点 $(1,2)$ 处，$AC-B^2=12\times(-6)=-72<0$，所以 $f(1,2)$ 不是极值；

在点 $(-3,0)$ 处，$AC-B^2=(-12)\times6=-72<0$，所以 $f(-3,0)$ 不是极值；

在点 $(-3,2)$ 处，$AC-B^2=(-12)\times(-6)=72>0$，又 $A<0$，所以函数在 $(-3,2)$ 处有极大值 $f(-3,2)=31$.

讨论函数极值时，如果函数在所讨论的区域内具有偏导数，则由定理 1 可知，极值只可能在驻点取得. 然而，如果函数在个别点处的偏导数不存在，这些点当然不是驻点，但也可能是极值点. 因此，在考虑函数的极值问题时，除了考虑函数的驻点外，如果有偏导数不存在的点，那么这些点也应当在考虑之列.

8.8.2　二元函数的最值

与一元函数相类似，我们可利用函数的极值来求函数的最大值和最小值. 在 8.1 节中已经指出，若 $f(x,y)$ 在有界闭区域 D 上连续，则 $f(x,y)$ 在 D 上必定能取得最大值和最小值，因此在求最值之前，首先应验证最值的存在性，只有存在最值才能求最值. 而最大值或最小值可能在 D 的内部取得，也可能在 D 的边界上取得. 我们假定，函数在 D 上连续，在 D 内可微分且只有有限个驻点，这时若函数在 D 的内部取得最大值(最小值)，则这个最大值(最小值)也是函数的极大值(极小值).

因此，在上述假定下，求函数的最大值和最小值的一般方法是：将函数

$f(x,y)$在 D 内的所有驻点处的函数值及在 D 的边界上的最大值和最小值之间相互比较，其中最大的就是函数的最大值，其中最小的就是函数的最小值.

通常在实际问题中，如果根据问题的性质，知道函数 $f(x,y)$的最大值(最小值)一定在 D 的内部取得，且函数在 D 内只有唯一一个驻点，那么可以断定该驻点处的函数值就是函数 $f(x,y)$在 D 上的最大值(最小值).

例 5 求函数 $z=3x^2+3y^2-x^3$ 在 $x^2+y^2\leqslant 16$ 上的最小值.

解 先在区域 $x^2+y^2<16$ 内求极值.

解方程组

$$\begin{cases} z'_x=6x-3x^2=0, \\ z'_y=6y=0 \end{cases}$$

得驻点(0,0)和(2,0).

又

$$z''_{xx}=6-6x, z''_{xy}=0, z''_{yy}=6.$$

在点(0,0)，$AC-B^2=36-0=36>0$，又 $A=6>0$，因此点(0,0)是极小值点.

在点(2,0)，$AC-B^2=-36-0=-36<0$，因此点(2,0)不是极值点.

所以 $f(0,0)=0$ 是极小值.

再在 $x^2+y^2=16$ 上求最值：

由 $x^2+y^2=16$，即 $y^2=16-x^2$，则

$$z=3x^2+3(16-x^2)-x^3=48-x^3 \quad (-4\leqslant x\leqslant 4).$$

因为 $z'_x=-3x^2\leqslant 0$，即 $z=48-x^3$ 在$[-4,4]$上为单调递减函数，则

$$z|_{x=4}=48-4^3=-16$$

为 z 在 $x^2+y^2=16$ 上的最小值.

经比较知 z 在 $x^2+y^2\leqslant 16$ 上的最小值为-16.

例 6 用钢板做一个容积为 V 的无盖长方形水箱，问怎样选择水箱的长、宽、高才使用料最省?

解 设水箱长、宽、高分别为 x,y,z，由已知 $xyz=V$，从而高 $z=\dfrac{V}{xy}$，于是水箱表面的面积为

$$S=xy+\frac{V}{xy}(2x+2y)=xy+2V\left(\frac{1}{x}+\frac{1}{y}\right),$$

这里，S 的定义域 $D=\{(x,y)\,|\,0<x<+\infty, 0<y<+\infty\}$.

解方程组

$$\begin{cases} \dfrac{\partial S}{\partial x}=y+2V\left(-\dfrac{1}{x^2}\right)=y-\dfrac{2V}{x^2}=0, \\ \dfrac{\partial S}{\partial y}=x+2V\left(-\dfrac{1}{y^2}\right)=x-\dfrac{2V}{y^2}=0. \end{cases}$$

在区域 D 内解得唯一驻点($\sqrt[3]{2V}$,$\sqrt[3]{2V}$).求二阶偏导数

$$\frac{\partial^2 S}{\partial x^2}=\frac{4V}{x^3},\frac{\partial^2 S}{\partial x\partial y}=1,\frac{\partial^2 S}{\partial y^2}=\frac{4V}{y^3}.$$

在点($\sqrt[3]{2V}$,$\sqrt[3]{2V}$),$AC-B^2=4-1=3>0$,且 $A=2>0$,因此 S 在点($\sqrt[3]{2V}$,$\sqrt[3]{2V}$)取得极小值.由题意可知,水箱所用材料面积的最小值一定存在,并在 D 内取得,且函数在 D 内只有唯一的驻点($\sqrt[3]{2V}$,$\sqrt[3]{2V}$),所以函数在点($\sqrt[3]{2V}$,$\sqrt[3]{2V}$)处取得最小值,此时 $z=\frac{\sqrt[3]{2V}}{2}$.也就是说,当水箱的长为 $\sqrt[3]{2V}$,宽为 $\sqrt[3]{2V}$,高为 $\frac{\sqrt[3]{2V}}{2}$ 时,水箱所用材料最省.

8.8.3 条件极值,拉格朗日乘数法

上面所讨论的极值问题,对于函数的自变量,除了限制在函数的定义域内以外,并无其他条件,称为无条件极值问题.但在实际问题中,经常会遇到对函数的自变量还有附加条件的极值问题,例如企业追求最大利润或最小成本总是附加一定条件而言的.

像这种对自变量有附加条件的极值称为条件极值.对于有些实际问题,可以把条件极值化为无条件极值,然后利用本节中的方法加以解决,例 6 就是这样做的.

但是在很多情形下,将条件极值化为无条件极值并不这样简单.我们另有一种直接寻找条件极值的方法,这就是下面要介绍的拉格朗日乘数法.

现在我们来寻找函数

$$z=f(x,y) \tag{3}$$

在条件

$$\varphi(x,y)=0 \tag{4}$$

下取得极值的必要条件.

如果函数(3)在(x_0,y_0)取得所求的极值,那么首先有

$$\varphi(x_0,y_0)=0, \tag{5}$$

我们假定在(x_0,y_0)的某一邻域内 $f(x,y)$ 与 $\varphi(x,y)$ 均有连续的一阶偏导数,且 $\varphi'_y(x_0,y_0)\neq 0$.由隐函数存在定理可知,方程(4)确定一个具有连续导数的函数 $y=\psi(x)$,将其代入(3)式,结果得到一个变量 x 的函数

$$z=f[x,\psi(x)], \tag{6}$$

于是函数(3)在点(x_0,y_0)取得所求极值,也就是相当于函数(6)在 $x=x_0$ 取得极值.由一元可导函数取得极值的必要条件知

$$\left.\frac{dz}{dx}\right|_{x=x_0}=f'_x(x_0,y_0)+f'_y(x_0,y_0)\left.\frac{dy}{dx}\right|_{x=x_0}=0. \tag{7}$$

而由(4)式用隐函数求导公式有

$$\left.\frac{dy}{dx}\right|_{x=x_0}=-\frac{\varphi'_x(x_0,y_0)}{\varphi'_y(x_0,y_0)},$$

把上式代入(7)式，得

$$f'_x(x_0,y_0)-f'_y(x_0,y_0)\frac{\varphi'_x(x_0,y_0)}{\varphi'_y(x_0,y_0)}=0. \tag{8}$$

(5)、(8)两式就是函数(3)在条件(4)下在(x_0,y_0)取得极值的必要条件.

设

$$\frac{f'_y(x_0,y_0)}{\varphi'_y(x_0,y_0)}=-\lambda,$$

上述必要条件就变为

$$\begin{cases}f'_x(x_0,y_0)+\lambda\varphi'_x(x_0,y_0)=0,\\ f'_y(x_0,y_0)+\lambda\varphi'_y(x_0,y_0)=0,\\ \varphi(x_0,y_0)=0.\end{cases} \tag{9}$$

若引进辅助函数

$$L(x,y,\lambda)=f(x,y)+\lambda\varphi(x,y),$$

则不难看出，(9)中的三式便是

$$L'_x(x_0,y_0,\lambda)=0,L'_y(x_0,y_0,\lambda)=0,L'_\lambda(x_0,y_0,\lambda)=0.$$

函数 $L(x,y,\lambda)$称为拉格朗日函数，参数 λ 称为拉格朗日乘子.

由以上讨论，我们得到以下结论.

拉格朗日乘数法 要找函数 $z=f(x,y)$在附加条件 $\varphi(x,y)=0$ 下的可能极值点，可以先作拉格朗日函数

$$L(x,y,\lambda)=f(x,y)+\lambda\varphi(x,y).$$

求其对 x,y 和 λ 的一阶偏导数，并使之为零，即

$$\begin{cases}f'_x(x,y)+\lambda\varphi'_x(x,y)=0,\\ f'_y(x,y)+\lambda\varphi'_y(x,y)=0,\\ \varphi(x,y)=0.\end{cases} \tag{10}$$

由这方程组解出 x,y 及 λ，这样得到的(x,y)就是函数 $f(x,y)$在附加条件 $\varphi(x,y)=0$ 下的可能极值点.

上述方法可推广到自变量多于两个而条件多于一个的情形. 例如，要求函数

$$u=f(x,y,z,t)$$

在附加条件

$$\varphi(x,y,z,t)=0,\psi(x,y,z,t)=0 \tag{11}$$

下的极值，可以先作拉格朗日函数

$$L(x,y,z,t,\lambda,\mu)=f(x,y,z,t)+\lambda\varphi(x,y,z,t)+\mu\psi(x,y,z,t),$$

求其一阶偏导数，并使之为零，得到一方程组. 解此方程组得出的(x,y,z,t)就是函数$f(x,y,z,t)$在附加条件(11)下的可能极值点.

需要说明的是，拉格朗日乘数法是解决条件极值的一个较好的方法，但是在解方程组时往往会遇到困难. 至于如何确定所求得的点是否为极值点，在实际问题中往往根据问题本身的性质来判定.

例 7 求周长为 $2S$ 的三角形中面积最大的三角形及其面积.

解 设 A 为三角形的面积，x,y,z 分别为该三角形的三边之长，则

$$A=\sqrt{S(S-x)(S-y)(S-z)}.$$

于是问题可化为在 $x+y+z=2S$ 的条件下求 $A^2=S(S-x)(S-y)(S-z)$ 的最大值.

构造拉格朗日函数

$$L(x,y,z,\lambda)=f(x,y,z)+\lambda(x+y+z-2S),$$

解联立方程组

$$\begin{cases}L'_x=-S(S-y)(S-z)+\lambda=0,\\ L'_y=-S(S-x)(S-z)+\lambda=0,\\ L'_z=-S(S-x)(S-y)+\lambda=0,\\ L'_\lambda=x+y+z-2S=0.\end{cases}$$

求得 $x=y=z=\frac{2}{3}S$，即边长为$\frac{2}{3}S$ 的正三角形. 由题意知，在所给条件下面积最大的三角形必存在，又求得唯一驻点，因而可断定这个驻点就是最大值点. 故周长为 $2S$ 的三角形中以$\frac{2}{3}S$ 为边长的正三角形面积最大.

例 8 求原点到曲线 Γ：$\begin{cases}x^2+y^2-z^2=1\\ 2x-y-z=1\end{cases}$ 的最短距离.

解 在曲线 Γ 上任取一点 $P(x,y,z)$，P 到原点 O 的距离为 $d=\sqrt{x^2+y^2+z^2}$，则问题归结为在条件 $x^2+y^2-z^2=1$ 及 $2x-y-z=1$ 下函数 $d^2=x^2+y^2+z^2$ 的最小值.

构造拉格朗日函数

$$L(x,y,z,\lambda,\mu)=x^2+y^2+z^2+\lambda(x^2+y^2-z^2-1)+\mu(2x-y-z-1),$$

解联立方程组

$$\begin{cases}L'_x=2x+2x\lambda+2\mu=0,\\ L'_y=2y+2y\lambda-\mu=0,\\ L'_z=2z-2z\lambda-\mu=0,\\ L'_\lambda=x^2+y^2-z^2-1=0,\\ L'_\mu=2x-y-z-1=0.\end{cases}$$

由前三式消去 λ,μ 得

$$z(x+2y)=0.$$

当 $z=0$ 时,用 $z=0$ 代入上述方程中后两式,得

$$\begin{cases}x^2+y^2=1,\\2x-y=1,\end{cases}$$

得两个驻点 $(0,-1,0)$,$\left(\frac{4}{5},-\frac{3}{5},0\right)$,且有

$$d\big|_{(0,-1,0)}=d\big|_{\left(\frac{4}{5},-\frac{3}{5},0\right)}=1.$$

当 $x+2y=0$ 时,用 $x+2y=0$ 代入方程组的后两式,得

$$\begin{cases}5y^2-z^2=1,\\-5y-z=1,\end{cases}$$

该方程组无解.

由于曲线 Γ 实际上是一条双曲线(平面与双曲面的交线),故从原点到曲线 Γ 上的点的距离只有最小值而无最大值. 因此上面所求出的距离 1,就是原点到曲线 Γ 上的点的最短距离.

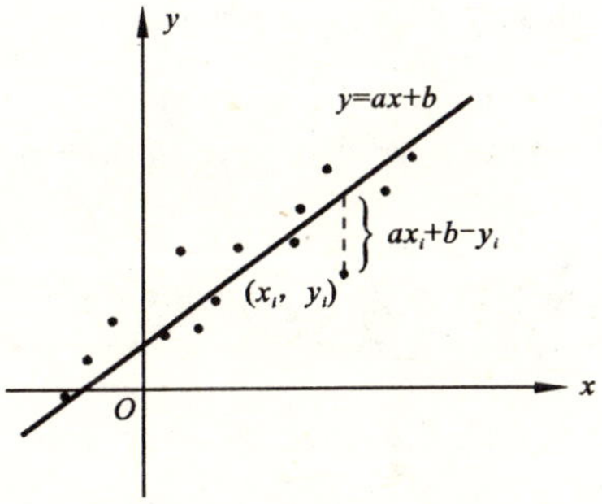

图 8-5

例 9(最小二乘法问题) 设通过观测或实验得到一系列点 (x_i,y_i),$i=1,2,\cdots,n$,它们大体上在一条直线上,即大体上可用直线方程来反映变量 x 与 y 之间的对应关系(图 8-5). 现要确定一直线,使其与这 n 个点的偏差平方和达到最小(**最小二乘法**).

解 设所求直线方程为

$$y=ax+b,$$

所测得的 n 个点为 $(x_i,y_i)(i=1,2,\cdots,n)$. 现要确定 a,b,使得偏差平方和

$$f(a,b)=\sum_{i=1}^{n}(ax_i+b-y_i)^2$$

为最小. 为此令

$$\begin{cases}f'_a=2\sum\limits_{i=1}^{n}x_i(ax_i+b-y_i)=0,\\ f'_b=2\sum\limits_{i=1}^{n}(ax_i+b-y_i)=0.\end{cases}$$

将这组关于 a,b 的线性方程组加以整理,得

$$\begin{cases} a\sum_{i=1}^{n}x_i^2 + b\sum_{i=1}^{n}x_i = \sum_{i=1}^{n}x_iy_i, \\ a\sum_{i=1}^{n}x_i + b = \sum_{i=1}^{n}y_i. \end{cases}$$

求此方程组的解，即得 $f(a,b)$ 的驻点

$$\bar{a} = \frac{n\sum_{i=1}^{n}x_iy_i - (\sum_{i=1}^{n}x_i)(\sum_{i=1}^{n}y_i)}{n\sum_{i=1}^{n}x_i^2 - (\sum_{i=1}^{n}x_i)^2},$$

$$\bar{b} = \frac{(\sum_{i=1}^{n}x_i^2)(\sum_{i=1}^{n}y_i) - (\sum_{i=1}^{n}x_iy_i)(\sum_{i=1}^{n}x_i)}{n\sum_{i=1}^{n}x_i^2 - (\sum_{i=1}^{n}x_i)^2}.$$

一般情况下，$f(\bar{a},\bar{b})$ 就是 $f(a,b)$ 的最小值. 因此 $y=\bar{a}x+\bar{b}$ 就是所求的直线方程.

例 9 及其求解叙述的是线性最小二乘法，其在数据拟合中有重要的应用.

习题 8-8

1. 求函数 $f(x,y)=x^3+y^3-6xy-42x+21y+18$ 的极值.
2. 求函数 $f(x,y)=(6x-x^2)(4y-y^2)$ 的极值.
3. 求函数 $f(x,y)=\mathrm{e}^{2x}(x+y^2+2y)$ 的极值.
4. 求函数 $z=xy$ 在适合附加条件 $x+y=1$ 下的极大值.
5. 求函数 $z=x^2-y^2$ 在闭区域 $x^2+4y^2\leqslant 4$ 上的最大值和最小值.
6. 从斜边之长为 l 的一切直角三角形中，求有最大周长的直角三角形.
7. 某公司可通过电台及报纸两种方式做销售某商品的广告，根据统计资料，销售收入 R（万元）与电台广告费用 X_1（万元）及报纸广告费用 X_2（万元）之间的关系有如下的经验公式：

$$R=15+14X_1+32X_2-8X_1X_2-2X_1^2-8X_2^2.$$

(1)在广告费用不限的情况下，求最优广告策略；

(2)若提供的广告费用为 1.5 万元，求相应的最优广告策略.

8. 要造一个容积等于定数 k 的长方体无盖水池，应如何选择水池的尺寸方可使表面积最小？
9. 在平面 xOy 上求一点，使它到 $x=0$，$y=0$ 及 $x+2y-16=0$ 三直线距离平方之和为最小.
10. 周长为 $2p$ 的矩形绕它的一边旋转而形成一个圆柱体，问矩形的边长各

为多少时,可使圆柱体的体积为最大?

11. 求内接于半径为 a 的球且有最大体积的长方体.

12. 抛物面 $z=x^2+y^2$ 被平面 $x+y+z=1$ 截成一椭圆,求原点到这椭圆的最长与最短距离.

13. 求抛物线 $y=x^2$ 和直线 $x-y-2=0$ 之间的最短距离.

14. 试求内接于椭球面 $\frac{x^2}{a^2}+\frac{y^2}{b^2}+\frac{z^2}{c^2}=1(a>0,b>0,c>0)$ 的有最大体积的长方体.

总复习题 8

1. 在“充分”、“必要”、“充分必要”和“无关”中选择一个正确的填入下列空格内:

(1) $f(x,y)$ 在 (x,y) 可微分是 $f(x,y)$ 在该点连续的________条件.

(2) $z=f(x,y)$ 在点 (x,y) 的偏导数 $\frac{\partial z}{\partial x}$ 及 $\frac{\partial z}{\partial y}$ 存在是 $f(x,y)$ 在该点可微分的________条件; $z=f(x,y)$ 在点 (x,y) 可微分是函数在该点的偏导数 $\frac{\partial z}{\partial x}$ 及 $\frac{\partial z}{\partial y}$ 存在的________条件.

(3) $z=f(x,y)$ 的偏导数 $\frac{\partial z}{\partial x}$ 及 $\frac{\partial z}{\partial y}$ 在点 (x,y) 存在且连续是 $f(x,y)$ 在该点可微分的________条件.

(4) 函数 $z=f(x,y)$ 的两个二阶偏导数 $\frac{\partial^2 z}{\partial x\partial y}$ 及 $\frac{\partial^2 z}{\partial y\partial x}$ 在区域 D 内连续是这两个二阶混合偏导数在 D 内相等的________条件.

(5) $z=f(x,y)$ 在点 (x,y) 的偏导数 $\frac{\partial z}{\partial x}$ 及 $\frac{\partial z}{\partial y}$ 存在是 $f(x,y)$ 在该点连续的________条件.

2. 选择下述题中给出的四个结论中正确的一个结论:

设函数 $f(x,y)$ 在点 $(0,0)$ 的某邻域内有定义,且 $f'_x(0,0)=5$, $f'_y(0,0)=-1$,则有________.

(A) $dz|_{(0,0)}=5dx-dy$;

(B) 曲面 $z=f(x,y)$ 在点 $(0,0,f(0,0))$ 的一个法向量为 $(5,-1,1)$;

(C) 曲线 $\begin{cases} z=f(x,y) \\ y=0 \end{cases}$ 在点 $(0,0,f(0,0))$ 的一个切向量为 $(1,0,5)$;

(D) 曲线 $\begin{cases} z=f(x,y) \\ y=0 \end{cases}$ 在点 $(0,0,f(0,0))$ 的一个切向量为 $(5,0,1)$.

3. 证明极限 $\lim\limits_{(x,y)\to(0,0)}\frac{xy^2}{x^2+y^4}$ 不存在.

4. 试确定 α 的范围,使得 $\lim\limits_{(x,y)\to(0,0)}\frac{(|x|+|y|)^\alpha}{x^2+y^2}=0$.

5. 设 $f(x,y)=\begin{cases} \frac{x^2y}{x^2+y^2} & x^2+y^2\neq 0 \\ 0 & x^2+y^2=0 \end{cases}$,求 $f'_x(x,y)$, $f'_y(x,y)$.

6. 设 $f(x,y)$ 有一阶连续偏导数，且 $f(x,x^2)=1$，$f'_x(x,x^2)=x$，求 $f'_y(x,x^2)$.

7. 求下列函数的一阶和二阶偏导数：

(1) $z=x\sin(x+y)$；

(2) $z=x^y$.

8. 设 $u=xyze^{x+y+z}$，p,q,r 为正整数，求 $\dfrac{\partial^{p+q+r}u}{\partial x^p\partial y^q\partial z^r}$.

9. 求函数 $z=\dfrac{xy}{x^2-y^2}$ 当 $x=2,y=1,\Delta x=0.001,\Delta y=0.03$ 时的全增量和全微分.

10. 设 $f(x,y)=\begin{cases}\dfrac{x^2y^2}{(x^2+y^2)^{3/2}} & x^2+y^2\neq 0\\ 0 & x^2+y^2=0\end{cases}$，证明 $f(x,y)$ 在点 $(0,0)$ 处连续且偏导数存在，但不可微分.

11. 设可微函数 $z=f(x,y)$ 满足方程 $x\dfrac{\partial f}{\partial x}+y\dfrac{\partial f}{\partial y}=0$，证明：$f(x,y)$ 在极坐标中只是 θ 的函数.

12. 设可微函数 $F(x,y)$ 在直角坐标系中可表示为 $F(x,y)=f(x)+g(y)$，在极坐标中可表示为 $F(x,y)=s(r)$（与 θ 无关），求 $F(x,y)$.

13. 设 $u=x^y$，而 $x=\varphi(t)$，$y=\psi(t)$ 都是可微函数，求 $\dfrac{du}{dt}$.

14. 设 $z=f(u,v,w)$ 具有连续偏导数，而 $u=\eta-\zeta$，$v=\zeta-\xi$，$w=\xi-\eta$，求 $\dfrac{\partial z}{\partial \xi}$，$\dfrac{\partial z}{\partial \eta}$，$\dfrac{\partial z}{\partial \zeta}$.

15. 设 $z=f(2x-y)+g(x,xy)$，其中 f 具有二阶导数，g 具有二阶连续偏导数，求 $\dfrac{\partial^2 z}{\partial x\partial y}$.

16. 设 $z=f(u,x,y)$，$u=xe^y$，其中 f 具有连续的二阶偏导数，求 $\dfrac{\partial^2 z}{\partial x\partial y}$.

17. 设 $x=e^u\cos v$，$y=e^u\sin v$，$z=uv$，试求 $\dfrac{\partial z}{\partial x}$ 和 $\dfrac{\partial z}{\partial y}$.

18. 设 a,b,c 是三角形的三条边的长，A,B,C 是三边对应的三个角，求 $\dfrac{\partial A}{\partial a}$、$\dfrac{\partial B}{\partial b}$ 和 $\dfrac{\partial C}{\partial c}$.

19. 设 $f(x,y)=\int_0^{xy}e^{t^2}dt$，求 $\dfrac{x}{y}\dfrac{\partial^2 f}{\partial x^2}-2\dfrac{\partial^2 f}{\partial x\partial y}+\dfrac{y}{x}\dfrac{\partial^2 f}{\partial y^2}$.

20. 在曲面 $z=xy$ 上求一点，使这点处的法线垂直于平面 $x+3y+z+9=0$，并写出这法线的方程.

21. 设 $\boldsymbol{e}_l=(\cos\theta,\sin\theta)$，求函数 $f(x,y)=x^2-xy-y^2$ 在点 $(1,1)$ 沿方向 l 的方向导数，并分别确定角 θ，使这导数有：(1) 最大值；(2) 最小值；(3) 等于 0.

22. 求函数 $u=x^2+y^2+z^2$ 在椭球面 $\dfrac{x^2}{a^2}+\dfrac{y^2}{b^2}+\dfrac{z^2}{c^2}=1$ 上点 $M_0(x_0,y_0,z_0)$ 处沿外法线方向的方向导数.

23. 试求 a、b 的值，使得椭圆 $\dfrac{x^2}{a^2}+\dfrac{y^2}{b^2}=1$ 包含圆 $x^2+y^2=2y$，并且面积为最小.

24. 求在圆锥面 $2z=3\sqrt{x^2+y^2}$ 和平面 $z=3$ 所围圆锥体内所作出的底平面平行于 xOy 面的最大长方体体积值.

25. 证明:函数 $f(x,y)=(1+e^x)\cos x-ye^y$ 有无穷多个极大值,但无极小值.

9 重积分

我们知道定积分是某种确定形式的和的极限，其被积函数是一元函数，积分范围是数轴上的区间．现在我们将这种和式的极限的概念推广到定义在平面或空间的一个区域上多元函数的情形，便得到重积分．

9.1 二重积分的概念与性质

9.1.1 二重积分的概念

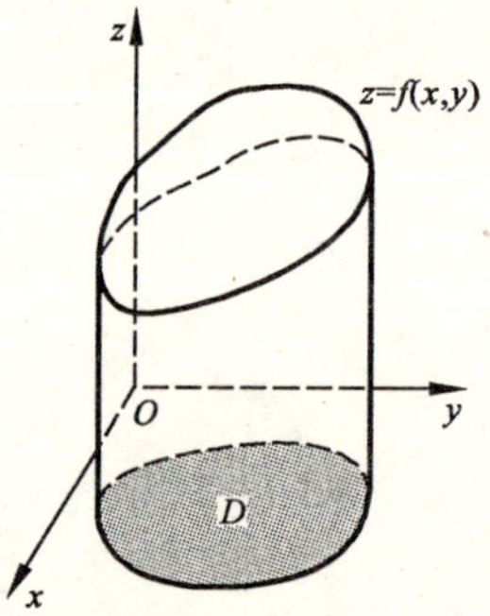

图 9－1

1. 曲顶柱体的体积

设有一立体，它的底是 xOy 面上的闭区域 D，它的侧面是以 D 的边界为准线而母线平行于 z 轴的柱面，它的顶是曲面 $z=f(x,y)$，这里 $f(x,y)\geqslant 0$，且在 D 上连续（图 9－1），这种立体叫做曲顶柱体．现在我们来讨论如何定义并计算上述曲顶柱体的体积 V．

我们知道，如果把曲顶柱体的顶换成平顶，这个柱体就是平顶柱体，它的高是不变的，其体积可以用公式

$$体积=高\times 底面积$$

来定义和计算．关于曲顶柱体，其高度 $f(x,y)$ 是个变量，因此它的体积不能直接套用上述定义和计算，我们像在第 5 章中求曲边梯形面积那样，采用分割、近似、求和、取极限的办法来解决目前的问题．

(1)用一组曲线网把 D 分成 n 个小闭区域

$$\Delta\sigma_1,\Delta\sigma_2,\cdots,\Delta\sigma_n$$

（图 9－2）．$\Delta\sigma_i(i=1,2,\cdots,n)$ 同时也表示小区域的面积．以每个小闭区域

$\Delta\sigma_i$ 为底作 n 个小柱体，这样曲顶柱体就被分割成 n 个小曲顶柱体，其体积分别为 $\Delta V_i(i=1,2,\cdots,n)$，于是曲顶柱体的体积为

$$V=\sum_{i=1}^{n}\Delta V_i.$$

(2)对于每个小曲顶柱体，当 $\Delta\sigma_i$ 的直径很小时，由于 $f(x,y)$ 连续，其高度的变化很小，这时小曲顶柱体可近似地看做平顶柱体. 我们在每个 $\Delta\sigma_i$ 中任取一点 (ξ_i,η_i)，以 $f(\xi_i,\eta_i)$ 为高而底为 $\Delta\sigma_i$ 的平顶柱体的体积为 $f(\xi_i,\eta_i)\cdot\Delta\sigma_i$，得

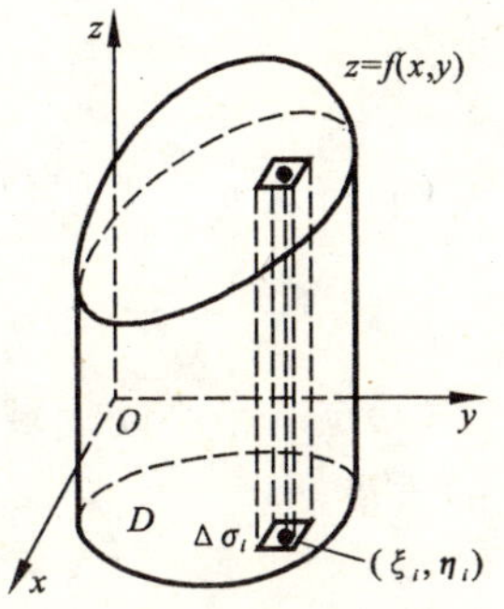

图 9-2

$$\Delta V_i\approx f(\xi_i,\eta_i)\cdot\Delta\sigma_i(i=1,2,\cdots,n).$$

(3)将这些小曲顶柱体的近似值加起来，就得到曲顶柱体体积的近似值，即

$$V\approx\sum_{i=1}^{n}f(\xi_i,\eta_i)\cdot\Delta\sigma_i.$$

(4)令 n 个小闭区域的直径中的最大值(记作 λ)趋于零，取上述和的极限，所得的极限便自然地定义为所讨论的曲顶柱体的体积 V，即

$$V=\lim_{\lambda\to0}\sum_{i=1}^{n}f(\xi_i,\eta_i)\cdot\Delta\sigma_i.$$

2. 平面薄片的质量

设有一平面薄片占 xOy 面上的闭区域 D，它在点 (x,y) 处的面密度为 $\mu(x,y)$，这里 $\mu(x,y)>0$ 且在 D 上连续. 现在要计算该薄片的质量 M.

如果薄片的质量是均匀分布的，即面密度是常数，那么薄片的质量可以用公式

质量＝面密度×面积

来计算. 现在面密度 $\mu(x,y)$ 是变量，显然不能直接用上述公式来计算，但是上面用来处理曲顶柱体体积问题的办法完全适用于本问题.

(1)将薄片(闭区域 D)任意分割成 n 个小块(小闭区域)$\Delta\sigma_i(i=1,2,\cdots,n)$，$\Delta\sigma_i$ 也表示小闭区域的面积(图 9-3)，每个小块的质量为 $\Delta m_i(i=1,2,\cdots,n)$，于是该平面薄片的质量为

$$M=\sum_{i=1}^{n}\Delta m_i.$$

(2)由于 $\mu(x,y)$ 是连续的，小块上面密度变化很小，可以近似看做均匀的，在 $\Delta\sigma_i$ 上任取一点 (ξ_i,η_i)，

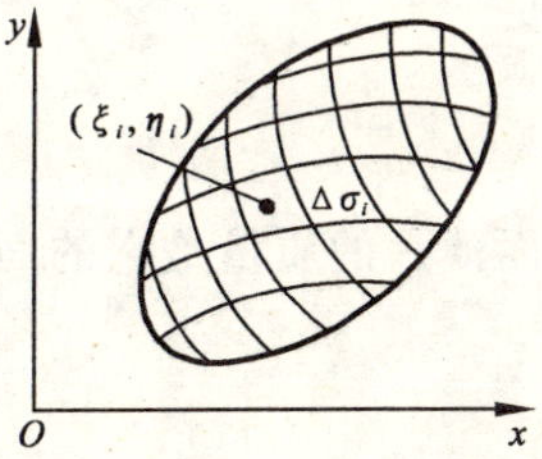

图 9-3

就有

$$\Delta m_i \approx \mu(\xi_i, \eta_i) \cdot \Delta\sigma_i.$$

(3)将这 n 个近似值加起来，就得到整个薄片质量的近似值．即

$$M \approx \sum_{i=1}^{n} \mu(\xi_i, \eta_i) \cdot \Delta\sigma_i.$$

(4)令 n 个小闭区域的直径的最大值 λ 趋于零，上述和式的极限就是所求薄片的质量，即

$$M = \lim_{\lambda \to 0} \sum_{i=1}^{n} \mu(\xi_i, \eta_i) \cdot \Delta\sigma_i.$$

上面两个问题的实际意义虽然不同，但所求量都归结为同一形式的和的极限. 在物理、几何和工程技术中，有许多物理量或几何量都可归结为这一形式的和的极限. 因此我们要研究这种和的极限，并抽象出下述二重积分的定义.

定义 设 $f(x,y)$是有界闭区域 D 上的有界函数．将闭区域 D 任意分成 n 个小闭区域

$$\Delta\sigma_1, \Delta\sigma_2, \cdots, \Delta\sigma_n,$$

其中 $\Delta\sigma_i$ 表示第 i 个小闭区域，也表示它的面积. 在每个 $\Delta\sigma_i$ 上任取一点(ξ_i, η_i)，作乘积 $f(\xi_i, \eta_i)\Delta\sigma_i (i = 1, 2, \cdots, n)$，并作和 $\sum\limits_{i=1}^{n} f(\xi_i, \eta_i)\Delta\sigma_i$. 如果当各小闭区域的直径中的最大值 λ 趋于零时，这和的极限总存在，则称此极限为函数 $f(x,y)$ 在闭区域 D 上的二重积分，记作$\iint\limits_D f(x,y)\mathrm{d}\sigma$，即

$$\iint\limits_D f(x,y)\mathrm{d}\sigma = \lim_{\lambda \to 0} \sum_{i=1}^{n} f(\xi_i, \eta_i)\Delta\sigma_i.$$

其中 $f(x,y)$ 叫做被积函数，$f(x,y)\mathrm{d}\sigma$ 叫做被积表达式，$\mathrm{d}\sigma$ 叫做面积元素，x 与 y 叫做积分变量，D 叫做积分区域，$\sum\limits_{i=1}^{n} f(\xi_i, \eta_i)\Delta\sigma_i$ 叫做积分和，$\iint$ 是积分号. 这时，也称函数 $f(x,y)$ 在 D 上可积.

由二重积分的定义可知，曲顶柱体的体积是函数 $f(x,y)$在底 D 上的二重积分

$$V = \iint\limits_D f(x,y)\mathrm{d}\sigma.$$

平面薄片的质量是它的面密度 $\mu(x,y)$在薄片所占区域 D 上的二重积分

$$M = \iint\limits_D \mu(x,y)\mathrm{d}\sigma.$$

究竟哪些二元函数是可积的呢？这里对此不作详细讨论，只是指出下列事实：一个在有界闭区域上连续的二元函数是可积的. 多元函数的可积性问题是较

复杂的数学问题,它超出了本课程的要求.为此我们总假定函数 $f(x,y)$ 在闭区域 D 上连续,以后就不再每次加以说明了.

在二重积分的定义中,其积分值与区域的分割方法无关,所以在直角坐标系中可用平行于坐标轴的直线网来分割区域 D(图 9-4).这时,面积元素 $\mathrm{d}\sigma=\mathrm{d}x\mathrm{d}y$,所以二重积分也可记作

$$\iint_D f(x,y)\mathrm{d}x\mathrm{d}y.$$

其中 $\mathrm{d}x\mathrm{d}y$ 叫做直角坐标系中的面积元素.

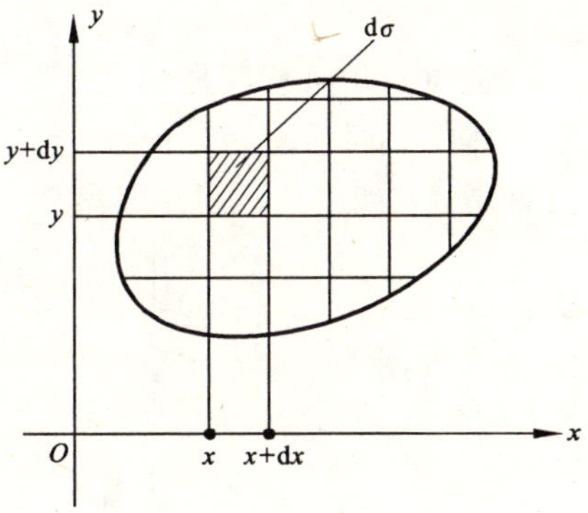

图 9-4

二重积分的几何意义

设 $z=f(x,y)$ 为有界闭区域 D 上的连续函数.当 $f(x,y)$ 在 D 上非负时,其二重积分 $\iint_D f(x,y)\mathrm{d}\sigma$ 就是以曲面 $z=f(x,y)$ 为顶、以区域 D 为底、母线平行于 z 轴的曲顶柱体的体积;当 $f(x,y)$ 在 D 上取负值时,曲面 $z=f(x,y)$ 在 xOy 面的下方,二重积分就是相应的曲顶柱体的体积的负值;若 $f(x,y)$ 在 D 的若干部分区域上取非负值,而在其余的部分区域上取负值,则二重积分就是在所有这些部分区域上的曲顶柱体体积的代数和.

9.1.2 二重积分的性质

比较定积分与二重积分的定义可以想到,二重积分与定积分有类似的性质,现叙述如下.

性质 1 设 α、β 为常数,则

$$\iint_D[\alpha f(x,y)+\beta g(x,y)]\mathrm{d}\sigma=\alpha\iint_D f(x,y)\mathrm{d}\sigma+\beta\iint_D g(x,y)\mathrm{d}\sigma.$$

性质 2 如果闭区域 D 被有限条曲线分为有限个部分闭区域,则在 D 上的二重积分等于在各部分闭区域上的二重积分的和.例如 D 分为两个闭区域 D_1 与 D_2,则

$$\iint_D f(x,y)\mathrm{d}\sigma=\iint_{D_1} f(x,y)\mathrm{d}\sigma+\iint_{D_2} f(x,y)\mathrm{d}\sigma.$$

这个性质表示二重积分对于积分区域具有**可加性**.

性质 3 如果在 D 上,$f(x,y)=1$,σ 为 D 的面积,则

$$\sigma=\iint_D 1\cdot \mathrm{d}\sigma=\iint_D \mathrm{d}\sigma.$$

这性质的几何意义是很明显的,因为高为 1 的平顶柱体的体积在数值上就等于柱体的底面积.

性质 4　如果在 D 上,$f(x,y)\leqslant\varphi(x,y)$,则有

$$\iint_D f(x,y)\mathrm{d}\sigma\leqslant\iint_D \varphi(x,y)\mathrm{d}\sigma.$$

特殊地,由于

$$-|f(x,y)|\leqslant f(x,y)\leqslant|f(x,y)|,$$

又有

$$\left|\iint_D f(x,y)\mathrm{d}\sigma\right|\leqslant\iint_D |f(x,y)|\mathrm{d}\sigma.$$

性质 5　设 M、m 分别是 $f(x,y)$ 在闭区域 D 上的最大值和最小值,σ 是 D 的面积,则有

$$m\sigma\leqslant\iint_D f(x,y)\mathrm{d}\sigma\leqslant M\sigma.$$

上述不等式是对于二重积分估值的不等式. 因为 $m\leqslant f(x,y)\leqslant M$,所以由性质 4 有

$$\iint_D m\,\mathrm{d}\sigma\leqslant\iint_D f(x,y)\mathrm{d}\sigma\leqslant\iint_D M\mathrm{d}\sigma,$$

再应用性质 1 和性质 3,便得此估值不等式.

性质 6(二重积分的中值定理)　设函数 $f(x,y)$ 在闭区域 D 上连续,σ 是 D 的面积,则在 D 上至少存在一点 (ξ,η) 使得

$$\iint_D f(x,y)\mathrm{d}\sigma=f(\xi,\eta)\cdot\sigma.$$

证　显然 $\sigma\neq0$. 把性质 5 中不等式各除以 σ,有

$$m\leqslant\frac{1}{\sigma}\iint_D f(x,y)\mathrm{d}\sigma\leqslant M.$$

这就是说,确定的数值 $\frac{1}{\sigma}\iint_D f(x,y)\mathrm{d}\sigma$ 是介于函数 $f(x,y)$ 的最大值 M 与最小值 m 之间的. 根据在闭区域上连续函数的介值定理,在 D 上至少存在一点 (ξ,η) 使得函数在该点的值与这个确定的数值相等,即

$$\frac{1}{\sigma}\iint_D f(x,y)\mathrm{d}\sigma=f(\xi,\eta).$$

上式两端各乘以 σ,就得所需要证明的公式.

例 1　比较积分 $\iint_D \ln(x+y)\mathrm{d}\sigma$ 与 $\iint_D [\ln(x+y)]^2\mathrm{d}\sigma$ 的大小,其区域 D 是三角

形闭区域，其顶点分别为(1,0)，(1,1)，(2,0).

解 如图 9－5，在积分区域 D 内有

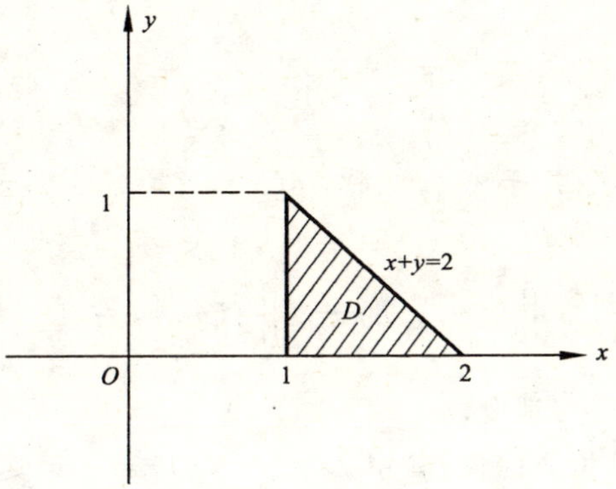

图 9－5

$$1 \leqslant x+y \leqslant 2 < \mathrm{e},$$

那么 $0 \leqslant \ln(x+y) < 1$，于是

$$\ln(x+y) > [\ln(x+y)]^2,$$

所以
$$\iint\limits_D \ln(x+y)\mathrm{d}\sigma > \iint\limits_D [\ln(x+y)]^2 \mathrm{d}\sigma.$$

例 2 估计二重积分 $I=\iint\limits_D (x^2+y^2+1)\mathrm{d}\sigma$ 的值，其中积分区域为 $D=\{(x,y)|0\leqslant x\leqslant 1, 0\leqslant y\leqslant 2\}$.

解 设 $f(x,y)=x^2+y^2+1$，则 $f(x,y)$ 在 D 上的最大值与最小值分别为

$$M=6, m=1,$$

又 D 的面积为 2.

所以
$$2 \leqslant I \leqslant 12.$$

习题 9－1

1. 利用二重积分定义证明：

(1) $\iint\limits_D \mathrm{d}\sigma = \sigma$（其中 σ 为 D 的面积）；

(2) $\iint\limits_D kf(x,y)\mathrm{d}\sigma = k\iint\limits_D f(x,y)\mathrm{d}\sigma$；

(3) $\iint\limits_D f(x,y)\mathrm{d}\sigma = \iint\limits_{D_1} f(x,y)\mathrm{d}\sigma + \iint\limits_{D_2} f(x,y)\mathrm{d}\sigma$，其中 $D=D_1\cup D_2$，D_1、D_2 为

两个无公共内点的闭区域.

2. 利用二重积分的几何意义说明：

(1)当积分区域 D 关于 y 轴对称，$f(x,y)$ 为 x 的奇函数，即 $f(-x,y)=-f(x,y)$ 时，有

$$\iint_D f(x,y)\,d\sigma = 0.$$

(2)当积分区域 D 关于 y 轴对称，$f(x,y)$ 为 x 的偶函数，即 $f(-x,y)=f(x,y)$ 时，有

$$\iint_D f(x,y)\,d\sigma = 2\iint_{D_1} f(x,y)\,d\sigma,$$

其中 D_1 为 D 在 $x\geqslant 0$ 的部分.

并由此计算下列积分的值，其中 $D=\{(x,y)\mid x^2+y^2\leqslant R^2\}$.

(Ⅰ) $\iint_D xy\,d\sigma$；　(Ⅱ) $\iint_D x\sqrt{R^2+x^2+y^2}\,d\sigma$；

(Ⅲ) $\iint_D \dfrac{y^3\cos x}{\sqrt{1+x^2+y^2}}\,d\sigma$；　(Ⅳ) $\iint_D (2x+3y+1)\,d\sigma$.

3. 根据二重积分的性质，比较下列积分的大小：

(1) $I_1=\iint_D (x+y)^2\,d\sigma$ 与 $I_2=\iint_D (x+y)^3\,d\sigma$，其中积分区域 D 是由 x 轴、y 轴及直线 $x+y=1$ 所围成；

(2) $I_1=\iint_D (x+y)^2\,d\sigma$ 与 $I_2=\iint_D (x+y)^3\,d\sigma$，其中积分区域 D 是由直线 $x=1$、直线 $y=1$ 及直线 $x+y=1$ 所围成的闭区域；

(3) $I_1=\iint_D \ln(x+y)\,d\sigma$ 与 $I_2=\iint_D [\ln(x+y)]^2\,d\sigma$，其中 $D=\{(x,y)\mid 3\leqslant x\leqslant 5, 0\leqslant y\leqslant 1\}$.

4. 利用二重积分的性质估计下列积分的值：

(1) $I=\iint_D (x+y+1)\,d\sigma$，其中 $D=\{(x,y)\mid 0\leqslant x\leqslant 1, 0\leqslant y\leqslant 2\}$；

(2) $I=\iint_D \cos^2 x\cdot\cos^2 y\,d\sigma$，其中 $D=\{(x,y)\mid 0\leqslant x\leqslant \pi, 0\leqslant y\leqslant \pi\}$；

(3) $I=\iint_D (x^2+4y^2+9)\,d\sigma$，其中 $D=\{(x,y)\mid x^2+y^2\leqslant 4\}$.

9.2 二重积分的计算法

按照二重积分的定义，用和式的极限去计算二重积分往往是很困难的，本节将给出计算二重积分的一种切实可行的方法，其基本思路是将二重积分化为两次单积分（即两次定积分）来计算. 下面我们分别就直角坐标系和极坐标系两种情形来讨论.

9.2.1 利用直角坐标计算二重积分

我们借助几何直观来给出二重积分 $\iint\limits_D f(x,y)\mathrm{d}\sigma$ 的计算法. 在讨论中不妨先假设 $f(x,y)\geqslant 0$.

设积分区域 D 可以用不等式表示为

$$\varphi_1(x)\leqslant y\leqslant\varphi_2(x),\quad a\leqslant x\leqslant b.$$

这里我们称图 9－6 所示的积分区域为 X－型区域.

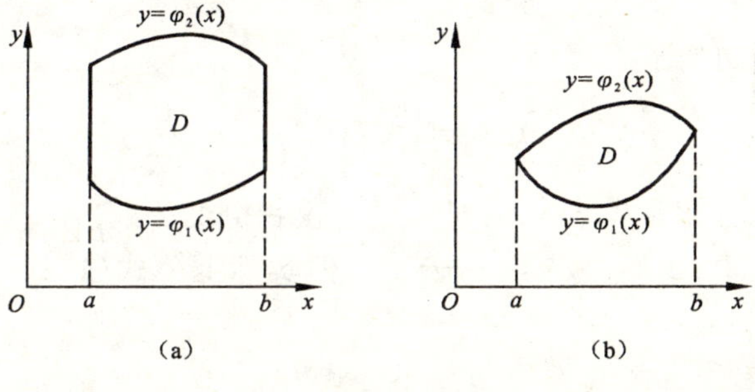

图 9－6

按照二重积分的几何意义，二重积分 $\iint\limits_D f(x,y)\mathrm{d}\sigma$ 的值等于以 D 为底，以曲面 $z=f(x,y)$ 为顶的曲顶柱体（图 9－2）的体积. 下面我们应用第 6 章中计算“平行截面面积为已知的立体的体积”的方法，来计算这个曲顶柱体的体积.

先计算截面面积. 为此，在区间 $[a,b]$ 上任意取定一点 x_0，作平行于 yOz 面的平面 $x=x_0$. 这平面截曲顶柱体所得的截面是一个以区间 $[\varphi_1(x_0),\varphi_2(x_0)]$ 为底、曲线 $z=f(x_0,y)$ 为曲边的曲边梯形（图 9－7 中阴影部分），所以这截面的面积为

$$A(x_0)=\int_{\varphi_1(x_0)}^{\varphi_2(x_0)}f(x_0,y)\mathrm{d}y.$$

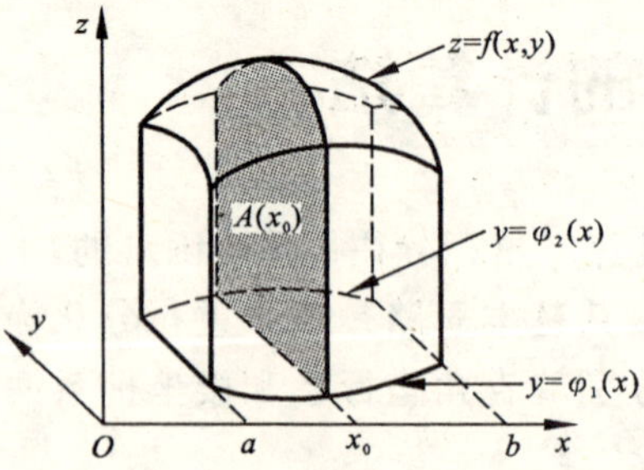

图 9－7

一般地，过区间$[a,b]$上任一点 x 且平行于 yOz 面的平面截曲顶柱体所得截面的面积为

$$A(x)=\int_{\varphi_1(x)}^{\varphi_2(x)} f(x,y)\,\mathrm{d}y.$$

于是，应用计算平行截面面积为已知的立体体积的方法，得曲顶柱体体积为

$$V=\int_a^b A(x)\,\mathrm{d}x=\int_a^b\left[\int_{\varphi_1(x)}^{\varphi_2(x)} f(x,y)\,\mathrm{d}y\right]\mathrm{d}x.$$

这个体积也就是所求二重积分的值，从而有等式

$$\iint_D f(x,y)\,\mathrm{d}\sigma=\int_a^b\left[\int_{\varphi_1(x)}^{\varphi_2(x)} f(x,y)\,\mathrm{d}y\right]\mathrm{d}x. \tag{1}$$

上式右端的积分叫做先对 y、后对 x 的二次积分. 也就是说，先把 x 看做常数，把 $f(x,y)$只看做 y 的函数，并对 y 计算从 $\varphi_1(x)$到 $\varphi_2(x)$的定积分；然后把算得的结果（是 x 的函数）再对 x 计算在区间$[a,b]$上的定积分 . 这个先对 y、后对 x 的二次积分也常记作

$$\int_a^b \mathrm{d}x\int_{\varphi_1(x)}^{\varphi_2(x)} f(x,y)\,\mathrm{d}y.$$

因此，等式(1)也可写成

$$\iint_D f(x,y)\,\mathrm{d}\sigma=\int_a^b \mathrm{d}x\int_{\varphi_1(x)}^{\varphi_2(x)} f(x,y)\,\mathrm{d}y, \tag{1'}$$

这就是把二重积分化为先对 y、后对 x 的二次积分的公式.

在上述讨论中，我们假定 $f(x,y)\geqslant 0$，但实际上公式(1)的成立并不受此条件限制.

类似地，如果积分区域 D 可以用不等式表示为

$$\psi_1(y)\leqslant x\leqslant\psi_2(y),\quad c\leqslant y\leqslant d.$$

这里我们称图 9－8 所示的积分区域为 Y－型区域.

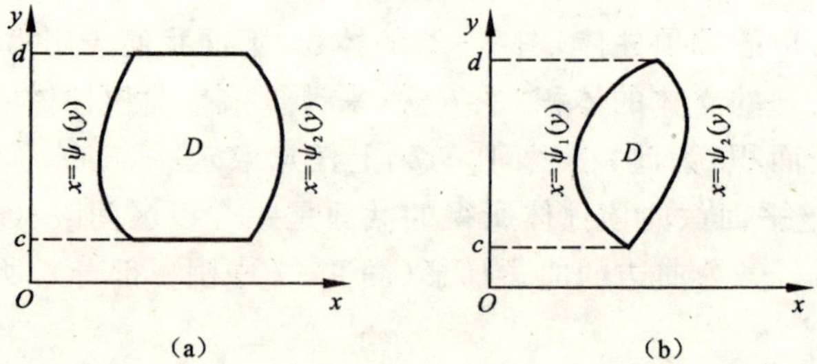

图 9－8

那么就有，

$$\iint_D f(x,y)\mathrm{d}\sigma=\int_c^d\left[\int_{\psi_1(y)}^{\psi_2(y)}f(x,y)\mathrm{d}x\right]\mathrm{d}y.$$

上式右端的积分叫做先对 x、后对 y 的二次积分，这个积分也常记作

$$\int_c^d\mathrm{d}y\int_{\psi_1(y)}^{\psi_2(y)}f(x,y)\mathrm{d}x.$$

因此，上述等式也可以写成

$$\iint_D f(x,y)\mathrm{d}\sigma=\int_c^d\mathrm{d}y\int_{\psi_1(y)}^{\psi_2(y)}f(x,y)\mathrm{d}x, \tag{2}$$

这就是把二重积分化为先对 x、后对 y 的二次积分的公式.

如果积分区域 D 既不是 X-型区域又不是 Y-型区域，即平行于 x 轴或 y 轴且穿过 D 内部的直线与 D 的边界线相交多于两点，对于这种情形，我们把区域 D 分成几部分，使每个部分是 X-型区域或 Y-型区域. 如图 9-9 中把区域 D 分成三部分，它们都是 X-型区域，从而这三部分上的二重积分都可应用公式(1)，各部分上的二重积分求得后，根据二重积分的性质 2，它们的和就是在 D 上的二重积分.

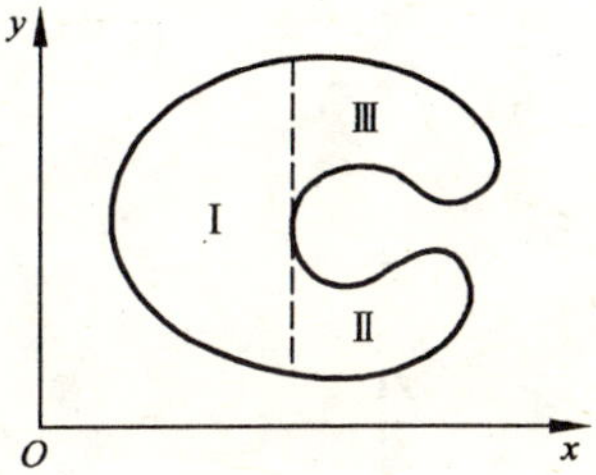

图 9-9

如果积分区域 D 既是 X-型的，可用不等式 $\varphi_1(x)\leqslant y\leqslant\varphi_2(x)$，$a\leqslant x\leqslant b$ 表示，又是 Y-型的，可用不等式 $\psi_1(y)\leqslant x\leqslant\psi_2(y)$，$c\leqslant y\leqslant d$ 表示(图 9-10). 则由公式(1)、(2)得

$$\iint_D f(x,y)\mathrm{d}\sigma=\int_a^b\mathrm{d}x\int_{\varphi_1(x)}^{\varphi_2(x)}f(x,y)\mathrm{d}y=\int_c^d\mathrm{d}y\int_{\psi_1(y)}^{\psi_2(y)}f(x,y)\mathrm{d}x.$$

上式表明用先对 y 后对 x 和先对 x 后对 y 的两种次序计算二重积分应该得到同样的结果.

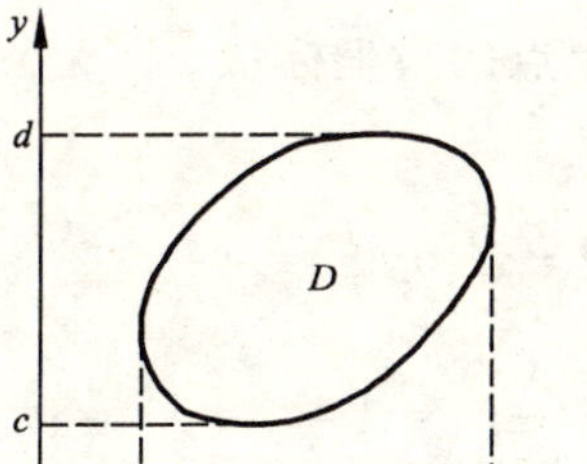

图 9-10

将二重积分化为二次积分时，确定积分限是一个关键. 积分限是根据积分区域 D 来确定的，先画出积分区域 D 的图形. 假如积分区域 D 是 X-型的，如图 9-11 所示，在区间$[a,b]$上任意取定一个 x 值，积分区域上以这个 x 值为横坐标的点在一段直线上，这段直线平行于 y 轴，该线段上点的纵坐标从 $\varphi_1(x)$ 变到 $\varphi_2(x)$，这就是公式(1)中先把 x 看做常量而对 y 积分时的下限和上限. 因为上面的 x 值是在$[a,b]$上任意取定的，所以再把 x 看做变量而对 x 积分时，积分区间就是$[a,b]$.

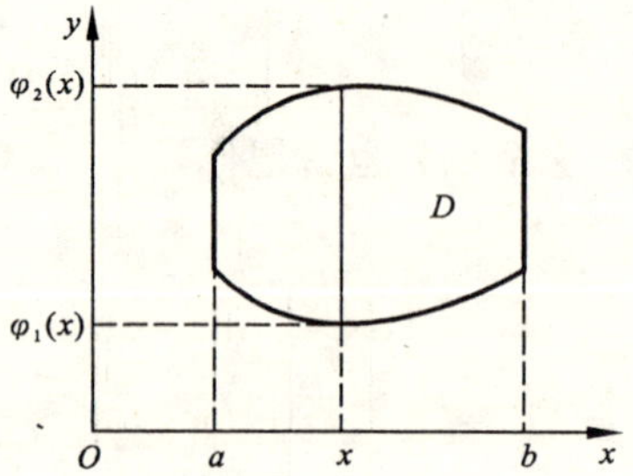

图 9－11

例 1　计算 $\iint\limits_D xy\,d\sigma$，其中 D 是由直线 $y=1$、$x=2$ 及 $y=x$ 所围成的闭区域.

解法 1　首先画出积分区域 D（图 9－12）. D 是 X－型的，D 上的点的横坐标的变动范围是区间[1,2]. 在区间[1,2]上任意取定一个 x 值，则 D 上以这个 x 值为横坐标的点在一段直线上，这段直线平行于 y 轴，该线段上点的纵坐标从 $y=1$ 变到 $y=x$. 利用公式(1)得

$$\iint\limits_D xy\,d\sigma=\int_1^2\left[\int_1^x xy\,dy\right]dx=\int_1^2\left[x\cdot\frac{y^2}{2}\right]_1^x dx$$

$$=\int_1^2\left(\frac{x^3}{2}-\frac{x}{2}\right)dx=\left[\frac{x^4}{8}-\frac{x^2}{4}\right]_1^2=1\,\frac{1}{8}.$$

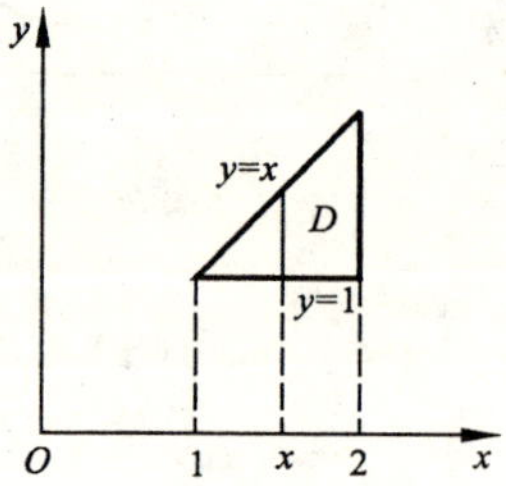

图 9－12

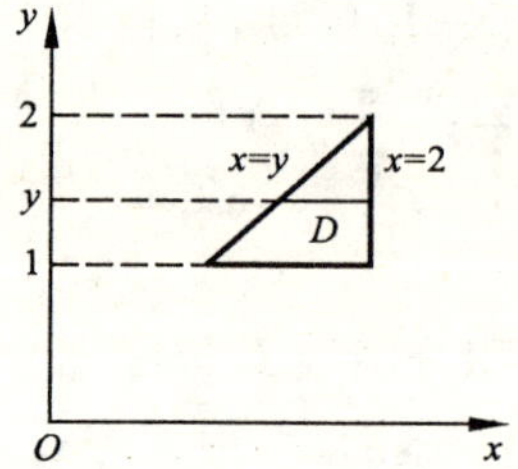

图 9－13

解法 2　如图 9－13，积分区域 D 是 Y－型的，D 上的点的纵坐标的变动范围是区间[1,2]. 在区间[1,2]上任意取定一个 y 值，则 D 上以这个 y 值为纵坐标的点在一段直线上，这段直线平行于 x 轴，该线段上点的横坐标从 $x=y$ 变到 $x=2$. 于是，利用公式(2)得

$$\iint\limits_D xy\,d\sigma=\int_1^2\left[\int_y^2 xy\,dx\right]dy=\int_1^2\left[y\cdot\frac{x^2}{2}\right]_y^2 dy$$

$$=\int_1^2\left(2y-\frac{y^3}{2}\right)dy=\left[y^2-\frac{y^4}{8}\right]_1^2=1\,\frac{1}{8}.$$

例 2　计算 $\iint\limits_D xy\,d\sigma$，其中 D 是由抛物线 $y^2=x$ 及直线 $y=x-2$ 所围成的闭区域.

解　画出积分区域 D 如图 9－14 所示，D 既是 X－型的，又是 Y－型的. 若利用公式(2)，得

$$\iint_D xy\,\mathrm{d}\sigma = \int_{-1}^{2}\left[\int_{y^2}^{y+2} xy\,\mathrm{d}x\right]\mathrm{d}y$$

$$= \int_{-1}^{2}\left[\frac{x^2}{2}y\right]_{y^2}^{y+2}\mathrm{d}y = \frac{1}{2}\int_{-1}^{2}\left[y(y+2)^2 - y^5\right]\mathrm{d}y$$

$$= \frac{1}{2}\left[\frac{y^4}{4} + \frac{4}{3}y^3 + 2y^2 - \frac{y^6}{6}\right]_{-1}^{2} = 5\,\frac{5}{8}.$$

若利用公式(1)来计算，则由于在区间[0,1]及[1,4]上表示 $\varphi_1(x)$ 的式子不同，所以要用经过交点(1,−1)且平行于 y 轴的直线 $x=1$ 把区域 D 分成 D_1 和 D_2 两部分(图 9-15)，其中

$$D_1 = \{(x,y) \mid -\sqrt{x} \leqslant y \leqslant \sqrt{x}, 0 \leqslant x \leqslant 1\},$$

$$D_2 = \{(x,y) \mid x-2 \leqslant y \leqslant \sqrt{x}, 1 \leqslant x \leqslant 4\}.$$

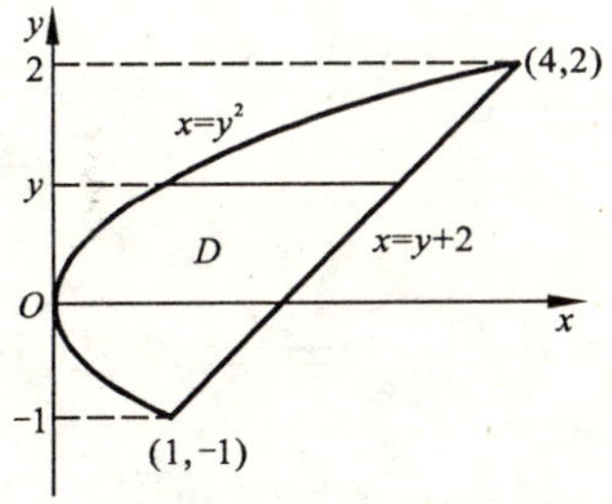

图 9-14

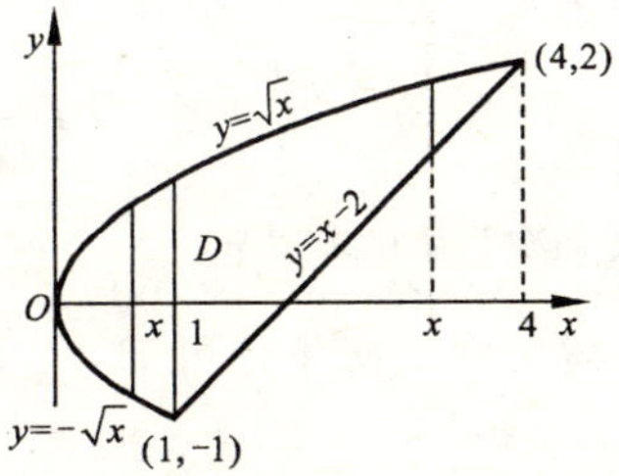

图 9-15

因此，根据二重积分的性质 2，就有

$$\iint_D xy\,\mathrm{d}\sigma = \iint_{D_1} xy\,\mathrm{d}\sigma + \iint_{D_2} xy\,\mathrm{d}\sigma$$

$$= \int_0^1\left[\int_{-\sqrt{x}}^{\sqrt{x}} xy\,\mathrm{d}y\right]\mathrm{d}x + \int_1^4\left[\int_{x-2}^{\sqrt{x}} xy\,\mathrm{d}y\right]\mathrm{d}x.$$

由此可见，这里用公式(1)来计算比较麻烦.

例 3 计算 $\iint_D \mathrm{e}^{-y^2}\,\mathrm{d}\sigma$，其中 D 由直线 $y=x$，$y=1$ 与 y 轴所围成的闭区域.

解 画出积分区域 D 的图形(图 9-16)，D 既是 X-型区域，又是 Y-型区域.

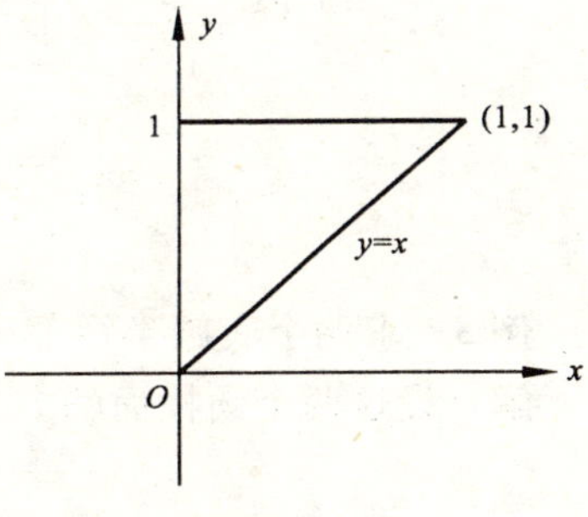

图 9-16

如果将 D 视为 X-型区域，用不等式表示为

$$x \leqslant y \leqslant 1, 0 \leqslant x \leqslant 1.$$

于是
$$\iint_D e^{-y^2}\,d\sigma = \int_0^1 dx\int_x^1 e^{-y^2}\,dy.$$

因为$\int e^{-y^2}dy$不能用初等函数表示，计算无法进行下去. 所以要选择另外积分次序 . 现将 D 视为 Y -型区域，则 D 可表示为
$$D=\{(x,y)\mid 0\leqslant x\leqslant y,0\leqslant y\leqslant 1\},$$
于是
$$\iint_D e^{-y^2}\,d\sigma = \int_0^1 dy\int_0^y e^{-y^2}\,dx = \int_0^1 ye^{-y^2}\,dy = \frac{1}{2}(1-e^{-1}).$$

由以上几个例子可见，在化二重积分为二次积分时，为了计算简便，需要选择恰当的二次积分的次序. 这时既要考虑积分区域的形状，又要考虑被积函数 $f(x,y)$的结构特征.

例 4　交换二次积分
$$I=\int_0^1 dy\int_{y^2}^1 \frac{xy}{\sqrt{1+x^3}}dx$$
的积分次序，并求其值.

解　由二次积分可知，与 I 对应的二重积分为$\iint\limits_D \frac{xy}{\sqrt{1+x^3}}dxdy$，其中积分区域 $D=\{(x,y)\mid y^2\leqslant x\leqslant 1,0\leqslant y\leqslant 1\}$，即为由抛物线 $y=\sqrt{x}$，直线 $x=1$ 与 $y=0$ 所围成的闭区域，如图 9 - 17.

要更换积分次序，区域 D 可用不等式 $D=\{(x,y)\mid 0\leqslant y\leqslant\sqrt{x},0\leqslant x\leqslant 1\}$表示，于是
$$\begin{aligned}I&=\int_0^1 dx\int_0^{\sqrt{x}}\frac{xy}{\sqrt{1+x^3}}dy\\&=\frac{1}{2}\int_0^1\frac{x^2}{\sqrt{1+x^3}}dx\\&=\frac{1}{3}\sqrt{1+x^3}\Big|_0^1=\frac{1}{3}(\sqrt{2}-1).\end{aligned}$$

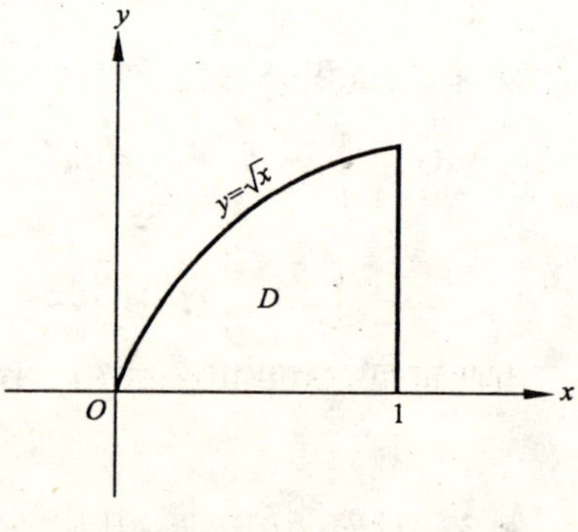

图 9 - 17

例 5　求两个底圆半径都等于 R 的直交圆柱面所围成的立体的体积.

解　设这两个圆柱面的方程分别为
$$x^2+y^2=R^2\ 及\ x^2+z^2=R^2.$$
利用立体关于坐标平面的对称性，只要算出它在第一卦限部分(图 9 - 18(a))的体积 V_1，然后再乘以 8 就行了.

所求立体在第一卦限部分可以看成是一个曲顶柱体，它的底为

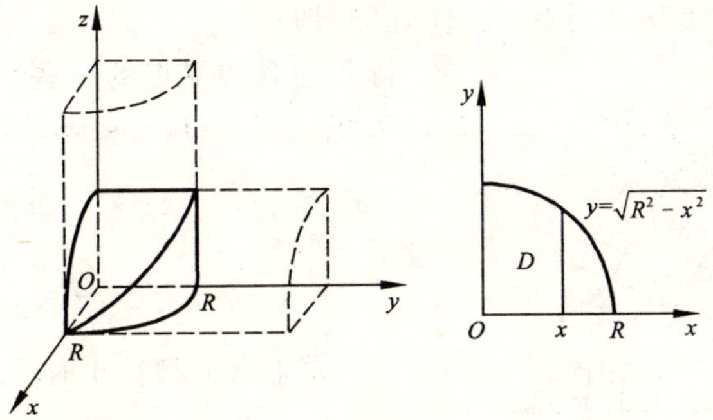

(a) (b)

图 9－18

$$D=\{(x,y)\mid 0\leqslant y\leqslant \sqrt{R^2-x^2},0\leqslant x\leqslant R\},$$

如图 9－18(b)所示，它的顶是柱面 $z=\sqrt{R^2-x^2}$. 于是，

$$V_1=\iint\limits_D \sqrt{R^2-x^2}\,\mathrm{d}\sigma.$$

利用公式(1)，得

$$\begin{aligned}V_1&=\iint\limits_D \sqrt{R^2-x^2}\,\mathrm{d}\sigma=\int_0^R\left[\int_0^{\sqrt{R^2-x^2}}\sqrt{R^2-x^2}\,\mathrm{d}y\right]\mathrm{d}x\\&=\int_0^R\left[\sqrt{R^2-x^2}\,y\right]_0^{\sqrt{R^2-x^2}}\mathrm{d}x=\int_0^R(R^2-x^2)\,\mathrm{d}x=\frac{2}{3}R^3.\end{aligned}$$

从而所求立体的体积为

$$V=8V_1=\frac{16}{3}R^3.$$

9.2.2 利用极坐标计算二重积分

有些二重积分，其积分区域的边界曲线用极坐标方程表示比较方便，且被积函数用极坐标变量 ρ、θ 表达比较简单. 这时我们就可以考虑利用极坐标来计算二重积分.

建立极坐标系，使极点与原点重合，极轴与 x 轴正向重合. 平面上任意一点的极坐标 (ρ,θ)（或 (r,θ)）与它的直角坐标 (x,y) 的关系式为

$$x=\rho\cos\theta,y=\rho\sin\theta.$$

下面我们讨论在极坐标系下计算二重积分 $\iint\limits_D f(x,y)\,\mathrm{d}\sigma$.

假设从极点 O 出发且穿过区域 D 的射线与 D 的边界线的交点不多于两个，现用以极点为圆心的一簇同心圆：$\rho=$ 常数，以及从极点出发的一簇射线：$\theta=$

常数，把区域 D 分成 n 个小闭区域(图 9-19).

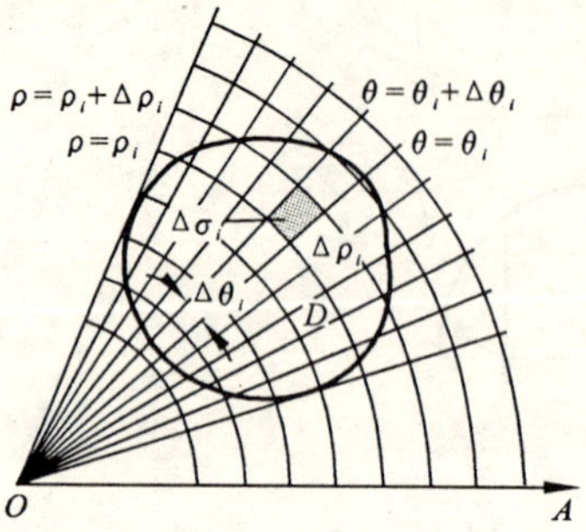

图 9-19

除了包含边界点的一些小闭区域外，小区域的面积 $\Delta\sigma_i(i=1,2,\cdots,n)$ 可计算如下：

$$\Delta\sigma_i=\frac{1}{2}(\rho_i+\Delta\rho_i)^2\cdot\Delta\theta_i-\frac{1}{2}\rho_i^2\cdot\Delta\theta_i$$

$$=\rho_i\cdot\Delta\rho_i\cdot\Delta\theta_i+\frac{1}{2}(\Delta\rho_i)^2\cdot\Delta\theta_i,$$

当 $\Delta\rho_i$ 和 $\Delta\theta_i$ 都很小时，$\Delta\sigma_i$ 的近似值为

$$\Delta\sigma_i\approx\rho_i\cdot\Delta\rho_i\cdot\Delta\theta_i.$$

如果省略下标可得

$$\Delta\sigma\approx\rho\cdot\Delta\rho\cdot\Delta\theta,$$

这样，在极坐标系下的面积元素为

$$\mathrm{d}\sigma=\rho\mathrm{d}\rho\mathrm{d}\theta$$

故在极坐标系下二重积分 $\iint\limits_D f(x,y)\mathrm{d}\sigma$ 可以写成 $\iint\limits_D f(\rho\cos\theta,\rho\sin\theta)\rho\mathrm{d}\rho\mathrm{d}\theta$,

即
$$\iint\limits_D f(x,y)\mathrm{d}\sigma=\iint\limits_D f(\rho\cos\theta,\rho\sin\theta)\rho\mathrm{d}\rho\mathrm{d}\theta.$$

由此可见，要把二重积分中的变量从直角坐标变换为极坐标，只要把被积函数中的 x、y 分别换成 $\rho\cos\theta$、$\rho\sin\theta$，并把直角坐标系中的面积元素 $\mathrm{d}x\mathrm{d}y$ 换成极坐标系中的面积元素 $\rho\mathrm{d}\rho\mathrm{d}\theta$.

特别地，由二重积分的性质 3，闭区域 D 的面积 σ 可以表示为

$$\sigma=\iint\limits_D\mathrm{d}\sigma=\iint\limits_D\rho\mathrm{d}\rho\mathrm{d}\theta.$$

极坐标系中的二重积分，同样可以化为二次积分来计算，一般选择先对 ρ 后对 θ 的积分次序.

设积分区域 D 可以用不等式

$$\varphi_1(\theta)\leqslant\rho\leqslant\varphi_2(\theta),\alpha\leqslant\theta\leqslant\beta$$

来表示(图 9-20)，其中函数 $\varphi_1(\theta)$ 、$\varphi_2(\theta)$ 在区间 $[\alpha,\beta]$ 上连续.

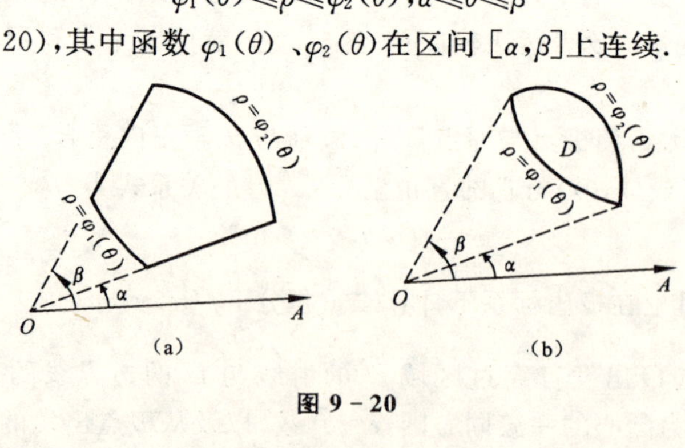

图 9-20

先在区间$[\alpha,\beta]$上任意取定一个θ值，对应于这个θ值，D上的点（图 9－21 中这些点在线段EF上）的极径ρ从$\varphi_1(\theta)$变到$\varphi_2(\theta)$. 又θ是在$[\alpha,\beta]$上任意取定的，所以θ的变化范围为区间$[\alpha,\beta]$. 由此可见，极坐标系中二重积分化为二次积分的公式为

$$\iint_D f(\rho\cos\theta,\rho\sin\theta)\rho\mathrm{d}\rho\mathrm{d}\theta=\int_\alpha^\beta\mathrm{d}\theta\int_{\varphi_1(\theta)}^{\varphi_2(\theta)}f(\rho\cos\theta,\rho\sin\theta)\rho\mathrm{d}\rho.$$

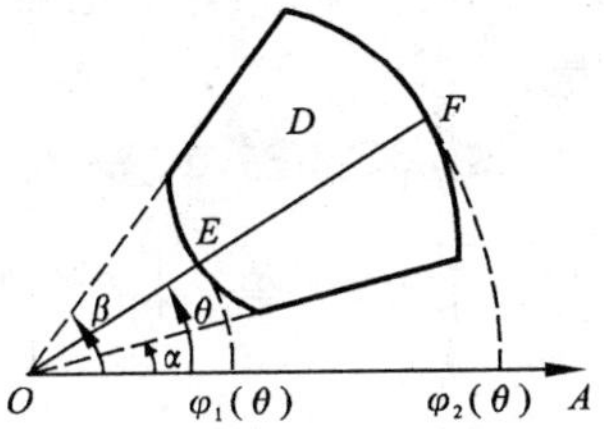

图 9－21

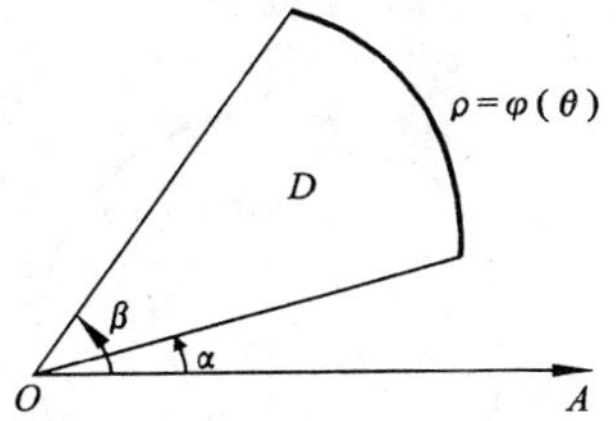

图 9－22

如果积分区域D如图 9－22 的曲边扇形，那么可以把它看作图 9－20(a)中$\varphi_1(\theta)=0$，$\varphi_2(\theta)=\varphi(\theta)$时的特例，这时区域$D$可用不等式

$$0\leqslant\rho\leqslant\varphi(\theta),\alpha\leqslant\theta\leqslant\beta$$

表示，则有公式

$$\iint_D f(\rho\cos\theta,\rho\sin\theta)\rho\mathrm{d}\rho\mathrm{d}\theta=\int_\alpha^\beta\mathrm{d}\theta\int_0^{\varphi(\theta)}f(\rho\cos\theta,\rho\sin\theta)\rho\mathrm{d}\rho.$$

如果积分区域D如图 9－23 所示，极点在D的内部，那么把它看作图 9－22 中当$\alpha=0$，$\beta=2\pi$时的特例，这时闭区域D可用不等式

$$0\leqslant\rho\leqslant\varphi(\theta),0\leqslant\theta\leqslant2\pi$$

表示，则有公式

$$\iint_D f(\rho\cos\theta,\rho\sin\theta)\rho\mathrm{d}\rho\mathrm{d}\theta$$

$$=\int_0^{2\pi}\mathrm{d}\theta\int_0^{\varphi(\theta)}f(\rho\cos\theta,\rho\sin\theta)\rho\mathrm{d}\theta.$$

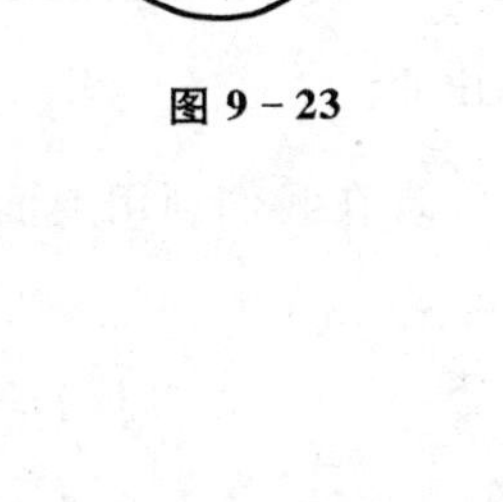

图 9－23

例 6 计算二重积分

$$I=\iint_D(1-x^2-y^2)\mathrm{d}\sigma,$$

其中D为圆域$D=\{(x,y)\mid x^2+y^2\leqslant1\}$.

解 在极坐标系中，区域D可表示为

$$0\leqslant\rho\leqslant1,0\leqslant\theta\leqslant2\pi,$$

则有
$$I=\iint_D(1-\rho^2)\rho d\rho d\theta=\int_0^{2\pi}d\theta\int_0^1\rho(1-\rho^2)d\rho$$
$$=2\pi\left[\frac{\rho^2}{2}-\frac{\rho^4}{4}\right]_0^1=\frac{\pi}{2}.$$

例 7　计算二重积分 $\iint_D\sqrt{x^2+y^2}\,d\sigma$，其中 D 为圆域 $D=\{(x,y)\mid x^2+y^2\leqslant 2y\}$.

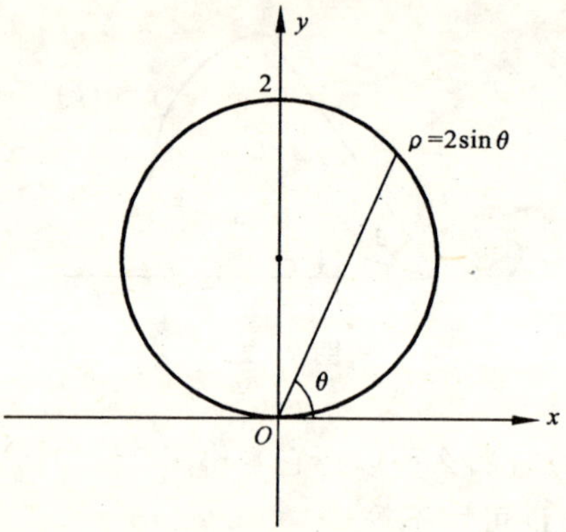

图 9－24

解　在极坐标系中，区域 D(图 9－24)可表示为
$$0\leqslant\rho\leqslant 2\sin\theta,\ 0\leqslant\theta\leqslant\pi,$$
于是
$$\iint_D\sqrt{x^2+y^2}\,d\sigma=\iint_D\rho\cdot\rho d\rho d\theta$$
$$=\int_0^{\pi}d\theta\int_0^{2\sin\theta}\rho^2 d\rho$$
$$=\frac{8}{3}\int_0^{\pi}\sin^3\theta d\theta=\frac{32}{9}.$$

例 8　计算 $\iint_D e^{-x^2-y^2}dxdy$，其中 D 是由中心在原点、半径为 a 的圆周所围成的闭区域.

解　在极坐标系中，闭区域 D 可表示为
$$0\leqslant\rho\leqslant a,\ 0\leqslant\theta\leqslant 2\pi.$$
于是有
$$\iint_D e^{-x^2-y^2}dxdy=\iint_D e^{-\rho^2}\rho d\rho d\theta=\int_0^{2\pi}\left[\int_0^a e^{-\rho^2}\rho d\rho\right]d\theta$$
$$=\int_0^{2\pi}\left[-\frac{1}{2}e^{-\rho^2}\right]_0^a d\theta=\frac{1}{2}(1-e^{-a^2})\int_0^{2\pi}d\theta$$
$$=\pi(1-e^{-a^2}).$$

本题如果用直角坐标计算，由于积分 $\int e^{-x^2}dx$ 不能用初等函数表示，所以算不出来.

现在我们利用上面的结果来计算工程上常用的反常积分 $\int_0^{+\infty}e^{-x^2}dx$.

设
$$D_1=\{(x,y)\mid x^2+y^2\leqslant R^2,x\geqslant 0,y\geqslant 0\},$$
$$D_2=\{(x,y)\mid x^2+y^2\leqslant 2R^2,x\geqslant 0,y\geqslant 0\},$$
$$S=\{(x,y)\mid 0\leqslant x\leqslant R,0\leqslant y\leqslant R\}.$$
显然 $D_1\subset S\subset D_2$(图 9－25). 由于 $e^{-x^2-y^2}>0$，从而在这些闭区域上的二重积分

之间有不等式

$$\iint_{D_1} e^{-x^2-y^2}\,dx\,dy < \iint_S e^{-x^2-y^2}\,dx\,dy < \iint_{D_2} e^{-x^2-y^2}\,dx\,dy.$$

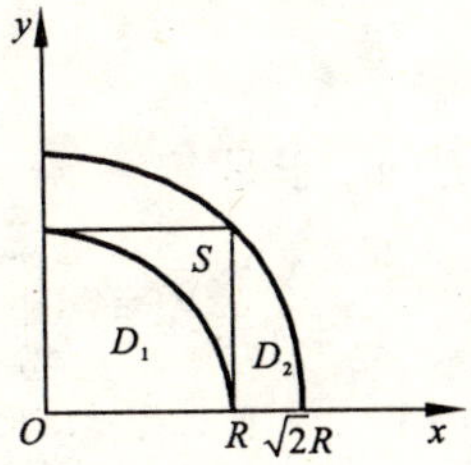

图 9-25

因为 $$\iint_S e^{-x^2-y^2}\,dx\,dy = \int_0^R e^{-x^2}\,dx \cdot \int_0^R e^{-y^2}\,dy$$

$$= \left(\int_0^R e^{-x^2}\,dx\right)^2,$$

又应用上面已得的结果有

$$\iint_{D_1} e^{-x^2-y^2}\,dx\,dy = \frac{\pi}{4}(1-e^{-R^2}),$$

$$\iint_{D_2} e^{-x^2-y^2}\,dx\,dy = \frac{\pi}{4}(1-e^{-2R^2}),$$

于是上面的不等式可写成

$$\frac{\pi}{4}(1-e^{-R^2}) < \left(\int_0^R e^{-x^2}\,dx\right)^2 < \frac{\pi}{4}(1-e^{-2R^2}).$$

令 $R\to+\infty$，上式两端趋于同一极限$\frac{\pi}{4}$，从而

$$\int_0^{+\infty} e^{-x^2}\,dx = \frac{\sqrt{\pi}}{2}.$$

例 9 求球体 $x^2+y^2+z^2\leqslant 4a^2$ 被圆柱面 $x^2+y^2=2ax(a>0)$ 所截得的(含在圆柱面内的部分)立体的体积(图 9-26).

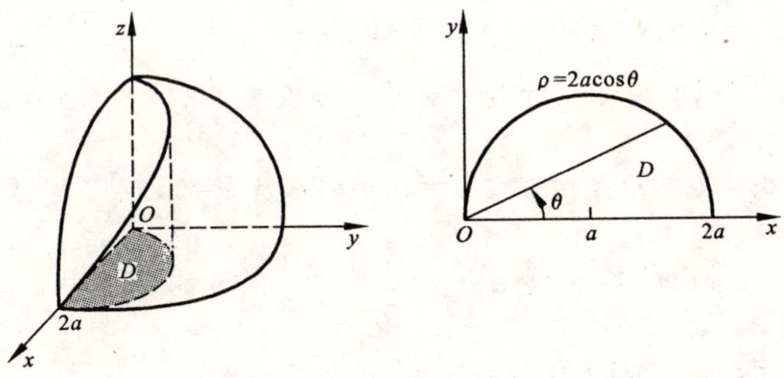

图 9-26

解 由对称性，

$$V = 4\iint_D \sqrt{4a^2-x^2-y^2}\,dx\,dy,$$

其中 D 为半圆周 $y=\sqrt{2ax-x^2}$ 及 x 轴所围成的闭区域. 在极坐标系中，闭区域

D 可用不等式

$$0 \leqslant \rho \leqslant 2a\cos\theta, 0 \leqslant \theta \leqslant \frac{\pi}{2}$$

来表示. 于是

$$V = 4\iint_D \sqrt{4a^2 - \rho^2}\rho \mathrm{d}\rho \mathrm{d}\theta = 4\int_0^{\frac{\pi}{2}} \mathrm{d}\theta \int_0^{2a\cos\theta} \sqrt{4a^2 - \rho^2}\rho \mathrm{d}\rho$$

$$= \frac{32}{3}a^3 \int_0^{\frac{\pi}{2}} (1 - \sin^3\theta)\mathrm{d}\theta = \frac{32}{3}a^3\left(\frac{\pi}{2} - \frac{2}{3}\right).$$

习题 9－2

1. 计算下列二重积分：

(1) $\iint\limits_D (x+y)\mathrm{d}\sigma$，其中 $D=\{(x,y) \mid |x| \leqslant 1, |y| \leqslant 1\}$；

(2) $\iint\limits_D (x^3+3x^2y+y^2)\mathrm{d}\sigma$，其中 $D=\{(x,y) \mid 0 \leqslant x \leqslant 1, 0 \leqslant y \leqslant 1\}$；

(3) $\iint\limits_D (3x+2y)\mathrm{d}\sigma$，其中 D 是由两坐标轴及直线 $x+y=2$ 所围成的闭区域；

(4) $\iint\limits_D \sin(x+y)\mathrm{d}\sigma$，其中 D 是顶点分别为 $(0,0)$、$(\pi,0)$ 和 (π,π) 的三角形闭区域.

2. 画出积分区域，并计算下列二重积分：

(1) $\iint\limits_D y\sqrt{x}\mathrm{d}\sigma$，其中 D 是由抛物线 $y=\sqrt{x}$ 及直线 $y=x$ 所围成的闭区域；

(2) $\iint\limits_D \frac{y}{x}\mathrm{d}\sigma$，其中 D 是由直线 $y=x$，$y=2x$ 及 $x=1$，$x=2$ 所围成的闭区域；

(3) $\iint\limits_D (2x+y)\mathrm{d}\sigma$，其中 D 是由 $y=x$，$y=\frac{1}{x}$ 及 $y=2$ 所围成的闭区域；

(4) $\iint\limits_D xy^2\mathrm{d}\sigma$，其中 $D=\{(x,y) \mid 4x \geqslant y^2, x \leqslant 1\}$；

(5) $\iint\limits_D y\mathrm{e}^{xy}\mathrm{d}\sigma$，其中 D 是由直线 $x=2$，$y=2$ 及曲线 $xy=1$ 所围成的闭区域.

3. 如果二重积分 $\iint\limits_D f(x,y)\mathrm{d}x\mathrm{d}y$ 的被积函数 $f(x,y)$ 是两个函数 $f_1(x)$ 及 $f_2(y)$ 的乘积，即 $f(x,y)=f_1(x)\cdot f_2(y)$，积分区域 $D=\{(x,y) \mid a \leqslant x \leqslant b, c \leqslant y \leqslant d\}$，证明这个二重积分等于两个定积分的乘积，即

$$\iint_D f_1(x)\cdot f_2(y)\mathrm{d}x\mathrm{d}y=\left[\int_a^b f_1(x)\mathrm{d}x\right]\cdot\left[\int_c^d f_2(y)\mathrm{d}y\right].$$

4. 化二重积分

$$I=\iint_D f(x,y)\mathrm{d}x\mathrm{d}y$$

为二次积分(分别列出对两个变量先后次序不同的两个二次积分),其中积分区域 D 是:

(1)由直线 $y=x$ 及抛物线 $y^2=4x$ 所围成的闭区域;

(2)由 x 轴及半圆周 $x^2+y^2=r^2(y\geqslant 0)$ 所围成的闭区域.

5. 设 $f(x,y)$ 在 D 上连续,其中 D 是由直线 $y=x$、$y=a$ 及 $x=b(b>a)$ 所围成的闭区域,证明:

$$\int_a^b \mathrm{d}x\int_a^x f(x,y)\mathrm{d}y=\int_a^b \mathrm{d}y\int_y^b f(x,y)\mathrm{d}x.$$

6. 改换下列二次积分的积分次序:

(1) $\int_0^1 \mathrm{d}y\int_y^{\sqrt{y}} f(x,y)\mathrm{d}x$;

(2) $\int_0^1 \mathrm{d}y\int_{e^y}^{e} f(x,y)\mathrm{d}x$;

(3) $\int_0^1 \mathrm{d}y\int_{2-y}^{1+\sqrt{1-y^2}} f(x,y)\mathrm{d}x$;

(4) $\int_0^1 \mathrm{d}x\int_0^{x^2} f(x,y)\mathrm{d}y+\int_1^2 \mathrm{d}x\int_0^{2-x} f(x,y)\mathrm{d}y$.

7. 设平面薄片所占的闭区域 D 由直线 $x+y=2$,$y=x$ 和 x 轴所围成,它的面密度 $\mu(x,y)=x^2+y^2$,求该薄片的质量.

8. 求由平面 $x=0$,$y=0$,$z=1$,$x+y=1$ 及 $z=1+x+y$ 所围成的立体的体积.

9. 画出积分区域,把积分 $\iint_D f(x,y)\mathrm{d}x\mathrm{d}y$ 表示为极坐标形式的二次积分,其中积分区域 D 是:

(1) $\{(x,y)\mid x^2+y^2\leqslant a^2\}(a>0)$;

(2) $\{(x,y)\mid x^2+y^2\leqslant 2x\}$;

(3) $\{(x,y)\mid a^2\leqslant x^2+y^2\leqslant b^2\}$,其中 $0<a<b$;

(4) $\{(x,y)\mid 0\leqslant y\leqslant 1-x, 0\leqslant x\leqslant 1\}$.

10. 利用极坐标计算下列积分:

(1) $\iint_D (6-3x-2y)\mathrm{d}\sigma$,其中 $D=\{(x,y)\mid x^2+y^2\leqslant R^2\}$;

(2) $\iint\limits_D \sin\sqrt{x^2+y^2}\,\mathrm{d}x\mathrm{d}y$，其中 $D=\{(x,y)\mid \pi^2\leqslant x^2+y^2\leqslant 4\pi^2\}$；

(3) $\iint\limits_D (x^2+y^2)\,\mathrm{d}x\mathrm{d}y$，其中 $D=\{(x,y)\mid (x^2+y^2)^2\leqslant a^2(x^2-y^2)\}$；

(4) $\iint\limits_D \arctan\dfrac{y}{x}\,\mathrm{d}x\mathrm{d}y$，其中 $D=\{(x,y)\mid 1\leqslant x^2+y^2\leqslant 4, y\geqslant 0, y\leqslant x\}$.

11. 选用适当的坐标计算下列各题：

(1) $\iint\limits_D \dfrac{x^2}{y^2}\mathrm{d}\sigma$，其中 D 是由直线 $x=2$，$y=x$ 及曲线 $xy=1$ 所围成的闭区域；

(2) $\iint\limits_D (x^2+y^2)\,\mathrm{d}\sigma$，其中 D 是由直线 $y=x$，$y=x+a$，$y=a$，$y=3a(a>0)$ 所围成的闭区域；

(3) $\iint\limits_D \sqrt{x^2+y^2}\,\mathrm{d}\sigma$，其中 D 是圆环形闭区域 $\{(x,y)\mid a^2\leqslant x^2+y^2\leqslant b^2\}$；

(4) $\iint\limits_D |1-x^2-y^2|\,\mathrm{d}\sigma$，其中 D 为圆域 $\{(x,y)\mid x^2+y^2\leqslant 4\}$.

12. 计算以 xOy 面上的圆周 $x^2+y^2=ax$ 围成的闭区域为底，而以曲面 $z=x^2+y^2$ 为顶的曲顶柱体的体积.

9.3　三重积分

9.3.1　三重积分的概念

定积分及二重积分均作为和的极限的概念，很自然地推广到三重积分.

定义　设 $f(x,y,z)$ 是空间有界闭区域 Ω 上的有界函数. 将 Ω 任意分成 n 个小闭区域

$$\Delta v_1, \Delta v_2, \cdots, \Delta v_n,$$

其中 Δv_i 表示第 i 个小闭区域，也表示它的体积. 在每个 Δv_i 上任取一点 (ξ_i,η_i,ζ_i)，作乘积 $f(\xi_i,\eta_i,\zeta_i)\Delta v_i(i=1,2,\cdots,n)$，并作和 $\sum\limits_{i=1}^{n} f(\xi_i,\eta_i,\zeta_i)\Delta v_i$. 如果当各小闭区域直径中的最大值 λ 趋于零时，这和的极限总存在，则称此极限为函数 $f(x,y,z)$ 在闭区域 Ω 上的**三重积分**. 记作 $\iiint\limits_\Omega f(x,y,z)\,\mathrm{d}v$，即

$$\iiint\limits_\Omega f(x,y,z)\,\mathrm{d}v=\lim_{\lambda\to 0}\sum_{i=1}^{n} f(\xi_i,\eta_i,\zeta_i)\Delta v_i, \tag{1}$$

其中 dv 叫做**体积元素**.

在直角坐标系中，如果用平行于坐标面的平面来划分 Ω，那么除了包含 Ω 的边界点的一些不规则小闭区域外，得到的小闭区域 Δv_i 为长方体. 设长方体小闭区域 Δv_i 的边长为 Δx_j、Δy_k、Δz_l，则 $\Delta v_i=\Delta x_j\Delta y_k\Delta z_l$. 因此在直角坐标系中，有时也把体积元素 dv 记作 $dxdydz$，而把三重积分记作

$$\iiint\limits_{\Omega} f(x,y,z)\mathrm{d}x\mathrm{d}y\mathrm{d}z,$$

其中 $dxdydz$ 叫做**直角坐标系中的体积元素**.

当函数 $f(x,y,z)$ 在闭区域 Ω 上连续时，(1)式右端的和的极限必定存在，也就是函数 $f(x,y,z)$ 在闭区域 Ω 上的三重积分必定存在. 以后我们总假定函数 $f(x,y,z)$ 在闭区域 Ω 上是连续的. 关于二重积分的一些术语，例如被积函数、积分区域等，也可相应地用到三重积分上. 三重积分的性质也与 9.1 节中所叙述的二重积分的性质类似，这里不再重复了.

如果 $f(x,y,z)$ 表示某物体在点 (x,y,z) 处的密度，Ω 是该物体所占有的空间闭区域，$f(x,y,z)$ 在 Ω 上连续，则 $\sum\limits_{i=1}^{n} f(\xi_i,\eta_i,\zeta_i)\cdot\Delta v_i$ 是该物体的质量 M 的近似值，这个和当 $\lambda\to 0$ 时的极限就是该物体的质量，所以

$$M=\iiint\limits_{\Omega} f(x,y,z)\mathrm{d}v.$$

9.3.2 三重积分的计算

与二重积分类似，三重积分可化为三次积分来计算. 具体方法叙述如下.

1. 利用直角坐标计算三重积分

设闭区域 Ω 投影到 xOy 面上，得到一平面区域 D_{xy}，闭区域 Ω 是由以 D_{xy} 的边界为准线作母线平行于 z 轴的柱面及上、下两曲面 $S_1: z=z_1(x,y)$ 和 $S_2: z=z_2(x,y)$ 所围成(图 9－27)，其中 $z_1(x,y)$ 与 $z_2(x,y)$ 都是 D_{xy} 上的连续函数，且 $z_1(x,y)\leqslant z_2(x,y)$.

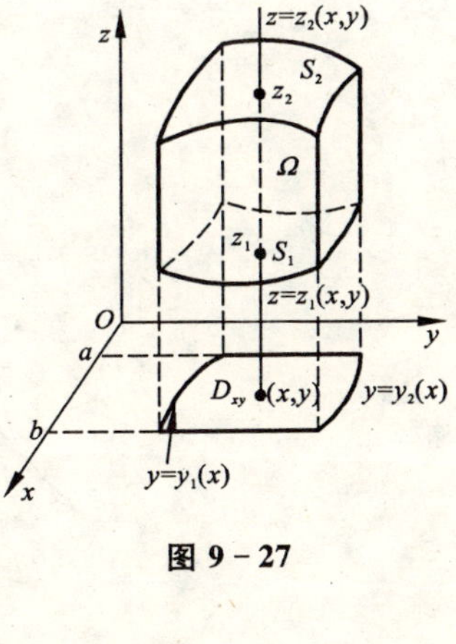

图 9－27

过 D_{xy} 内的任意点 (x,y) 作平行于 z 轴的直线，这直线与闭区域 Ω 的边界面的交点不多于两个，通过边界面 S_1 穿入闭区域 Ω，然后通过边界面 S_2 穿出闭区域 Ω 外，此时积分区域 Ω 可表示为

$$\Omega=\{(x,y,z)\mid z_1(x,y)\leqslant z\leqslant z_2(x,y),(x,y)\in D_{xy}\}.$$

先把 x、y 看作定值，被积函数 $f(x,y,z)$ 仅看作 z 的函数，三重积分先对 z 在区间 $[z_1(x,y),z_2(x,y)]$ 上进行积分，积分的结果是 x,y 的函数，记作 $F(x,y)$，即

$$F(x,y)=\int_{z_1(x,y)}^{z_2(x,y)} f(x,y,z)\mathrm{d}z.$$

然后计算 $F(x,y)$ 在闭区域 D_{xy} 上的二重积分

$$\iint_{D_{xy}} F(x,y)\mathrm{d}\sigma=\iint_{D_{xy}}\left[\int_{z_1(x,y)}^{z_2(x,y)} f(x,y,z)\mathrm{d}z\right]\mathrm{d}\sigma.$$

假设闭区域 $D_{xy}=\{(x,y)\mid y_1(x)\leqslant y\leqslant y_2(x),a\leqslant x\leqslant b\}$，则有

$$\iiint_{\Omega} f(x,y,z)\mathrm{d}V=\int_a^b \mathrm{d}x\int_{y_1(x)}^{y_2(x)}\mathrm{d}y\int_{z_1(x,y)}^{z_2(x,y)} f(x,y,z)\mathrm{d}z. \tag{2}$$

(2)式把三重积分化为先对 z，再对 y，最后对 x 的三次积分.

如果平行于 x 轴或 y 轴且穿过闭区域 Ω 的直线与 Ω 的边界曲面 S 相交不多于两点，也可把闭区域 Ω 投影到 yOz 面上或 xOz 面上，这样便可把三重积分化为按其他顺序的三次积分. 如果平行于坐标轴且穿过闭区域 Ω 内部的直线与边界曲面 S 的交点多于两个，也可像处理二重积分那样，把 Ω 分成若干部分，使 Ω 上的三重积分化为各部分闭区域上的三重积分之和.

例 1　计算三重积分 $\iiint_{\Omega} y\mathrm{d}x\mathrm{d}y\mathrm{d}z$，其中 Ω 为三个坐标面及平面 $2x+y+z=1$ 所围成的闭区域.

解　作闭区域 Ω 如图 9－28 所示. 将 Ω 投影到 xOy 面上，得投影区域 D_{xy} 为三角形闭区域 OAB，所以

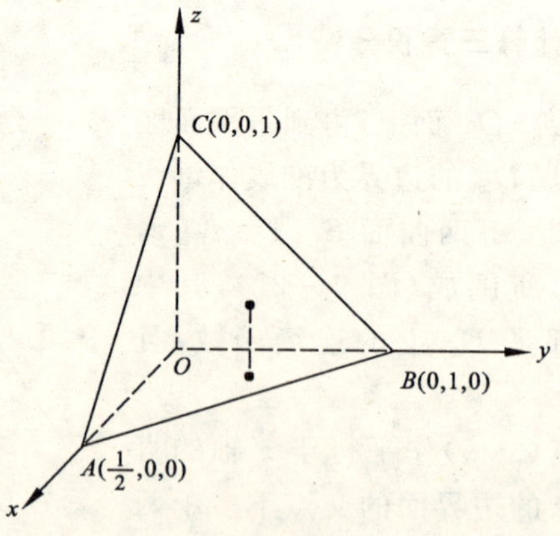

图 9－28

$$D_{xy}=\{(x,y)\mid 0\leqslant x\leqslant \frac{1-y}{2},0\leqslant y\leqslant 1\},$$

于是
$$\iiint\limits_{\Omega} y\,\mathrm{d}x\mathrm{d}y\mathrm{d}z$$
$$=\int_0^1 \mathrm{d}y\int_0^{\frac{1-y}{2}}\mathrm{d}x\int_0^{1-2x-y} y\,\mathrm{d}z=\int_0^1 y\,\mathrm{d}y\int_0^{\frac{1-y}{2}}(1-2x-y)\,\mathrm{d}x$$
$$=\int_0^1 y\left[(1-y)\cdot\frac{1-y}{2}-\frac{(1-y)^2}{4}\right]\mathrm{d}y=\frac{1}{4}\int_0^1(y-2y^2+y^3)\,\mathrm{d}y=\frac{1}{48}.$$

有时，我们计算一个三重积分也可以化为先计算一个二重积分，再计算一个定积分，即有下述计算公式.

设空间闭区域 Ω 在 z 轴上的投影为 $[C_1,C_2]$，过 $[C_1,C_2]$ 上任一点 z 作垂直于 z 轴的平面去截空间闭区域 Ω，截痕为平面闭区域 D_z（如图 9－29），则 Ω 可表示为
$$\Omega=\{(x,y,z)\,|\,(x,y)\in D_z,C_1\leqslant z\leqslant C_2\}.$$
我们可以先在 D_z 上计算关于 x、y 的二重积分，然后再计算关于 z 的定积分，即
$$\iiint\limits_{\Omega} f(x,y,z)\,\mathrm{d}V=\int_{C_1}^{C_2}\mathrm{d}z\iint\limits_{D_z} f(x,y,z)\,\mathrm{d}x\mathrm{d}y. \tag{3}$$

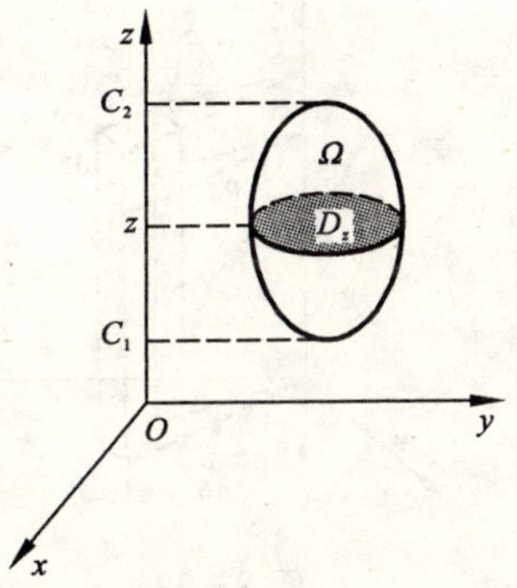

图 9－29

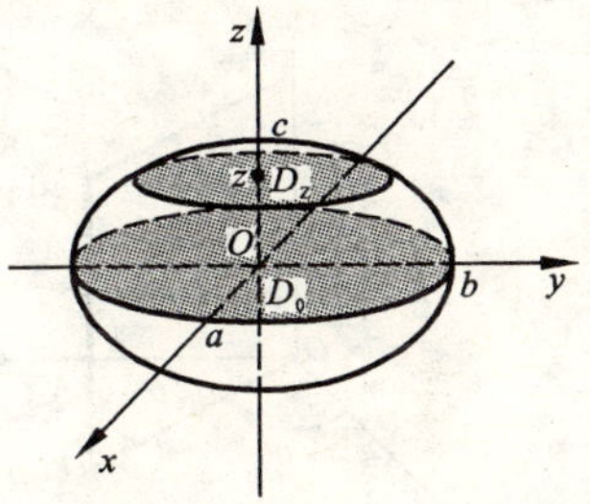

图 9－30

例 2 计算三重积分
$$\iiint\limits_{\Omega} z^2\,\mathrm{d}x\mathrm{d}y\mathrm{d}z,$$
其中 Ω 是由椭球面 $\frac{x^2}{a^2}+\frac{y^2}{b^2}+\frac{z^2}{c^2}=1$ 所围成的空间闭区域.

解 空间闭区域 Ω 可表示为
$$\left\{(x,y,z)\,\middle|\,\frac{x^2}{a^2}+\frac{y^2}{b^2}\leqslant 1-\frac{z^2}{c^2},-c\leqslant z\leqslant c\right\},$$
如图 9－30 所示，由公式(3)得

$$\iiint\limits_{\Omega} z^2 \mathrm{d}x\mathrm{d}y\mathrm{d}z = \int_{-c}^{c} z^2 \mathrm{d}z \iint\limits_{D_z} \mathrm{d}x\mathrm{d}y = \pi ab \int_{-c}^{c} \left(1 - \frac{z^2}{c^2}\right) z^2 \mathrm{d}z = \frac{4}{15}\pi abc^3.$$

2. 利用柱面坐标计算三重积分

设 $M(x,y,z)$ 为空间内一点，并设点 M 在 xOy 面上的投影 P 的极坐标为 ρ、θ，则这样的三个数 ρ、θ、z 就叫做点 M 的柱面坐标(图 9 - 31)，我们规定：

$$0 \leqslant \rho < +\infty, 0 \leqslant \theta \leqslant 2\pi, -\infty < z < +\infty.$$

显然，柱面坐标和直角坐标的关系为

$$\begin{cases} x = \rho\cos\theta, \\ y = \rho\sin\theta, \\ z = z. \end{cases}$$

三组坐标面分别为

ρ = 常数，表示以 z 轴为中心轴的圆柱面；

θ = 常数，表示过 z 轴的半平面；

z = 常数，表示与 xOy 面平行的平面.

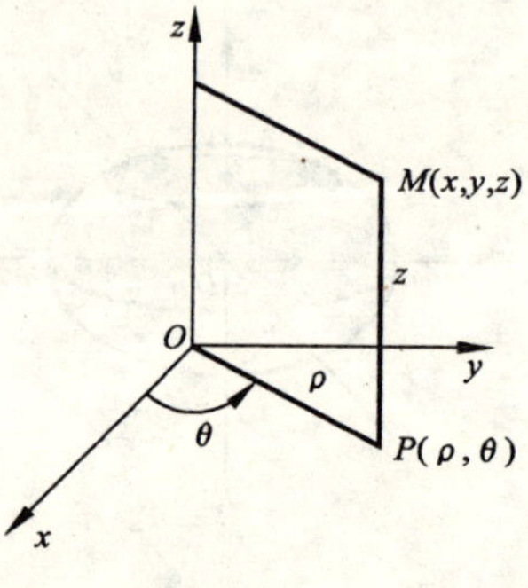

图 9 - 31

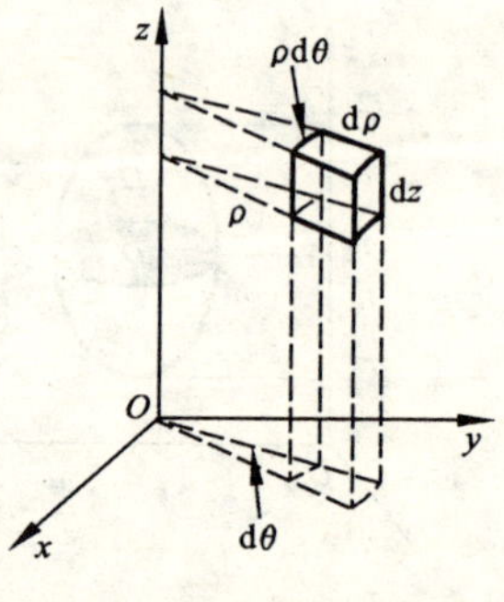

图 9 - 32

现在把三重积分 $\iiint\limits_{\Omega} f(x,y,z)\mathrm{d}V$ 中的变量改为柱面坐标. 为此，用三组坐标面 ρ = 常数、θ = 常数、z = 常数把闭区域 Ω 划分为若干个小闭区域，除了含 Ω 的边界点的一些不规则的小区域外，都是小柱体，今考虑由 ρ、θ、z 各取得微小增量 $\mathrm{d}\rho$、$\mathrm{d}\theta$、$\mathrm{d}z$ 所成的柱体的体积(图 9 - 32)，这个体积等于高与底面积的乘积. 现高为 $\mathrm{d}z$，底面积不计高阶无穷小时为 $\rho\mathrm{d}\rho\mathrm{d}\theta$(即极坐标系中的面积元素)，于是得

$$\mathrm{d}V = \rho\mathrm{d}\rho\mathrm{d}\theta\mathrm{d}z,$$

这就是柱面坐标系中的体积元素. 从而在柱面坐标中三重积分化为

$$\iiint\limits_{\Omega} f(x,y,z)\mathrm{d}V = \iiint\limits_{\Omega} f(\rho\cos\theta, \rho\sin\theta, z)\rho\mathrm{d}\rho\mathrm{d}\theta\mathrm{d}z. \tag{4}$$

上述(4)式就是三重积分的变量从直角坐标变换为柱面坐标的公式. 该三重积分的计算和在直角坐标系下的计算方法类似,可以化为三次积分来进行. 化为三次积分计算时,一般选择先对 z 积分,再对 ρ 积分,最后对 θ 积分的三次积分,三者的积分限是根据 ρ、θ、z 在积分区域 Ω 中的变化范围来确定的,下面通过例子来说明.

例 3 利用柱面坐标计算三重积分

$$\iiint_{\Omega}(x^2+y^2)\mathrm{d}V,$$

其中 Ω 是由曲面 $z=x^2+y^2$ 与平面 $z=1$ 所围成的闭区域(图 9-33).

解 把闭区域 Ω 投影到 xOy 面上,得投影区域 D_{xy} 为

$$\{(\rho,\theta)\mid 0\leqslant\rho\leqslant 1,0\leqslant\theta\leqslant 2\pi\}.$$

曲面 $z=x^2+y^2$ 的柱面坐标为 $z=\rho^2$,在 D_{xy} 内任取一点 (ρ,θ),过此点作平行于 z 轴的直线,此直线通过曲面 $z=\rho^2$ 穿入 Ω 内,然后通过平面 $z=1$ 穿出 Ω 外,因此闭区域 Ω 可用不等式

$$\rho^2\leqslant z\leqslant 1,0\leqslant\rho\leqslant 1,0\leqslant\theta\leqslant 2\pi$$

来表示,于是

$$\iiint_{\Omega}(x^2+y^2)\mathrm{d}V=\iiint_{\Omega}\rho^2\cdot\rho\mathrm{d}\rho\mathrm{d}\theta\mathrm{d}z=\int_0^{2\pi}\mathrm{d}\theta\int_0^1\rho^3\mathrm{d}\rho\int_{\rho^2}^1\mathrm{d}z$$

$$=\int_0^{2\pi}\mathrm{d}\theta\int_0^1\rho^3(1-\rho^2)\mathrm{d}\rho=2\pi\left[\frac{1}{4}\rho^4-\frac{1}{6}\rho^6\right]_0^1=\frac{\pi}{6}.$$

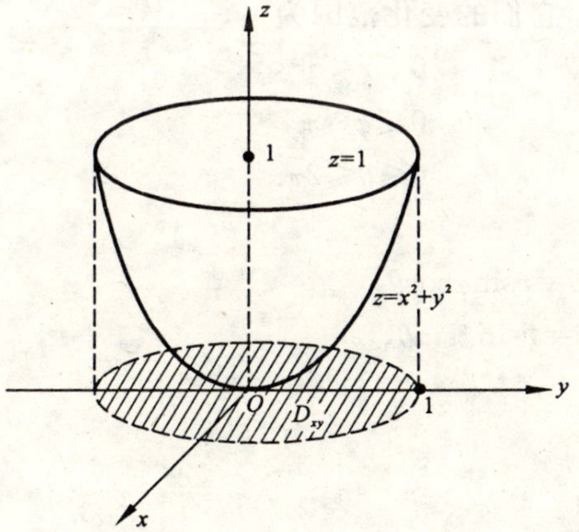

图 9-33

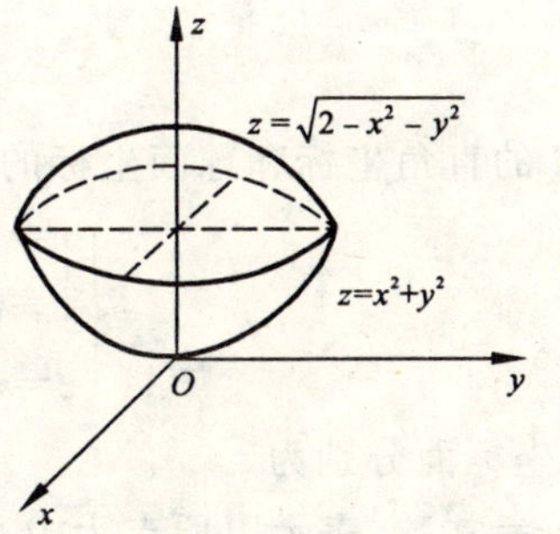

图 9-34

例 4 利用柱面坐标计算三重积分 $\iiint_{\Omega}z\mathrm{d}V$,其中 Ω 是由上半球面 $z=\sqrt{2-x^2-y^2}$ 及抛物面 $z=x^2+y^2$ 所围成的闭区域(图 9-34).

解 将 Ω 投影到 xOy 面上，得投影区域 D_{xy} 为

$$D_{xy}=\{(\rho,\theta)\,|\,0\leqslant\rho\leqslant 1,0\leqslant\theta\leqslant 2\pi\},$$

上半球面和抛物面的柱面坐标方程分别为 $z=\sqrt{2-\rho^2}$ 和 $z=\rho^2$，在 D_{xy} 内任取一点 (ρ,θ)，过此点作平行于 z 轴的直线，此直线通过抛物面 $z=\rho^2$ 穿入 Ω 内，然后通过上半球面 $z=\sqrt{2-\rho^2}$ 穿出 Ω 外，因此闭区域 Ω 可用不等式

$$\rho^2\leqslant z\leqslant\sqrt{2-\rho^2},0\leqslant\rho\leqslant 1,0\leqslant\theta\leqslant 2\pi$$

来表示，于是

$$\iiint_{\Omega}z\mathrm{d}V=\iiint_{\Omega}\rho\cdot z\mathrm{d}\rho\mathrm{d}\theta\mathrm{d}z=\iint_{D_{xy}}\left(\int_{\rho^2}^{\sqrt{2-\rho^2}}\rho\, z\,\mathrm{d}z\right)\mathrm{d}\rho\mathrm{d}\theta$$

$$=\int_0^{2\pi}\mathrm{d}\theta\int_0^1\rho\cdot\frac{1}{2}(2-\rho^2-\rho^4)\mathrm{d}\rho=\frac{7}{12}\pi.$$

3. 利用球面坐标计算三重积分

在空间直角坐标系中，设 $M(x,y,z)$ 为空间任一点，r 为点 M 到原点的距离；φ 为有向线段 $\boldsymbol{OM}$ 与 z 轴的正向所夹的角；P 为点 M 在 xOy 面上的投影(图 9-35)；θ 为从 z 轴正向来看自 x 轴按逆时针方向转到有向线段 $\boldsymbol{OP}$ 的角. 这样有次序的三个数 r、φ、θ 叫做点 M 的球面坐标，它们的变化范围为

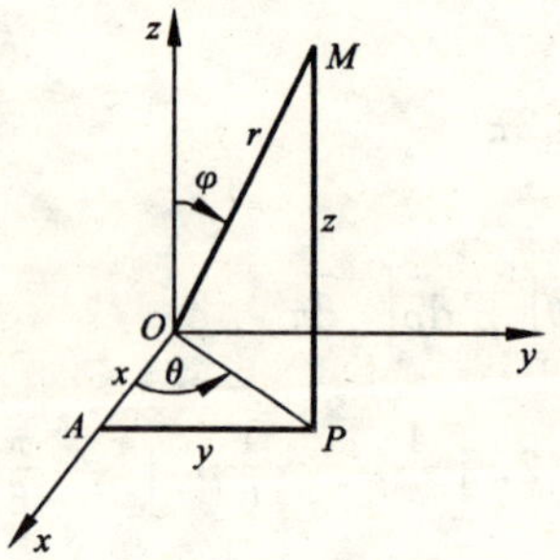

图 9-35

$$0\leqslant r<+\infty,$$
$$0\leqslant\varphi\leqslant\pi,$$
$$0\leqslant\theta\leqslant 2\pi.$$

点 M 的直角坐标和球面坐标的关系为

$$\begin{cases}x=OP\cdot\cos\theta=r\sin\varphi\cos\theta,\\ y=OP\cdot\sin\theta=r\sin\varphi\sin\theta,\\ z=r\cos\varphi.\end{cases}$$

三组坐标面分别为

$r=$ 常数，表示以原点为中心的球面；

$\varphi=$ 常数，表示以原点为顶点、以 z 轴为对称轴的圆锥面；

$\theta=$ 常数，表示过 z 轴的半平面.

现在把三重积分 $\iiint_{\Omega}f(x,y,z)\mathrm{d}V$ 中的变量变换为球面坐标. 为此，用三组坐标面 $r=$ 常数、$\varphi=$ 常数、$\theta=$ 常数把闭区域 Ω 划分成若干个小闭区域. 考虑由 r、

φ、θ各取得微小增量 dr、$d\varphi$、$d\theta$ 所成的六面体的体积(图 9-36).不计高阶无穷小,可把这个六面体看做长方体,其经线方向的长为 $rd\varphi$,纬线方向的宽为 $r\sin\varphi d\theta$,向经线方向的高为 dr,于是得

$$dV = r^2\sin\varphi drd\varphi d\theta,$$

这就是球面坐标系中的体积元素.再由直角坐标和球面坐标之间的关系,就有

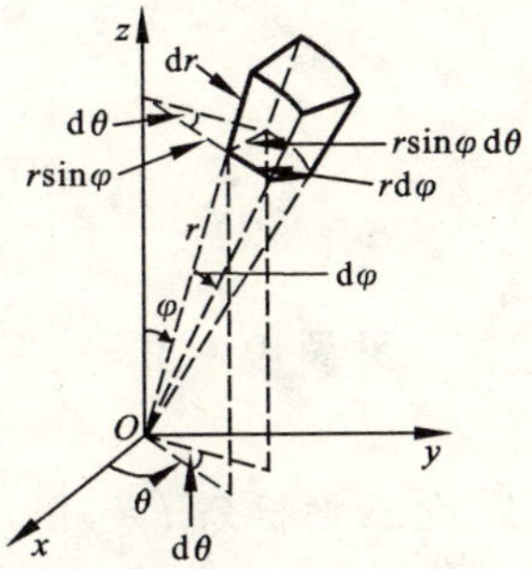

图 9-36

$$\iiint_{\Omega} f(x,y,z)dV$$

$$= \iiint_{\Omega} f(r\sin\varphi\cos\theta, r\sin\varphi\sin\theta, r\cos\varphi)r^2\sin\varphi drd\varphi d\theta,$$

上式就是把三重积分的变量从直角坐标变换为球面坐标的公式.

要计算球面坐标下的三重积分,可把它化为先对 r,再对 φ,最后对 θ 的三次积分.

例 5 求半径为 a 的球的体积.

解 设球面的方程为 $x^2+y^2+z^2=a^2$,则在球面坐标中该球面的方程为 $r=a$,积分区域 Ω 由球面 $r=a$ 所围成,且可用不等式

$$0\leqslant r\leqslant a, 0\leqslant\varphi\leqslant\pi, 0\leqslant\theta\leqslant 2\pi$$

来表示,于是球体的体积为

$$V = \iiint_{\Omega} dV = \iiint_{\Omega} r^2\sin\varphi drd\varphi d\theta$$

$$= \int_0^{2\pi}d\theta\int_0^{\pi}d\varphi\int_0^a r^2\sin\varphi dr = \int_0^{2\pi}d\theta\int_0^{\pi}\sin\varphi d\varphi\int_0^a r^2 dr$$

$$= 2\pi\cdot 2\cdot\frac{a^3}{3} = \frac{4}{3}\pi a^3.$$

例 6 计算三重积分 $I=\iiint_{\Omega} z^2 dV$,其中 Ω 为圆锥面 $z=\sqrt{x^2+y^2}$ 与上半球面 $z=\sqrt{a^2-x^2-y^2}$ 所围成的闭区域.

解 积分区域 Ω 可用不等式

$$0\leqslant r\leqslant a, 0\leqslant\varphi\leqslant\frac{\pi}{4}, 0\leqslant\theta\leqslant 2\pi$$

来表示,于是有

$$I = \iiint_{\Omega} z^2 dV = \iiint_{\Omega} r^2\cos^2\varphi\cdot r^2\sin\varphi drd\theta d\varphi$$

$$= \int_0^{2\pi}d\theta\int_0^{\frac{\pi}{4}}d\varphi\int_0^a r^4\cdot\cos^2\varphi\sin\varphi dr$$

$$= 2\pi\int_0^{\frac{\pi}{4}}\cos^2\varphi\sin\varphi\mathrm{d}\varphi\cdot\int_0^a r^4\mathrm{d}r$$

$$= 2\pi\cdot\left[-\frac{1}{3}\cos^3\varphi\right]_0^{\frac{\pi}{4}}\cdot\frac{a^5}{5} = \frac{4-\sqrt{2}}{30}\pi a^5.$$

习题 9－3

1. 化三重积分 $I=\iiint\limits_{\Omega} f(x,y,z)\mathrm{d}x\mathrm{d}y\mathrm{d}z$ 为直角坐标系中的三次积分，其中积分区域 Ω 分别是：

(1)$\Omega=\{(x,y,z)\,|\,0\leqslant x\leqslant 2,1\leqslant y\leqslant 3,0\leqslant z\leqslant 2\}$；

(2)由锥面 $z=\sqrt{x^2+y^2}$ 与平面 $z=1$ 所围成的闭区域；

(3)由曲面 $z=x^2+2y^2$ 及 $z=2-x^2$ 所围成的闭区域；

(4)由双曲抛物面 $xy=z$ 及平面 $x+y-1=0,z=0$ 所围成的闭区域.

2. 设有一物体，占有空间闭区域 $\Omega=\{(x,y,z)\,|\,0\leqslant x\leqslant 1,0\leqslant y\leqslant 1,0\leqslant z\leqslant 1\}$，在点 (x,y,z) 处的密度为 $\mu(x,y,z)=x+y+z$，计算该物体的质量.

3. 如果三重积分 $\iiint\limits_{\Omega} f(x,y,z)\mathrm{d}x\mathrm{d}y\mathrm{d}z$ 的被积函数 $f(x,y,z)$ 是三个函数 $f_1(x)$、$f_2(y)$、$f_3(z)$ 的乘积，即 $f(x,y,z)=f_1(x)\cdot f_2(y)\cdot f_3(z)$，积分区域 $\Omega=\{(x,y,z)\,|\,a\leqslant x\leqslant b,c\leqslant y\leqslant d,l\leqslant z\leqslant m\}$，证明这个三重积分等于三个单积分的乘积，即

$$\iiint\limits_{\Omega} f_1(x)\cdot f_2(y)\cdot f_3(z)\mathrm{d}x\mathrm{d}y\mathrm{d}z=\int_a^b f_1(x)\mathrm{d}x\cdot\int_c^d f_2(y)\mathrm{d}y\cdot\int_l^m f_3(z)\mathrm{d}z.$$

4. 计算下列三重积分：

(1) $\iiint\limits_{\Omega}(x+y+z)\mathrm{d}x\mathrm{d}y\mathrm{d}z$，其中 $\Omega=\{(x,y,z)\,|\,0\leqslant x\leqslant a,0\leqslant y\leqslant b,0\leqslant z\leqslant c\}$；

(2) $\iiint\limits_{\Omega}\dfrac{\mathrm{d}x\mathrm{d}y\mathrm{d}z}{(1+x+y+z)^2}$，其中 Ω 为由平面 $x=0,y=0,z=0,x+y+z=1$ 所围成的四面体；

(3) $\iiint\limits_{\Omega} xy\mathrm{d}x\mathrm{d}y\mathrm{d}z$，其中 Ω 是由柱面 $x^2+y^2=1$，平面 $z=0$ 及 $z=1$ 所围成的闭区域中 $x\geqslant 0,y\geqslant 0$ 的那一部分域；

(4) $\iiint\limits_{\Omega} z\mathrm{d}x\mathrm{d}y\mathrm{d}z$，其中 Ω 是由锥面 $z=\dfrac{h}{R}\sqrt{x^2+y^2}$ 与平面 $z=h(R>0,h>0)$ 所围成的闭区域.

5. 利用柱面坐标计算下列三重积分：

(1) $\iiint\limits_{\Omega} e^{-x^2-y^2}\,dx\,dy\,dz$，其中 $\Omega=\{(x,y,z)\mid x^2+y^2\leqslant 1, 0\leqslant z\leqslant 1\}$；

(2) $\iiint\limits_{\Omega}(x^2+y^2)\,dV$，其中 Ω 是由曲面 $x^2+y^2=2z$ 及平面 $z=2$ 所围成的闭区域；

(3) $\iiint\limits_{\Omega} z\,dV$，其中 Ω 是由曲面 $z=\sqrt{2-x^2-y^2}$ 及 $z=x^2+y^2$ 所围成的闭区域.

6. 利用球面坐标计算下列三重积分：

(1) $\iiint\limits_{\Omega}(x^2+y^2+z^2)\,dV$，其中 Ω 是由球面 $x^2+y^2+z^2=1$ 所围成的闭区域；

(2) $\iiint\limits_{\Omega} z\,dV$，其中闭区域 Ω 由不等式 $x^2+y^2+(z-a)^2\leqslant a^2$，$x^2+y^2\leqslant z^2$ 所确定.

7. 选择适当的坐标计算下列三重积分：

(1) $\iiint\limits_{\Omega} 2z\,dV$，其中 Ω 由曲面 $x^2+y^2=4$ 与 $x^2+y^2=z^2$ 所围成的闭区域在 $z\geqslant 0$ 的那一部分域；

(2) $\iiint\limits_{\Omega}\sqrt{x^2+y^2+z^2}\,dV$，其中 Ω 是由球面 $x^2+y^2+z^2=z$ 所围成的闭区域；

(3) $\iiint\limits_{\Omega}(x^2+y^2)\,dV$，其中 Ω 是由曲面 $4z^2=25(x^2+y^2)$ 及平面 $z=5$ 所围成的闭区域；

(4) $\iiint\limits_{\Omega}(x^2+y^2)\,dV$，其中闭区域 Ω 由不等式 $0<a\leqslant\sqrt{x^2+y^2+z^2}\leqslant A$，$z\geqslant 0$ 所确定.

8. 球心在原点、半径为 R 的球体，在其上任意一点的密度的大小与这点到球心的距离成正比，求这球体的质量.

9.4 重积分的应用

在第 6 章定积分的应用中，我们运用元素法解决了一些几何和物理上的应用问题. 由前面的讨论可知，用二重积分可计算曲顶柱体的体积、平面薄片的质量，用三重积分可计算空间物体的质量. 本节中我们将把定积分的元素法推广到重积分的应用中，利用重积分解决在几何和物理上的一些其他问题.

9.4.1 曲面的面积

设曲面 S 由方程

$$z=f(x,y)$$

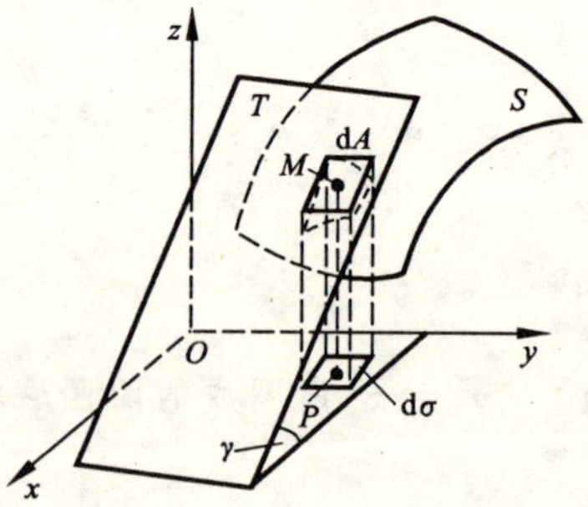

图 9－37

给出，D 为曲面 S 在 xOy 面上的投影区域，函数 $f(x,y)$ 在 D 上具有连续偏导数 $f_x(x,y)$ 和 $f_y(x,y)$. 我们要计算曲面 S 的面积 A.

在闭区域 D 上任取一直径很小的闭区域 $\mathrm{d}\sigma$（这小闭区域的面积也记作 $\mathrm{d}\sigma$）. 在 $\mathrm{d}\sigma$ 上取一点 $P(x,y)$，对应地曲面 S 上有一点 $M(x,y,f(x,y))$，点 M 在 xOy 面上的投影即点 P. 点 M 处曲面 S 的切平面设为 T（图 9－37）. 以小闭区域 $\mathrm{d}\sigma$ 的边界为准线作母线平行于 z 轴的柱面，这柱面在曲面 S 上截下一小片曲面，在切平面 T 上截下一小片平面. 由于 $\mathrm{d}\sigma$ 的直径很小，切平面 T 上的那一小片平面的面积 $\mathrm{d}A$ 可以近似代替相应的那小片曲面的面积. 设点 M 处曲面 S 上的法线（指向朝上）与 z 轴所成的角为 γ，则

$$\mathrm{d}A=\frac{\mathrm{d}\sigma}{\cos\gamma}.$$

因为
$$\cos\gamma=\frac{1}{\sqrt{1+f'^2_x(x,y)+f'^2_y(x,y)}},$$

所以
$$\mathrm{d}A=\sqrt{1+f'^2_x(x,y)+f'^2_y(x,y)}\,\mathrm{d}\sigma.$$

这就是曲面 S 的面积元素，以它为被积表达式在闭区域 D 上积分，得

$$A=\iint\limits_D\sqrt{1+f'^2_x(x,y)+f'^2_y(x,y)}\,\mathrm{d}\sigma.$$

上式也可写成

$$A=\iint\limits_D\sqrt{1+\left(\frac{\partial z}{\partial x}\right)^2+\left(\frac{\partial z}{\partial y}\right)^2}\,\mathrm{d}x\mathrm{d}y.$$

这就是计算曲面面积的公式.

设曲面的方程为 $x=g(y,z)$ 或 $y=h(z,x)$，可分别把曲面投影到 yOz 面上（投影区域记作 D_{yz}）或 zOx 面上（投影区域记作 D_{zx}），类似地可得

$$A=\iint_{D_{yz}}\sqrt{1+\left(\frac{\partial x}{\partial y}\right)^2+\left(\frac{\partial x}{\partial z}\right)^2}\,\mathrm{d}y\mathrm{d}z,$$

或
$$A=\iint_{D_{zx}}\sqrt{1+\left(\frac{\partial y}{\partial z}\right)^2+\left(\frac{\partial y}{\partial x}\right)^2}\,\mathrm{d}z\mathrm{d}x.$$

例 1　求半径为 a 的球的表面积.

解　取上半球面方程为 $z=\sqrt{a^2-x^2-y^2}$，则它在 xOy 面上的投影区域 $D=\{(x,y)\mid x^2+y^2\leqslant a^2\}$.

由
$$\frac{\partial z}{\partial x}=\frac{-x}{\sqrt{a^2-x^2-y^2}},\frac{\partial z}{\partial y}=\frac{-y}{\sqrt{a^2-x^2-y^2}},$$

得
$$\sqrt{1+\left(\frac{\partial z}{\partial x}\right)^2+\left(\frac{\partial z}{\partial y}\right)^2}=\frac{a}{\sqrt{a^2-x^2-y^2}}.$$

因为这函数在闭区域 D 上无界，我们不能直接应用曲面面积公式. 所以先取区域 $D_1=\{(x,y)\mid x^2+y^2\leqslant b^2\}(0<b<a)$ 为积分区域，算出相应于 D_1 上的球面面积 A_1 后，令 $b\to a$ 取 A_1 的极限就得半球面的面积.

$$A_1=\iint_{D_1}\frac{a}{\sqrt{a^2-x^2-y^2}}\mathrm{d}x\mathrm{d}y,$$

利用极坐标，得

$$A_1=\iint_{D_1}\frac{a}{\sqrt{a^2-\rho^2}}\rho\mathrm{d}\rho\mathrm{d}\theta=a\int_0^{2\pi}\mathrm{d}\theta\int_0^b\frac{\rho\mathrm{d}\rho}{\sqrt{a^2-\rho^2}}$$
$$=2\pi a\int_0^b\frac{\rho\mathrm{d}\rho}{\sqrt{a^2-\rho^2}}=2\pi a(a-\sqrt{a^2-b^2}).$$

于是
$$\lim_{b\to a}A_1=\lim_{b\to a}2\pi a(a-\sqrt{a^2-b^2})=2\pi a^2.$$

这就是半个球面的面积，因此整个球面的面积为

$$A=4\pi a^2.$$

例 2　设上例中的球面被椭圆柱面 $4x^2+y^2=a^2$ 所截，求含在柱面内的那部分球面的面积（如图 9－38）.

解　由上例及对称性，

$$A=8\iint_D\frac{a}{\sqrt{a^2-x^2-y^2}}\mathrm{d}x\mathrm{d}y$$
$$=8a\int_0^a\mathrm{d}y\int_0^{\frac{1}{2}\sqrt{a^2-y^2}}\frac{\mathrm{d}x}{\sqrt{(a^2-y^2)-x^2}}$$

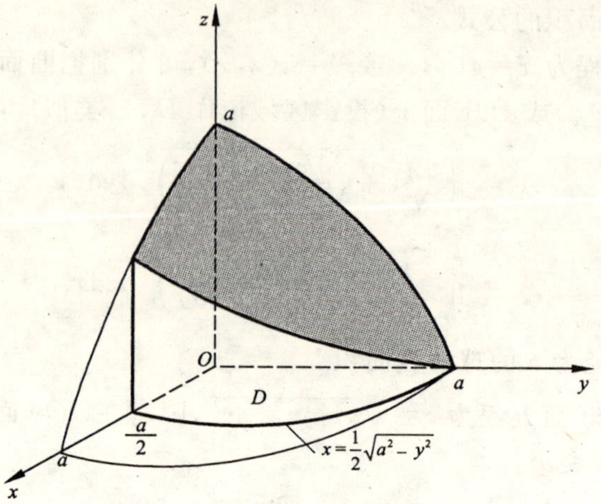

图 9-38

$$= 8a\int_0^a \left[\arcsin \frac{x}{\sqrt{a^2-y^2}}\right]_0^{\frac{1}{2}\sqrt{a^2-y^2}} \mathrm{d}y$$

$$= 8a \cdot \frac{\pi}{6}\int_0^a \mathrm{d}y = \frac{4}{3}\pi a^2.$$

9.4.2 物理应用

在讲二重积分概念时,我们已经讲到求平面薄片的质量.重积分在物理上的应用是很广泛的,这里主要介绍物体的质量、质心和转动惯量.

1. 物体的质量

我们在前面已经得到了如下公式:

平面薄片的质量

$$M = \iint_D \mu(x,y)\mathrm{d}\sigma,$$

其中 $\mu(x,y)$ 为薄片在点 (x,y) 处的面密度,D 为薄片占有的平面闭区域.

空间物体的质量

$$M = \iiint_\Omega \mu(x,y,z)\mathrm{d}V,$$

其中 $\mu(x,y,z)$ 为物体在点 (x,y,z) 处的密度,Ω 为物体占有的空间.

例 3 求单位立方体 $0\leqslant x\leqslant 1, 0\leqslant y\leqslant 1, 0\leqslant z\leqslant 1$ 的物体的质量,若物体在点 $M(x,y,z)$ 处的密度为 $\mu(x,y,z)=x+y+z$.

解 根据题意知 $\mu(x,y,z)=x+y+z$,则所求物体的质量为

$$M=\iiint_{\Omega}(x+y+z)\mathrm{d}x\mathrm{d}y\mathrm{d}z=\int_0^1\mathrm{d}x\int_0^1\mathrm{d}y\int_0^1(x+y+z)\mathrm{d}z$$
$$=\int_0^1\mathrm{d}x\int_0^1\left(x+y+\frac{1}{2}\right)\mathrm{d}y=\int_0^1\left[\left(x+\frac{1}{2}\right)+\frac{1}{2}\right]\mathrm{d}x=\frac{3}{2}.$$

2. 质心

先讨论平面薄片的质心.

设在 xOy 平面上有 n 个质点,它们分别位于点 $(x_1,y_1),(x_2,y_2),\cdots,(x_n,y_n)$处,质量分别为 $m_1,m_2,\cdots,m_n$. 由力学知道,该质点系的质心的坐标为

$$\bar{x}=\frac{M_y}{M}=\frac{\sum_{i=1}^{n}m_ix_i}{\sum_{i=1}^{n}m_i},\bar{y}=\frac{M_x}{M}=\frac{\sum_{i=1}^{n}m_iy_i}{\sum_{i=1}^{n}m_i},$$

其中 $M=\sum_{i=1}^{n}m_i$ 为该质点系的总质量,

$$M_y=\sum_{i=1}^{n}m_ix_i,M_x=\sum_{i=1}^{n}m_iy_i,$$

分别为该质点系对 y 轴和 x 轴的**静矩**.

设有一平面薄片,占有 xOy 面上的闭区域 D,在点 (x,y) 处的面密度为 $\mu(x,y)$,假定 $\mu(x,y)$ 在 D 上连续. 现在要找该薄片的质心的坐标.

在闭区域 D 上任取一直径很小的闭区域 $\mathrm{d}\sigma$(这小闭区域的面积也记作 $\mathrm{d}\sigma$),(x,y)是这小闭区域上的一个点. 由于 $\mathrm{d}\sigma$ 的直径很小,且 $\mu(x,y)$ 在 D 上连续,所以薄片中相应于 $\mathrm{d}\sigma$ 的部分的质量近似等于 $\mu(x,y)\mathrm{d}\sigma$,这部分质量可近似看作集中在点(x,y)上,于是可写出静矩元素 $\mathrm{d}M_y$ 及 $\mathrm{d}M_x$:

$$\mathrm{d}M_y=x\mu(x,y)\mathrm{d}\sigma,\mathrm{d}M_x=y\mu(x,y)\mathrm{d}\sigma.$$

以这些元素为被积表达式,在闭区域 D 上积分,便得

$$M_y=\iint_D x\mu(x,y)\mathrm{d}\sigma,M_x=\iint_D y\mu(x,y)\mathrm{d}\sigma.$$

又由 9.1 节知道,薄片的质量为

$$M=\iint_D\mu(x,y)\mathrm{d}\sigma.$$

所以,薄片的质心的坐标为

$$\bar{x}=\frac{M_y}{M}=\frac{\iint_D x\mu(x,y)\mathrm{d}\sigma}{\iint_D\mu(x,y)\mathrm{d}\sigma},\bar{y}=\frac{M_x}{M}=\frac{\iint_D y\mu(x,y)\mathrm{d}\sigma}{\iint_D\mu(x,y)\mathrm{d}\sigma}.$$

如果薄片是均匀的,即面密度为常量,则上式中可把 μ 提到积分记号外面并

从分子、分母中约去，这样便得均匀薄片的质心的坐标为

$$\bar{x}=\frac{1}{A}\iint_D x\,\mathrm{d}\sigma,\bar{y}=\frac{1}{A}\iint_D y\,\mathrm{d}\sigma, \tag{1}$$

其中 $A=\iint_D \mathrm{d}\sigma$ 为闭区域 D 的面积. 这时薄片的质心完全由闭区域 D 的形状所决定. 我们把均匀平面薄片的质心叫做这平面薄片所占的平面图形的**形心**. 因此，平面图形 D 的形心的坐标，就可用公式(1) 计算.

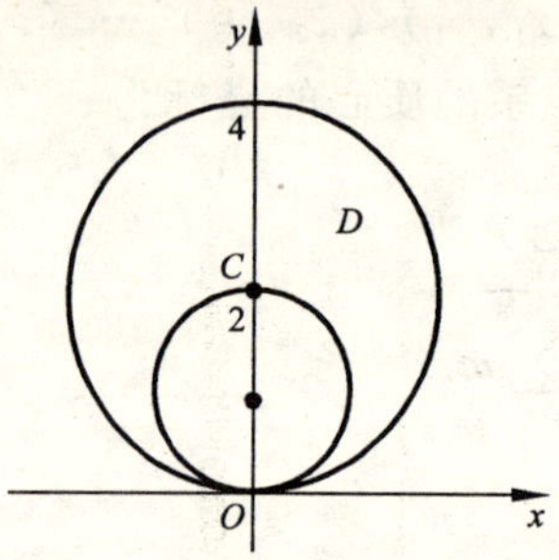

图 9－39

例 4 求位于两圆 $\rho=2\sin\theta$ 和 $\rho=4\sin\theta$ 之间的均匀薄片的质心(图 9－39).

解 因为闭区域 D 对称于 y 轴，所以质心 $C(\bar{x},\bar{y})$ 必位于 y 轴上，于是 $\bar{x}=0$.

再按公式

$$\bar{y}=\frac{1}{A}\iint_D y\,\mathrm{d}\sigma$$

计算 $\bar{y}$. 由于闭区域 D 位于半径为 1 与半径为 2 的两圆之间，所以它的面积等于这两个圆的面积之差，即 $A=3\pi$. 再利用极坐标计算积分：

$$\iint_D y\,\mathrm{d}\sigma=\iint_D \rho^2\sin\theta\mathrm{d}\rho\mathrm{d}\theta=\int_0^\pi \sin\theta\mathrm{d}\theta\int_{2\sin\theta}^{4\sin\theta}\rho^2\,\mathrm{d}\rho=\frac{56}{3}\int_0^\pi \sin^4\theta\mathrm{d}\theta=7\pi.$$

因此
$$\bar{y}=\frac{7\pi}{3\pi}=\frac{7}{3},$$

所求质心是 $C(0,\frac{7}{3})$.

类似地，占有空间有界闭区域 Ω，在点 (x,y,z) 处的密度为 $\rho(x,y,z)$（假定 $\rho(x,y,z)$ 在 Ω 上连续）的物体的质心坐标是

$$\bar{x}=\frac{1}{M}\iiint_\Omega x\rho(x,y,z)\mathrm{d}v,\bar{y}=\frac{1}{M}\iiint_\Omega y\rho(x,y,z)\mathrm{d}v,\bar{z}=\frac{1}{M}\iiint_\Omega z\rho(x,y,z)\mathrm{d}v,$$

其中 $M=\iiint_\Omega \rho(x,y,z)\mathrm{d}v$.

例 5 求均匀半球体的质心.

解 取半球体的对称轴为 z 轴，原点取在球心上，又设球半径为 a，则半球体所占空间闭区域

$$\Omega=\{(x,y,z)\mid x^2+y^2+z^2\leqslant a^2,z\geqslant 0\}.$$

显然，质心在 z 轴上，故 $\bar{x}=\bar{y}=0$.

$$\bar{z}=\frac{1}{M}\iiint_\Omega z\rho\mathrm{d}v=\frac{1}{V}\iiint_\Omega z\,\mathrm{d}v,$$

其中 $V=\dfrac{2}{3}\pi a^3$ 为半球体的体积.

$$\iiint_{\Omega} z\,\mathrm{d}v=\iiint_{\Omega} r\cos\varphi\cdot r^2\sin\varphi\,\mathrm{d}r\mathrm{d}\varphi\mathrm{d}\theta=\int_0^{2\pi}\mathrm{d}\theta\int_0^{\frac{\pi}{2}}\cos\varphi\sin\varphi\,\mathrm{d}\varphi\int_0^a r^3\,\mathrm{d}r$$

$$=2\pi\cdot\left[\frac{\sin^2\varphi}{2}\right]_0^{\frac{\pi}{2}}\cdot\frac{a^4}{4}=\frac{\pi a^4}{4}.$$

因此，$\bar{z}=\dfrac{3}{8}a$，质心为$(0,0,\dfrac{3}{8}a)$.

3. 转动惯量

先讨论平面薄片的转动惯量.

设在 xOy 平面上有 n 个质点，它们分别位于点(x_1,y_1)，(x_2,y_2)，…，(x_n,y_n)处，质量分别为 $m_1,m_2,\cdots,m_n$. 由力学知道，该质点系对于 x 轴以及对于 y 轴的**转动惯量**依次为

$$I_x=\sum_{i=1}^{n}y_i^2m_i;I_y=\sum_{i=1}^{n}x_i^2m_i.$$

设有一薄片，占有 xOy 面上的闭区域 D，在点(x,y)处的面密度为 $\mu(x,y)$，假定 $\mu(x,y)$在 D 上连续. 现在要求该薄片对于 x 轴的转动惯量 I_x 以及对于 y 轴的转动惯量 I_y.

应用元素法. 在闭区域 D 上任取一直径很小的闭区域 $\mathrm{d}\sigma$(这小闭区域的面积也记作 $\mathrm{d}\sigma$)，(x,y)是这小闭区域上的一个点. 因为 $\mathrm{d}\sigma$ 的直径很小，且 $\mu(x,y)$在 D 上连续，所以薄片中相应于 $\mathrm{d}\sigma$ 部分的质量近似等于 $\mu(x,y)\mathrm{d}\sigma$，这部分质量可近似看作集中在点(x,y)上，于是可写出薄片对于 x 轴以及对于 y 轴的转动惯量元素：

$$\mathrm{d}I_x=y^2\mu(x,y)\mathrm{d}\sigma,\mathrm{d}I_y=x^2\mu(x,y)\mathrm{d}\sigma.$$

以这些元素为被积表达式，在闭区域 D 上积分，便得

$$I_x=\iint_D y^2\mu(x,y)\mathrm{d}\sigma,I_y=\iint_D x^2\mu(x,y)\mathrm{d}\sigma.$$

例 6 求半径为 a 的均匀半圆薄片(面密度为常量 μ)对于其直径边的转动惯量.

解 取坐标系如图 9-40 所示，则薄片所占闭区域

$$D=\{(x,y)\mid x^2+y^2\leqslant a^2,y\geqslant 0\},$$

而所求转动惯量即半圆薄片对于 x 轴的转动惯量 I_x.

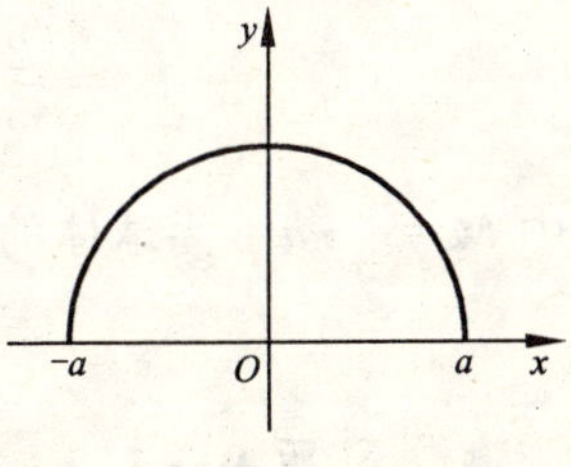

图 9-40

$$I_x=\iint\limits_D \mu y^2\mathrm{d}\sigma=\mu\iint\limits_D \rho^3\sin^2\theta\mathrm{d}\rho\mathrm{d}\theta$$

$$=\mu\int_0^\pi\mathrm{d}\theta\int_0^a\rho^3\sin^2\theta\mathrm{d}\rho=\mu\cdot\frac{a^4}{4}\int_0^\pi\sin^2\theta\mathrm{d}\theta$$

$$=\frac{1}{4}\mu a^4\cdot\frac{\pi}{2}=\frac{1}{4}Ma^2,$$

其中 $M=\frac{1}{2}\pi a^2\mu$ 为半圆薄片的质量.

类似地,占有空间有界闭区域 Ω,在点 (x,y,z) 处的密度为 $\rho(x,y,z)$(假定 $\rho(x,y,z)$ 在 Ω 上连续)的物体对于 x,y,z 轴的转动惯量为

$$I_x=\iiint\limits_\Omega (y^2+z^2)\rho(x,y,z)\mathrm{d}v,$$

$$I_y=\iiint\limits_\Omega (z^2+x^2)\rho(x,y,z)\mathrm{d}v,$$

$$I_z=\iiint\limits_\Omega (x^2+y^2)\rho(x,y,z)\mathrm{d}v.$$

例 7 求密度为 ρ 的均匀球体对于过球心的一条轴 l 的转动惯量.

解 取球心为坐标原点,z 轴与轴 l 重合,又设球的半径为 a,则球体所占空间闭区域

$$\Omega=\{(x,y,z)\mid x^2+y^2+z^2\leqslant a^2\}.$$

所求转动惯量即球体对于 z 轴的转动惯量为

$$I_z=\iiint\limits_\Omega (x^2+y^2)\rho\mathrm{d}v$$

$$=\rho\iiint\limits_\Omega (r^2\sin^2\varphi\cos^2\theta+r^2\sin^2\varphi\sin^2\theta)r^2\sin\varphi\mathrm{d}r\mathrm{d}\varphi\mathrm{d}\theta$$

$$=\rho\iiint\limits_\Omega r^4\sin^3\varphi\mathrm{d}r\mathrm{d}\varphi\mathrm{d}\theta=\rho\int_0^{2\pi}\mathrm{d}\theta\int_0^\pi\sin^3\varphi\mathrm{d}\varphi\int_0^a r^4\mathrm{d}r$$

$$=\rho\cdot 2\pi\cdot\frac{a^5}{5}\int_0^\pi\sin^3\varphi\mathrm{d}\varphi$$

$$=\frac{2}{5}\pi a^5\rho\cdot\frac{4}{3}=\frac{2}{5}a^2M,$$

其中 $M=\frac{4}{3}\pi a^3\rho$ 为球体的质量.

习题 9-4

1. 求由下列曲面所包围的空间立体的体积:

(1)$z=\sqrt{x^2+y^2}$及$z=x^2+y^2$；

(2)$z=6-x^2-y^2$及$z=\sqrt{x^2+y^2}$；

(3)$z=\sqrt{5-x^2-y^2}$及$x^2+y^2=4z$.

2. 求球面$x^2+y^2+z^2=25$被平面$z=3$截得的上半部分曲面的面积.

3. 求柱面$x^2+z^2=a^2$含在柱面$x^2+y^2=a^2(a>0)$内的部分的面积.

4. 求锥面$z=\sqrt{x^2+y^2}$被柱面$z^2=2x$所割下部分的曲面面积.

5. 设平面薄板所占的闭区域D由直线$x+y=2$,$y=x$和x轴所围成,它的面密度$\mu(x,y)=x^2+y^2$,求该薄板的质量.

6. 设薄片所占的闭区域D如下,求均匀薄片的质心：

(1)D由$y=\sqrt{2Px}$,$x=x_0$,$y=0$所围成；

(2)D是半椭圆形闭区域$\left\{(x,y)\mid\frac{x^2}{a^2}+\frac{y^2}{b^2}\leqslant 1,y\geqslant 0\right\}$；

(3)D是介于两个圆$\rho=a\cos\theta$,$\rho=b\cos\theta(0<a<b)$之间的闭区域.

7. 设平面薄片所占的闭区域D由抛物线$y=x^2$及直线$y=x$所围成,它在点(x,y)处的面密度$\mu(x,y)=x^2y$,求该薄片的质心.

8. 利用三重积分计算下列由曲面所围立体的质心(设密度为$\rho=1$)：

(1)$z^2=x^2+y^2$,$z=1$；

(2)$z=\sqrt{A^2-x^2-y^2}$,$z=\sqrt{a^2-x^2-y^2}(A>a>0)$,$z=0$；

(3)$z=x^2+y^2$,$x+y=a$,$x=0$,$y=0$,$z=0$.

9. 设球体占有闭区域$\Omega=\{(x,y,z)\mid x^2+y^2+z^2\leqslant 2Rz\}$,它在内部各点处的密度的大小等于该点到坐标原点的距离的平方.试求球体的质心.

10. 设均匀薄板所占闭区域D如下,求指定的转动惯量(设面密度$\mu=1$)：

(1)边长为a与b的矩形薄板对两条边的转动惯量；

(2)D由抛物线$y=1-x^2$与x轴围成,求I_x,I_y；

(3)$D=\left\{(x,y)\mid\frac{x^2}{a^2}+\frac{y^2}{b^2}\leqslant 1\right\}$,求$I_y$.

11. 求由抛物线$y=x^2$及直线$y=1$所围成的均匀薄片(面密度μ为常数)对于直线$y=-1$的转动惯量.

12. 一均匀物体(密度ρ为常量)占有闭区域Ω由曲面$z=x^2+y^2$和平面$z=0$,$|x|=a$,$|y|=a$所围成.

(1)求物体的体积；

(2)求物体的质心；

(3)求物体关于z轴的转动惯量.

13. 求半径为a、高为h的均匀圆柱体对于过中心而平行于母线的轴的转动惯量(设密度 $\rho=1$).

总复习题 9

1. 用重积分的几何意义计算下列积分并填空：

(1) 设 $D=\{(x,y)\mid x^2+y^2\leqslant R^2\}$,则$\iint\limits_D \sqrt{R^2-x^2-y^2}\,\mathrm{d}\sigma=$ ________；

(2) 设 $\Omega=\{(x,y,z)\mid \sqrt{x^2+y^2}\leqslant z\leqslant H\}$,则$\iiint\limits_\Omega \mathrm{d}V=$ ________；

(3) 设$\Omega=\{(x,y,z)\mid 0\leqslant z\leqslant 1-x-y,0\leqslant y\leqslant 1-x,0\leqslant x\leqslant 1\}$,则$\iiint\limits_\Omega \mathrm{d}V=$ ________.

2. 利用"对称性"完成下列单项选择题：

(1) 设 D 是圆域 $x^2+y^2\leqslant a^2(a>0)$,$D_1$ 是 D 在第一象限部分区域,则积分$\iint\limits_D(x+y+1)\mathrm{d}\sigma$ 等于(　　).

(A)$4\iint\limits_{D_1}(x+y+1)\mathrm{d}\sigma$；　(B)$\iint\limits_{D_1}(x+y+1)\mathrm{d}\sigma$；　(C)$\pi a^2$；　(D)0.

(2) 设 D 是 xOy 平面上以$(1,1)$,$(-1,1)$ 和$(-1,-1)$ 为顶点的三角形区域,D_1 是 D 在第一象限的部分,则$\iint\limits_D(xy+\cos x\sin y)\mathrm{d}x\mathrm{d}y$ 等于(　　).

(A)$2\iint\limits_{D_1}\cos x\sin y\mathrm{d}x\mathrm{d}y$；　(B)$2\iint\limits_{D_1}xy\mathrm{d}x\mathrm{d}y$；

(C)$4\iint\limits_{D_1}(xy+\cos x\sin y)\mathrm{d}x\mathrm{d}y$；　(D)0.

(3)设有空间闭区域 $\Omega_1=\{(x,y,z)\mid x^2+y^2+z^2\leqslant R^2,z\geqslant 0\}$,$\Omega_2=\{(x,y,z)\mid x^2+y^2+z^2\leqslant R^2,x\geqslant 0,y\geqslant 0,z\geqslant 0\}$,则(　　).

(A)$\iiint\limits_{\Omega_1}x\mathrm{d}V=4\iiint\limits_{\Omega_2}x\mathrm{d}V$；　(B)$\iiint\limits_{\Omega_1}y\mathrm{d}V=4\iiint\limits_{\Omega_2}y\mathrm{d}V$；

(C)$\iiint\limits_{\Omega_1}z\mathrm{d}V=4\iiint\limits_{\Omega_2}z\mathrm{d}V$；　(D)$\iiint\limits_{\Omega_1}xyz\,\mathrm{d}V=4\iiint\limits_{\Omega_2}xyz\,\mathrm{d}V$.

3. 计算下列二重积分：

(1) $\iint\limits_D(1+x)\sin y\mathrm{d}\sigma$,其中 D 是顶点分别为$(0,0)$,$(1,0)$,$(1,2)$ 和$(0,1)$ 的梯形闭区域；

(2) $\iint\limits_D(x^2-y^2)\mathrm{d}\sigma$,其中 $D=\{(x,y)\mid 0\leqslant y\leqslant \sin x,0\leqslant x\leqslant \pi\}$；

(3) $\iint\limits_D\sqrt{R^2-x^2-y^2}\,\mathrm{d}\sigma$,其中 D 是圆周 $x^2+y^2=Rx$ 所围成的闭区域；

(4) $\iint\limits_D(y^2+3x-6y+9)\mathrm{d}\sigma$,其中 $D=\{(x,y)\mid x^2+y^2\leqslant R^2\}$.

4. 交换下列二次积分的次序：

(1) $\int_0^4 dx \int_{-\sqrt{4-x}}^{\frac{1}{2}(x-4)} f(x,y)dy$;

(2) $\int_0^1 dx \int_0^{2x} f(x,y)dy + \int_1^3 dx \int_0^{3-x} f(x,y)dy$;

(3) $\int_0^1 dy \int_{\sqrt{y}}^{1+\sqrt{1-y^2}} f(x,y)dx$.

5. 证明：

$$\int_0^a dy \int_0^y e^{m(a-x)} f(x)dx = \int_0^a (a-x)e^{m(a-x)} f(x)dx.$$

6. 计算下列三重积分：

(1) $\iiint\limits_{\Omega} z^2 dxdydz$，其中 Ω 是两个球：$x^2+y^2+z^2 \leqslant R^2$ 和 $x^2+y^2+z^2 \leqslant 2Rz(R>0)$ 的公共部分；

(2) $\iiint\limits_{\Omega} \frac{z\ln(x^2+y^2+z^2+1)}{x^2+y^2+z^2+1} dV$，其中 Ω 是由球面 $x^2+y^2+z^2=1$ 所围成的闭区域；

(3) $\iiint\limits_{\Omega} (y^2+z^2)dV$，其中 Ω 是由 xOy 平面上曲线 $y^2=2x$ 绕 x 轴旋转而成的曲面与平面 $x=5$ 所围成的闭区域.

7. 在均匀的半径为 R 的半圆形薄片的直径上，要接上一个一边与直径等长的同样材料的均匀矩形薄片，为了使整个均匀薄片的质心恰好落在圆心上，问接上去的均匀矩形薄片另一边的长度应是多少？

10 曲线积分与曲面积分

上一章已经把积分概念从积分范围为数轴上一个区间的情形推广到积分范围为平面或空间内的一个有界闭区域的情形. 现在我们把积分概念推广到积分范围为一段曲线弧或一片曲面的情形，这样推广后的积分称为曲线积分和曲面积分. 它们是研究场论（如电磁场、流速场）的一个重要的数学工具.

10.1 对弧长的曲线积分

10.1.1 对弧长的曲线积分的概念与性质

引例 曲线形构件的质量

在工程设计中，由于梁上各点承受力不同，因而梁上各点处的粗细程度设计得不完全一样. 如果要计算这根梁的质量，可以把它抽象成一段曲线形状的构件，且构件上的线密度是变量. 设这构件所占的位置是 xOy 面内的曲线 L（图 10－1）. 我们来求它的质量.

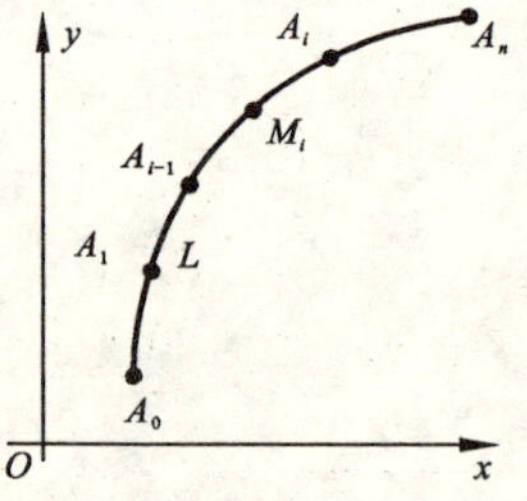

图 10－1

如果构件的质量分布是均匀的，即线密度（单位长度的质量）是常量，那么它的质量就等于线密度与构件长度的乘积. 然而当构件的质量分布不均匀，即线密度 $\mu(x,y)$ 不是常量时，就不能用这种方法了. 我们可以用分割、近似、求和、取极限的分析方法来求其质量.

第一步，分割. 把曲线 L 任意分成 n 个小弧段，设分点为 $A_0, A_1, \cdots, A_n$. 各小弧段的长度记作 $\Delta s_i (i=1,2,\cdots,n)$，记 $\lambda=\max\limits_{1\leqslant i\leqslant n}\{\Delta s_i\}$.

第二步，近似. 在第 i 个小弧段 $\overset{\frown}{A_{i-1}A_i}$ 上任取一点 $M_i(\xi_i,\eta_i)$，当线密度 $\mu(x,y)$ 是 L 上的连续函数且分割充分细密时，我们可用曲线 L 在点 M_i 处的线密度

$\mu(\xi_i,\eta_i)$去近似代替这一小弧段上各点处的线密度，于是小弧段的质量

$$\Delta M_i \approx \mu(\xi_i,\eta_i)\Delta s_i \quad (i=1,2,\cdots,n).$$

第三步，求和.整个曲线形构件的质量

$$M=\sum_{i=1}^{n}\Delta M_i \approx \sum_{i=1}^{n}\mu(\xi_i,\eta_i)\Delta s_i.$$

第四步，取极限.为了计算M的精确值，取上式右端之和当$\lambda\to 0$时的极限，从而得到

$$M=\lim_{\lambda\to 0}\sum_{i=1}^{n}\mu(\xi_i,\eta_i)\Delta s_i.$$

这种和的极限在研究其他问题时也会遇到.现在引进下面的定义.

定义 设L为xOy面内的一条光滑曲线弧，函数$f(x,y)$在L上有界.在L上任意插入一点列$M_1,M_2,\cdots,M_{n-1}$把L分成n个小段.设第i个小段的长度为Δs_i.又(ξ_i,η_i)为第i个小段上任意取定的一点，作乘积$f(\xi_i,\eta_i)\Delta s_i(i=1,2,\cdots,n)$，并作和$\sum_{i=1}^{n}f(\xi_i,\eta_i)\Delta s_i$，如果当各小弧段的长度的最大值$\lambda\to 0$时，这和的极限总存在，则称此极限为函数$f(x,y)$在曲线弧$L$上**对弧长的曲线积分**或**第一类曲线积分**，记作$\int_L f(x,y)\mathrm{d}s$，即

$$\int_L f(x,y)\mathrm{d}s=\lim_{\lambda\to 0}\sum_{i=1}^{n}f(\xi_i,\eta_i)\Delta s_i,$$

其中$f(x,y)$叫做**被积函数**，L叫做**积分弧段**.

在10.1.2节中我们将看到，当$f(x,y)$在光滑曲线弧L上连续时，对弧长的曲线积分$\int_L f(x,y)\mathrm{d}s$是存在的.以后我们总假定$f(x,y)$在L上是连续的.

根据这个定义，前述曲线形构件的质量M当线密度$\mu(x,y)$在L上连续时，就等于$\mu(x,y)$对弧长的曲线积分，即

$$M=\int_L \mu(x,y)\mathrm{d}s.$$

上述定义可以类似地推广到积分弧段为空间曲线弧Γ的情形，即函数$f(x,y,z)$在曲线弧Γ上对弧长的曲线积分

$$\int_\Gamma f(x,y,z)\mathrm{d}s=\lim_{\lambda\to 0}\sum_{i=1}^{n}f(\xi_i,\eta_i,\zeta_i)\Delta s_i.$$

当被积函数$f(x,y)\equiv 1$时，曲线积分$\int_L f(x,y)\mathrm{d}s=\int_L \mathrm{d}s$在数值上等于曲线$L$的长度.

如果L是闭曲线，那么函数$f(x,y)$在L上对弧长的曲线积分记为

$$\oint_L f(x,y)\mathrm{d}s.$$

由对弧长的曲线积分的定义可知，它有如下性质.

性质 1 设 α、β 为常数，则

$$\int_L [\alpha f(x,y)+\beta g(x,y)]\mathrm{d}s=\alpha\int_L f(x,y)\mathrm{d}s+\beta\int_L g(x,y)\mathrm{d}s.$$

性质 2 若积分弧段 L 分成两段光滑曲线弧 L_1 和 L_2，则

$$\int_L f(x,y)\mathrm{d}s=\int_{L_1} f(x,y)\mathrm{d}s+\int_{L_2} f(x,y)\mathrm{d}s.$$

性质 3 设在 L 上 $f(x,y)\leqslant g(x,y)$，则

$$\int_L f(x,y)\mathrm{d}s\leqslant\int_L g(x,y)\mathrm{d}s.$$

特别地，有 $\left|\int_L f(x,y)\mathrm{d}s\right|\leqslant\int_L |f(x,y)|\mathrm{d}s.$

10.1.2 对弧长的曲线积分的计算法

定理 设 $f(x,y)$ 在曲线弧 L 上有定义且连续，L 的参数方程为

$$\begin{cases}x=\varphi(t)\\ y=\psi(t)\end{cases}\quad(\alpha\leqslant t\leqslant\beta),$$

其中 $\varphi(t)$、$\psi(t)$ 在 $[\alpha,\beta]$ 上具有一阶连续导数，且 $\varphi'^2(t)+\psi'^2(t)\neq 0$，则曲线积分 $\int_L f(x,y)\mathrm{d}s$ 存在，且

$$\int_L f(x,y)\mathrm{d}s=\int_\alpha^\beta f[\varphi(t),\psi(t)]\sqrt{\varphi'^2(t)+\psi'^2(t)}\,\mathrm{d}t\quad(\alpha<\beta).\tag{1}$$

证 假定当参数 t 由 α 变至 β 时，L 上的点 $M(x,y)$ 依点 A 至点 B 的方向描出曲线 L. 在 L 上取一列点

$$A=M_0,M_1,M_2,\cdots,M_{n-1},M_n=B,$$

它们对应于一列单调增加的参数值

$$\alpha=t_0<t_1<t_2<\cdots<t_{n-1}<t_n=\beta.$$

根据对弧长的曲线积分的定义，有

$$\int_L f(x,y)\mathrm{d}s=\lim_{\lambda\to 0}\sum_{i=1}^n f(\xi_i,\eta_i)\Delta s_i.$$

设点 (ξ_i,η_i) 对应于参数值 τ_i，即 $\xi_i=\varphi(\tau_i)$、$\eta_i=\psi(\tau_i)$，这里 $t_{i-1}\leqslant\tau_i\leqslant t_i$. 由于

$$\Delta s_i=\int_{t_{i-1}}^{t_i}\sqrt{\varphi'^2(t)+\psi'^2(t)}\,\mathrm{d}t,$$

应用积分中值定理，有

$$\Delta s_i=\sqrt{\varphi'^2(\tau'_i)+\psi'^2(\tau'_i)}\,\Delta t_i,$$

其中 $\Delta t_i=t_i-t_{i-1}$，$t_{i-1}\leqslant\tau'_i\leqslant t_i$. 于是

$$\int_L f(x,y)\mathrm{d}s=\lim_{\lambda\to 0}\sum_{i=1}^{n} f[\varphi(\tau_i),\psi(\tau_i)]\sqrt{\varphi'^2(\tau'_i)+\psi'^2(\tau'_i)}\Delta t_i.$$

由于函数$\sqrt{\varphi'^2(t)+\psi'^2(t)}$在闭区间$[\alpha,\beta]$上连续，我们可以把上式中的$\tau'_i$换成$\tau_i$，从而

$$\int_L f(x,y)\mathrm{d}s=\lim_{\lambda\to 0}\sum_{i=1}^{n} f[\varphi(\tau_i),\psi(\tau_i)]\sqrt{\varphi'^2(\tau_i)+\psi'^2(\tau_i)}\Delta t_i.$$

上式右端的和的极限，就是函数$f[\varphi(t),\psi(t)]\sqrt{\varphi'^2(t)+\psi'^2(t)}$在区间$[\alpha,\beta]$上的定积分，由于这个函数在$[\alpha,\beta]$上连续，所以这个定积分是存在的，因此上式左端的曲线积分$\int_L f(x,y)\mathrm{d}s$也存在，并且有

$$\int_L f(x,y)\mathrm{d}s=\int_\alpha^\beta f[\varphi(t),\psi(t)]\sqrt{\varphi'^2(t)+\psi'^2(t)}\mathrm{d}t\quad(\alpha<\beta).$$

公式(1)表明，计算对弧长的曲线积分$\int_L f(x,y)\mathrm{d}s$时，只要把x、y、$\mathrm{d}s$依次换为$\varphi(t)$、$\psi(t)$、$\sqrt{\varphi'^2(t)+\psi'^2(t)}\mathrm{d}t$，然后从$\alpha$到$\beta$作定积分就行了，这里必须**注意，定积分的下限$\alpha$一定要小于上限$\beta$.** 这是因为，从上述推导中可以看出，由于小弧段的长度Δs_i总是正的，从而$\Delta t_i>0$，所以定积分的下限α一定小于上限β.

如果曲线L由方程

$$y=\psi(x)\qquad(x_0\leqslant x\leqslant X)$$

给出，那么可以把这种情形看作是特殊的参数方程

$$x=t,y=\psi(t)\qquad(x_0\leqslant t\leqslant X)$$

的情形，从而由公式(1)得出

$$\int_L f(x,y)\mathrm{d}s=\int_{x_0}^{X} f[x,\psi(x)]\sqrt{1+\psi'^2(x)}\mathrm{d}x\quad(x_0<X).\tag{2}$$

类似地，如果曲线L由方程

$$x=\varphi(y)\qquad(y_0\leqslant y\leqslant Y)$$

给出，则有

$$\int_L f(x,y)\mathrm{d}s=\int_{y_0}^{Y} f[\varphi(y),y]\sqrt{1+\varphi'^2(y)}\mathrm{d}y\quad(y_0<Y).\tag{3}$$

公式(1)可推广到空间曲线弧Γ由参数方程

$$x=\varphi(t),y=\psi(t),z=\omega(t)\quad(\alpha\leqslant t\leqslant\beta)$$

给出的情形，这样就有

$$\int_\Gamma f(x,y,z)\mathrm{d}s=\int_\alpha^\beta f[\varphi(t),\psi(t),\omega(t)]\sqrt{\varphi'^2(t)+\psi'^2(t)+\omega'^2(t)}\mathrm{d}t$$
$$(\alpha<\beta).\tag{4}$$

例1 求$\int_L x\mathrm{d}s$，其中L是$y=x^2$上从原点到$B(1,1)$之间的一段弧（图10

−2).

解　由于 L 由方程

$$y=x^2 \quad (0\leqslant x\leqslant 1)$$

给出,因此

$$\int_L x\,\mathrm{d}s=\int_0^1 x\cdot\sqrt{1+4x^2}\,\mathrm{d}x=\left[\frac{1}{12}(1+4x^2)^{\frac{3}{2}}\right]_0^1$$

$$=\frac{1}{12}(5\sqrt{5}-1).$$

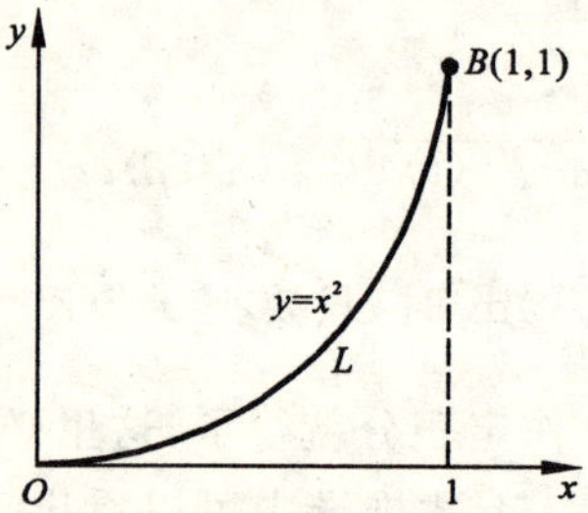

图 10－2

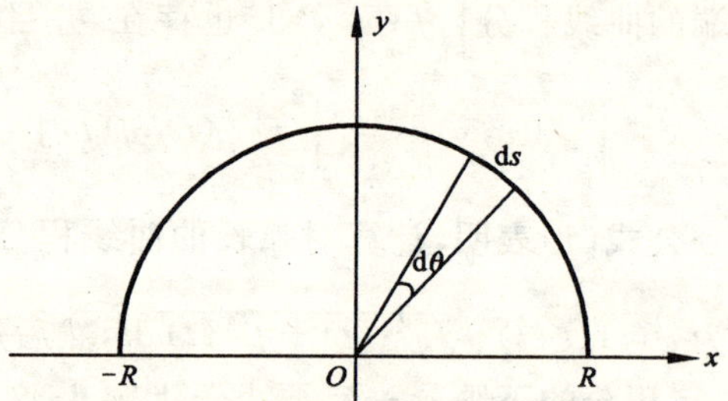

图 10－3

例 2　计算 $\int_L (x+y)\mathrm{d}s$,其中 L 是 $x^2+y^2=R^2$ 的上半圆周(图 10－3).

解　由于 L 的参数方程为

$$x=R\cos\theta,y=R\sin\theta \quad (0\leqslant\theta\leqslant\pi),$$

因此
$$\mathrm{d}s=\sqrt{(-R\sin\theta)^2+(R\cos\theta)^2}\,\mathrm{d}\theta=R\mathrm{d}\theta.$$

所以
$$\int_L (x+y)\mathrm{d}s=\int_0^\pi (R\cos\theta+R\sin\theta)R\mathrm{d}\theta$$

$$=R^2[\sin\theta-\cos\theta]_0^\pi=2R^2.$$

例 3　计算 $\int_\Gamma (x^2+y^2+z^2)\mathrm{d}s$,其中 Γ 为螺旋线 $x=a\cos t$、$y=a\sin t$、$z=bt$ 上相应于 t 从 0 到 2π 的一段弧.

解　$\int_\Gamma (x^2+y^2+z^2)\mathrm{d}s$

$$=\int_0^{2\pi}[(a\cos t)^2+(a\sin t)^2+(bt)^2]\sqrt{(-a\sin t)^2+(a\cos t)^2+b^2}\,\mathrm{d}t$$

$$=\int_0^{2\pi}(a^2+b^2t^2)\sqrt{a^2+b^2}\,\mathrm{d}t=\sqrt{a^2+b^2}\left[a^2t+\frac{b^2}{3}t^3\right]_0^{2\pi}$$

$$=\frac{2}{3}\pi\sqrt{a^2+b^2}(3a^2+4\pi^2b^2).$$

习题 10－1

1. 计算下列第一类曲线积分：

(1) $\oint_L (x^2+y^2)^n \mathrm{d}s$，其中 L 为圆周 $x^2+y^2=a^2$；

(2) $\int_L \sqrt{y}\,\mathrm{d}s$，其中 L 是抛物线 $y=x^2$ 上由原点 $(0,0)$ 到点 $(1,1)$ 之间的一段弧；

(3) $\oint_L x\,\mathrm{d}s$，其中 L 为由直线 $y=x$ 及抛物线 $y=x^2$ 所围成的区域的整个边界；

(4) $\int_L \mathrm{e}^{x+y}\mathrm{d}s$，其中 L 是以 $O(0,0)$，$A(\pi,0)$，$B(0,\pi)$ 为顶点的三角形的整个边界；

(5) $\oint_L \mathrm{e}^{\sqrt{x^2+y^2}}\mathrm{d}s$，其中 L 为圆周 $x^2+y^2=a^2$，直线 $y=x$ 及 x 轴在第一象限内所围成的扇形的整个边界；

(6) $\int_\Gamma xyz\,\mathrm{d}s$，其中曲线 Γ 的参数方程为

$$x=t, y=\frac{2}{3}\sqrt{2}t^{\frac{3}{2}}, z=\frac{1}{2}t^2 \quad (0\leqslant t\leqslant 1);$$

(7) $\int_\Gamma (x^2+y^2+z^2)\mathrm{d}s$，其中 Γ 是点 $A(1,-1,2)$ 到点 $B(2,1,3)$ 的直线段.

2. 求下列空间曲线的弧长.

(1) 曲线 $x=3t, y=3t^2, z=2t^2$ 上从点 $O(0,0,0)$ 到点 $A(3,3,2)$ 的一段弧；

(2) 曲线 $x=\mathrm{e}^{-t}\cos t, y=\mathrm{e}^{-t}\sin t, z=\mathrm{e}^{-t} \quad (0\leqslant t<+\infty)$.

3. 曲线 $y=\ln x$ 的线密度 $\mu(x,y)=x^2$，试求曲线在 $x=\sqrt{3}$ 到 $x=\sqrt{15}$ 之间的质量.

4. 设 L 是星形线 $x^{\frac{2}{3}}+y^{\frac{2}{3}}=a^{\frac{2}{3}}$ 位于第一象限的部分，求：

(1) L 的形心坐标；

(2) 当线密度 $\mu=1$ 时绕 x 轴和 y 轴转动的转动惯量.

10.2 对坐标的曲线积分

10.2.1 对坐标的曲线积分的概念与性质

引例 变力沿曲线所作的功

设物体在变力(也叫平面力场)

$$\boldsymbol{F}=\boldsymbol{F}(x,y)=P(x,y)\boldsymbol{i}+Q(x,y)\boldsymbol{j}$$

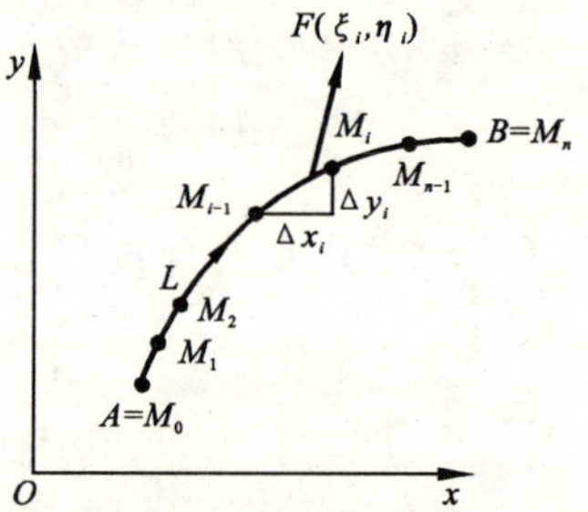

图 10-4

作用下,沿平面光滑曲线 L 从点 A 移动到点 B(图 10-4),其中 $P(x,y)$,$Q(x,y)$ 是 L 上的连续函数,求变力 $\boldsymbol{F}$ 所作的功.

先看简单的情形:物体在常力 $\boldsymbol{F}$ 作用下作直线运动,产生位移$\boldsymbol{AB}$,求常力 $\boldsymbol{F}$ 所作的功.

在第 7 章中已经指出所求功 W 等于向量 $\boldsymbol{F}$ 与向量$\boldsymbol{AB}$的数量积,即

$$W=\boldsymbol{F}\cdot\boldsymbol{AB}.$$

现在面临的问题是:质点所受的力 $\boldsymbol{F}$ 是变力(大小和方向都改变),且位移是有方向的曲线段$\overset{\frown}{AB}$,因此不能用上述公式求解.然而 10.1 节中用来处理构件质量问题的方法,原则上也适用于目前的问题.

第一步,分割:用曲线弧 L 上的点 $M_1(x_1,y_1)$,$M_2(x_2,y_2)$,…,$M_{n-1}(x_{n-1},y_{n-1})$把 L 分成 n 个小弧段,并记点 A 为 $M_0(x_0,y_0)$,点 B 为 $M_n(x_n,y_n)$(图 10-4).

第二步,近似:取其中一个有向小弧段$\overset{\frown}{M_{i-1}M_i}$来分析,由于$\overset{\frown}{M_{i-1}M_i}$光滑而且很短,可以用有向线段

$$\boldsymbol{M}_{i-1}\boldsymbol{M}_i=(\Delta x_i)\boldsymbol{i}+(\Delta y_i)\boldsymbol{j}$$

来近似代替它,其中 $\Delta x_i=x_i-x_{i-1}$,$\Delta y_i=y_i-y_{i-1}$. 又由于函数 $P(x,y)$、$Q(x,y)$ 在 L 上连续,可以用$\overset{\frown}{M_{i-1}M_i}$ 上任意取定的一点(ξ_i,η_i) 处的力

$$\boldsymbol{F}(\xi_i,\eta_i)=P(\xi_i,\eta_i)\boldsymbol{i}+Q(\xi_i,\eta_i)\boldsymbol{j}$$

来近似代替这段小弧段上各点处的力. 这样,变力 $\boldsymbol{F}(x,y)$沿有向小弧段$\overset{\frown}{M_{i-1}M_i}$所作的功 ΔW_i 可认为近似地等于常力 $\boldsymbol{F}(\xi_i,\eta_i)$沿$\boldsymbol{M}_{i-1}\boldsymbol{M}_i$所作的功:

$$\Delta W_i\approx\boldsymbol{F}(\xi_i,\eta_i)\cdot\boldsymbol{M}_{i-1}\boldsymbol{M}_i$$

即 $$\Delta W_i \approx P(\xi_i,\eta_i)\Delta x_i + Q(\xi_i,\eta_i)\Delta y_i.$$

第三步,求和:将上述 n 个小弧段上力所作的功的近似值求和,就得到变力 $\boldsymbol{F}$ 所作的功的近似值,即

$$W = \sum_{i=1}^{n}\Delta W_i \approx \sum_{i=1}^{n}[P(\xi_i,\eta_i)\Delta x_i + Q(\xi_i,\eta_i)\Delta y_i].$$

第四步,取极限:用 λ 表示 n 个小弧段的最大长度,令 $\lambda\to 0$ 取上述和的极限,所得到的极限自然地被认作变力 $\boldsymbol{F}$ 沿有向曲线弧所作的功,即

$$W = \lim_{\lambda\to 0}\sum_{i=1}^{n}[P(\xi_i,\eta_i)\Delta x_i + Q(\xi_i,\eta_i)\Delta y_i].$$

这种和的极限在研究其他问题时也会遇到,现在引进下面的定义.

定义 设 L 为 xOy 面内从点 A 到点 B 的一条有向光滑曲线弧,函数 $P(x,y)$、$Q(x,y)$ 在 L 上有界. 在 L 上沿 L 的方向任意插入一点列 $M_1(x_1,y_1)$, $M_2(x_2,y_2)$, $\cdots$, $M_{n-1}(x_{n-1},y_{n-1})$ 把 L 分成 n 个有向小弧段

$$\overset{\frown}{M_{i-1}M_i}\quad (i=1,2,\cdots,n;M_0=A,M_n=B).$$

设 $\Delta x_i = x_i - x_{i-1}$, $\Delta y_i = y_i - y_{i-1}$, 点 (ξ_i,η_i) 为 $\overset{\frown}{M_{i-1}M_i}$ 上任意取定的点. 如果当各小弧段长度的最大值 $\lambda\to 0$ 时, $\sum\limits_{i=1}^{n}P(\xi_i,\eta_i)\Delta x_i$ 的极限总存在,则称此极限为函数 $P(x,y)$ 在有向曲线弧 L 上**对坐标 x 的曲线积分**,记作 $\int_L P(x,y)\mathrm{d}x$. 类似地,如果 $\lim\limits_{\lambda\to 0}\sum\limits_{i=1}^{n}Q(\xi_i,\eta_i)\Delta y_i$ 总存在,则称此极限为函数 $Q(x,y)$ 在有向曲线弧 L 上**对坐标 y 的曲线积分**,记作 $\int_L Q(x,y)\mathrm{d}y$. 即

$$\int_L P(x,y)\mathrm{d}x = \lim_{\lambda\to 0}\sum_{i=1}^{n}P(\xi_i,\eta_i)\Delta x_i,$$

$$\int_L Q(x,y)\mathrm{d}y = \lim_{\lambda\to 0}\sum_{i=1}^{n}Q(\xi_i,\eta_i)\Delta y_i,$$

其中 $P(x,y)$、$Q(x,y)$ 叫做**被积函数**, L 叫做**积分弧段**.

以上两个积分也称为**第二类曲线积分**.

在 10.2.2 节中我们将看到,当 $P(x,y)$、$Q(x,y)$ 在有向光滑曲线弧 L 上连续时,对坐标的曲线积分 $\int_L P(x,y)\mathrm{d}x$ 及 $\int_L Q(x,y)\mathrm{d}y$ 都存在. 以后我们总假定 $P(x,y)$、$Q(x,y)$ 在 L 上连续.

应用上经常出现的是

$$\int_L P(x,y)\mathrm{d}x + \int_L Q(x,y)\mathrm{d}y,$$

为简便起见，把上式写成

$$\int_L P(x,y)\mathrm{d}x+Q(x,y)\mathrm{d}y.$$

上述定义可以类似地推广到积分弧段为空间有向曲线弧 Γ 的情形：

$$\int_\Gamma P(x,y,z)\mathrm{d}x=\lim_{\lambda\to 0}\sum_{i=1}^{n}P(\xi_i,\eta_i,\zeta_i)\Delta x_i,$$

$$\int_\Gamma Q(x,y,z)\mathrm{d}y=\lim_{\lambda\to 0}\sum_{i=1}^{n}Q(\xi_i,\eta_i,\zeta_i)\Delta y_i,$$

$$\int_\Gamma R(x,y,z)\mathrm{d}z=\lim_{\lambda\to 0}\sum_{i=1}^{n}R(\xi_i,\eta_i,\zeta_i)\Delta z_i.$$

类似地把

$$\int_\Gamma P(x,y,z)\mathrm{d}x+\int_\Gamma Q(x,y,z)\mathrm{d}y+\int_\Gamma R(x,y,z)\mathrm{d}z$$

简写成

$$\int_\Gamma P(x,y,z)\mathrm{d}x+Q(x,y,z)\mathrm{d}y+R(x,y,z)\mathrm{d}z.$$

根据上述曲线积分的定义，可以导出对坐标的曲线积分的一些性质.

性质 1 设 α、β 为常数，则

$$\int_L[\alpha P_1(x,y)+\beta P_2(x,y)]\mathrm{d}x=\alpha\int_L P_1(x,y)\mathrm{d}x+\beta\int_L P_2(x,y)\mathrm{d}x,$$

$$\int_L[\alpha Q_1(x,y)+\beta Q_2(x,y)]\mathrm{d}y=\alpha\int_L Q_1(x,y)\mathrm{d}y+\beta\int_L Q_2(x,y)\mathrm{d}y.$$

性质 2 若有向曲线弧 L 可分成两段光滑的有向曲线弧 L_1 和 L_2，则

$$\int_L P\mathrm{d}x+Q\mathrm{d}y=\int_{L_1}P\mathrm{d}x+Q\mathrm{d}y+\int_{L_2}P\mathrm{d}x+Q\mathrm{d}y. \tag{1}$$

上式(1)可以推广到 L 分成 $L_1,L_2,\cdots,L_n$，n 部分的情形.

性质 3 设 L 是有向曲线弧，L^- 是与 L 方向相反的有向曲线弧，则

$$\int_{L^-}P(x,y)\mathrm{d}x=-\int_L P(x,y)\mathrm{d}x,$$

$$\int_{L^-}Q(x,y)\mathrm{d}y=-\int_L Q(x,y)\mathrm{d}y. \tag{2}$$

证 把 L 分成 n 小段，相应地 L^- 也分成 n 小段. 对每一个小弧段来说，当曲线弧的方向改变时，有向弧段在坐标轴上的投影的绝对值不变但要改变符号，因此(2)式成立.

性质 3 表明，当积分弧段的方向改变时，对坐标的曲线积分要改变符号. 因此关于对坐标的曲线积分，我们必须注意积分弧段的方向.

10.2.2 对坐标的曲线积分的计算法

设 $P(x,y)$、$Q(x,y)$ 在有向曲线弧 L 上有定义且连续，L 的参数方程为

$$\begin{cases} x=\varphi(t), \\ y=\psi(t), \end{cases}$$

当参数 t 单调地由 α 变到 β 时，点 $M(x,y)$ 从 L 的起点 A 沿 L 运动到终点 B，$\varphi(t)$、$\psi(t)$ 在以 α 及 β 为端点的闭区间上具有一阶连续导数，且 $\varphi'^2(t)+\psi'^2(t)\neq 0$，则通过和式的极限，用与推导对弧长的曲线积分计算公式类似的方法，可以证明对坐标的曲线积分 $\int_L P(x,y)\mathrm{d}x+Q(x,y)\mathrm{d}y$ 存在，且

$$\begin{aligned} &\int_L P(x,y)\mathrm{d}x+Q(x,y)\mathrm{d}y \\ &=\int_\alpha^\beta \{P[\varphi(t),\psi(t)]\varphi'(t)+Q[\varphi(t),\psi(t)]\psi'(t)\}\mathrm{d}t. \end{aligned} \tag{3}$$

(3)式表明，计算对坐标的曲线积分

$$\int_L P(x,y)\mathrm{d}x+Q(x,y)\mathrm{d}y$$

时，只要把 x、y、$\mathrm{d}x$、$\mathrm{d}y$ 依次换为 $\varphi(t)$、$\psi(t)$、$\varphi'(t)\mathrm{d}t$、$\psi'(t)\mathrm{d}t$，然后从 L 的起点所对应的参数值 α 到 L 的终点所对应的参数值 β 作定积分就行了，这里必须注意，下限 α 对应于 L 的起点，上限 β 对应于 L 的终点，α 不一定小于 β.

如果 L 由方程 $y=\psi(x)$ 或 $x=\varphi(y)$ 给出时，可以看作参数方程的特殊情形，例如，当 L 由 $y=\psi(x)$ 给出时，公式(3)成为

$$\int_L P(x,y)\mathrm{d}x+Q(x,y)\mathrm{d}y=\int_a^b \{P[x,\psi(x)]+Q[x,\psi(x)]\psi'(x)\}\mathrm{d}x,$$

这里下限 a 对应 L 的起点，上限 b 对应 L 的终点.

公式(3)可推广到空间曲线 Γ 由参数方程

$$x=\varphi(t),y=\psi(t),z=\omega(t)$$

给出的情形，即

$$\begin{aligned} &\int_\Gamma P(x,y,z)\mathrm{d}x+Q(x,y,z)\mathrm{d}y+R(x,y,z)\mathrm{d}z \\ &=\int_\alpha^\beta \{P[\varphi(t),\psi(t),\omega(t)]\varphi'(t)+Q[\varphi(t),\psi(t),\omega(t)]\psi'(t)+ \\ &\quad R[\varphi(t),\psi(t),\omega(t)]\omega'(t)\}\mathrm{d}t, \end{aligned}$$

这里下限 α 对应 Γ 的起点，上限 β 对应 Γ 的终点.

例 1 计算 $\int_L xy\mathrm{d}y$，其中 L 为抛物线 $y=x^2$ 上从点 $A(-1,1)$ 到点 $B(1,1)$ 的一段弧(图 10－5).

解法 1 选 x 为参数，将所给积分化为对 x 的定积分来计算. 曲线 L：$y=x^2$，x 从 -1 变到 1，所以

$$\int_L xy\mathrm{d}y=\int_{-1}^1 xx^2(x^2)'\mathrm{d}x=2\int_{-1}^1 x^4\mathrm{d}x$$

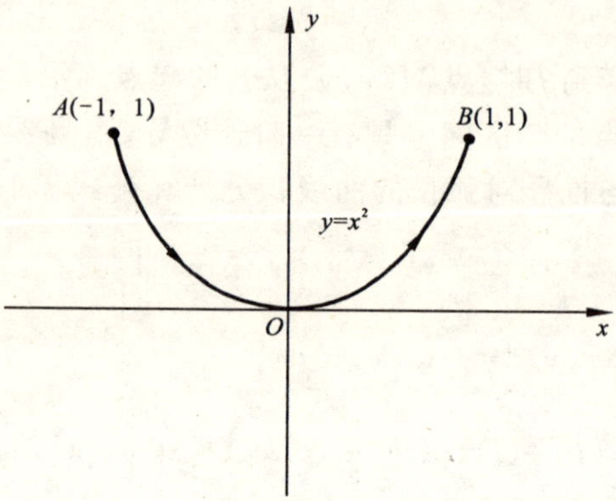

图 10-5

$$= 4\int_0^1 x^4 \mathrm{d}x = \frac{4}{5}.$$

解法 2　选 y 为参数，将所给积分化为对 y 的积分来计算. 由于 $x=\pm\sqrt{y}$ 不是单值函数，所以要分段计算.

把 L 分为 $\widehat{AO}$ 和 $\widehat{OB}$ 两段. $\widehat{AO}$ 的方程 $x=-\sqrt{y}$，y 从 1 变到 0；$\widehat{OB}$ 的方程 $x=\sqrt{y}$，y 从 0 变到 1. 所以

$$\int_L xy\mathrm{d}y = \int_{\widehat{AO}} xy\mathrm{d}y + \int_{\widehat{OB}} xy\mathrm{d}y$$

$$= \int_1^0 (-\sqrt{y})y\mathrm{d}y + \int_0^1 \sqrt{y}y\mathrm{d}y = 2\int_0^1 y^{\frac{3}{2}}\mathrm{d}y = \frac{4}{5}.$$

例 2　计算 $\int_L y^2\mathrm{d}x$，其中 L 为（图 10-6）：

（1）半径为 a，圆心为原点，按逆时针方向绕行的上半圆周；

（2）从点 $A(a,0)$ 沿 x 轴到点 $B(-a,0)$ 的直线段.

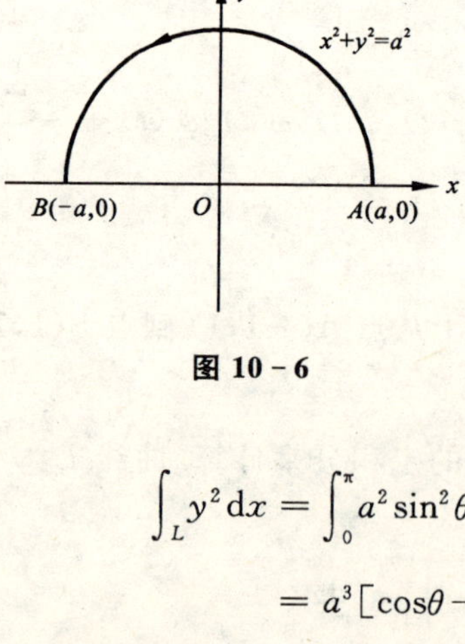

图 10-6

解　（1）L 的参数方程由

$$x=a\cos\theta, y=a\sin\theta$$

给出，参数 θ 从 0 变到 π. 因此

$$\int_L y^2\mathrm{d}x = \int_0^\pi a^2\sin^2\theta(-a\sin\theta)\mathrm{d}\theta = a^3\int_0^\pi (1-\cos^2\theta)\mathrm{d}\cos\theta$$

$$= a^3\left[\cos\theta - \frac{1}{3}\cos^3\theta\right]_0^\pi = -\frac{4}{3}a^3.$$

(2)现在,L 的方程为 $y=0$,x 从 a 变到 $-a$. 所以

$$\int_L y^2\mathrm{d}x=\int_a^{-a}0\mathrm{d}x=0.$$

从例 2 看出,虽然两个曲线积分的被积函数相同,起点和终点也相同,但沿不同路径得出的值并不相等.

例 3 计算 $\int_L y\mathrm{d}x+x\mathrm{d}y$,其中 L 为(图 10-7):

(1)圆弧 $x^2+y^2=a^2(a>0)$ 上由点 $A(a,0)$ 到点 $B(0,a)$ 的一段弧;

(2)从点 A 到点 B 的直线段 AB;

(3)由点 $A(a,0)$ 到点 $O(0,0)$,再由点 $O(0,0)$ 到点 $B(0,a)$ 的折线段.

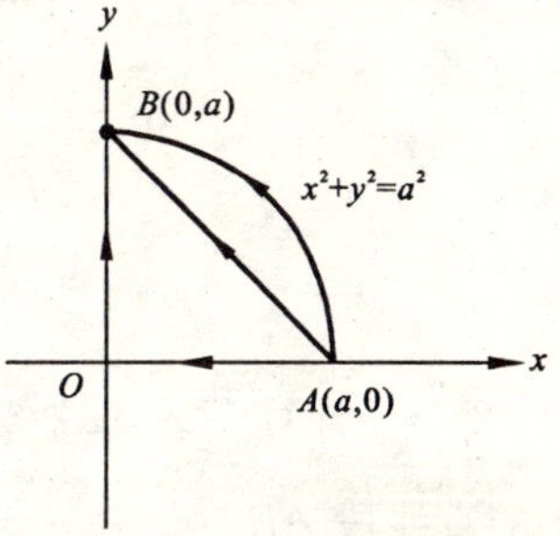

图 10-7

解 (1)圆弧 $\widehat{AB}$ 的参数方程是 $x=a\cos\theta$,$y=a\sin\theta$,θ 从 0 变化到 $\frac{\pi}{2}$,因此

$$\int_L y\mathrm{d}x+x\mathrm{d}y=\int_0^{\frac{\pi}{2}}[a\sin\theta(-a\sin\theta)+a\cos\theta\cdot a\cos\theta]\mathrm{d}\theta$$

$$=a^2\int_0^{\frac{\pi}{2}}(\cos^2\theta-\sin^2\theta)\mathrm{d}\theta=a^2\int_0^{\frac{\pi}{2}}\cos2\theta\mathrm{d}\theta=0.$$

(2)直线段 AB 的方程为 $y=a-x$,x 从 a 变化到 0,因此,

$$\int_L y\mathrm{d}x+x\mathrm{d}y=\int_a^0[(a-x)+x(-1)]\mathrm{d}x=\int_a^0(a-2x)\mathrm{d}x=0.$$

(3)直线段 AO 的方程为 $y=0$,x 从 a 变到 0;直线段 OB 的方程为 $x=0$,y 从 0 变化到 a,并注意到在 AO 上,$\mathrm{d}y=0$;在 OB 上,$\mathrm{d}x=0$. 因此,有

$$\int_L y\mathrm{d}x+x\mathrm{d}y=\int_{AO}y\mathrm{d}x+x\mathrm{d}y+\int_{OB}y\mathrm{d}x+x\mathrm{d}y$$

$$=\int_{AO}y\mathrm{d}x+\int_{OB}x\mathrm{d}y=\int_a^0 0\mathrm{d}x+\int_0^a 0\mathrm{d}y=0.$$

从例 3 可以看出,虽然沿不同路径,曲线积分的值可以相等.

例 4 设质点 $M(x,y)$ 受力 $\boldsymbol{F}(x,y)$ 作用,沿椭圆 $\frac{x^2}{a^2}+\frac{y^2}{b^2}=1$ 按逆时针方向,从 $A(a,0)$ 到 $B(0,b)$,求力 $\boldsymbol{F}$ 对质点所做的功,其中 $\boldsymbol{F}$ 的大小与点 M 到原点的距离成正比,$\boldsymbol{F}$ 的方向恒指向原点.

解 $\boldsymbol{OM}=x\boldsymbol{i}+y\boldsymbol{j}$,$|\boldsymbol{OM}|=\sqrt{x^2+y^2}$,由已知有

$$\boldsymbol{F}=-k(x\boldsymbol{i}+y\boldsymbol{j}),\text{其中 } k>0 \text{ 是比例常数}$$

于是,所做的功为

$$W=\int_{\widehat{AB}}-kx\,\mathrm{d}x-ky\,\mathrm{d}y=-k\int_{\widehat{AB}}x\,\mathrm{d}x+y\,\mathrm{d}y.$$

椭圆的参数方程为：

$$\begin{cases}x=a\cos\theta,\\ y=b\sin\theta.\end{cases}$$

由于起点 A 对应 $\theta=0$，终点 B 对应 $\theta=\frac{\pi}{2}$，于是

$$\begin{aligned}W&=-k\int_0^{\frac{\pi}{2}}(-a^2\cos\theta\sin\theta+b^2\sin\theta\cos\theta)\mathrm{d}\theta\\&=k(a^2-b^2)\int_0^{\frac{\pi}{2}}\sin\theta\cos\theta\mathrm{d}\theta=\frac{k}{2}(a^2-b^2).\end{aligned}$$

例 5 计算 $\int_\Gamma x^3\mathrm{d}x+3zy^2\mathrm{d}y-x^2y\mathrm{d}z$，其中 Γ 是从点 $A(3,2,1)$ 到点 $B(0,0,0)$ 的直线段 AB.

解 直线段 AB 的方程是

$$\frac{x}{3}=\frac{y}{2}=\frac{z}{1},$$

化为参数方程得

$$x=3t,y=2t,z=t,t\text{ 从 }1\text{ 变到 }0.$$

因此

$$\begin{aligned}&\int_\Gamma x^3\mathrm{d}x+3zy^2\mathrm{d}y-x^2y\mathrm{d}z\\&=\int_1^0[(3t)^3\cdot 3+3t\cdot(2t)^2\cdot 2-(3t)^2\cdot 2t]\mathrm{d}t\\&=87\int_1^0 t^3\mathrm{d}t=-\frac{87}{4}.\end{aligned}$$

10.2.3* 两类曲线积分之间的联系

利用两种曲线积分的计算法，可以推出两类曲线积分有如下关系：记平面上有向曲线 L 的起点为 A，终点为 B，即 $L=\widehat{AB}$，则

$$\int_L P\mathrm{d}x+Q\mathrm{d}y=\int_L(P\cos\alpha+Q\cos\beta)\mathrm{d}s,$$

其中 $\alpha(x,y)$、$\beta(x,y)$ 为有向曲线 L 在点 (x,y) 处的切向量的方向角.

事实上，若 M 是曲线 L 上的动点，取弧长 $\widehat{AM}=s$ 作参数，并设 L 的长度为 l，则曲线的参数方程为

$$\begin{cases}x=x(s)\\ y=y(s)\end{cases}\quad(0\leqslant s\leqslant l).$$

由对坐标的曲线积分的计算法，得

$$\int_L P(x,y)\mathrm{d}x + Q(x,y)\mathrm{d}y = \int_0^l \left\{P[x(s),y(s)]\frac{\mathrm{d}x}{\mathrm{d}s} + Q[x(s),y(s)]\frac{\mathrm{d}y}{\mathrm{d}s}\right\}\mathrm{d}s$$

$$= \int_0^l \{P[x(s),y(s)]\cos\alpha + Q[x(s),y(s)]\cos\beta\}\mathrm{d}s, \quad (4)$$

其中$\frac{\mathrm{d}x}{\mathrm{d}s}=\cos\alpha$，$\frac{\mathrm{d}y}{\mathrm{d}s}=\cos\beta$是曲线$L$在点$(x,y)$处的切线的方向余弦（这里我们假定曲线切线的方向是弧长增加的方向）.

又由对弧长的曲线积分的计算法，得

$$\int_L [P(x,y)\cos\alpha + Q(x,y)\cos\beta]\mathrm{d}s$$

$$= \int_0^l \{P[x(s),y(s)]\cos\alpha + Q[x(s),y(s)]\cos\beta\}\mathrm{d}s. \quad (5)$$

比较(4)式和(5)式，则得

$$\int_L P\mathrm{d}x + Q\mathrm{d}y = \int_L (P\cos\alpha + Q\cos\beta)\mathrm{d}s.$$

类似地可得，空间曲线Γ上的两类曲线积分之间有如下联系：

$$\int_\Gamma P\mathrm{d}x + Q\mathrm{d}y + R\mathrm{d}z = \int_\Gamma (P\cos\alpha + Q\cos\beta + R\cos\gamma)\mathrm{d}s$$

其中$\alpha(x,y,z)$、$\beta(x,y,z)$、$\gamma(x,y,z)$为有向曲线Γ在点(x,y,z)处的切向量的方向角.

习题 10－2

1. 设L为xOy面内直线$x=a$上的一段，证明：

$$\int_L P(x,y)\mathrm{d}x = 0.$$

2. 设L为xOy面内x轴上从点$(a,0)$到点$(b,0)$的一段直线，证明：

$$\int_L P(x,y)\mathrm{d}x = \int_a^b P(x,0)\mathrm{d}x.$$

3. 计算下列对坐标的曲线积分：

(1) $\int_L y\mathrm{d}x + x\mathrm{d}y$，其中$L$为圆周$x = R\cos t, y = R\sin t$上由$t_1 = 0$到$t_2 = \frac{\pi}{4}$的一段弧；

(2) $\int_L (x^2 - y^2)\mathrm{d}x$，其中$L$是抛物线$y = x^2$上从点$(0,0)$到点$(2,4)$的一段弧；

(3) $\oint_L xy\mathrm{d}x$，其中L为圆周$(x-a)^2 + y^2 = a^2 (a > 0)$及$x$轴所围成的在第

一象限内的区域的整个边界(按逆时针方向绕行);

(4)$\oint_L \frac{(x+y)\mathrm{d}x-(x-y)\mathrm{d}y}{x^2+y^2}$,其中 L 为圆周 $x^2+y^2=a^2$(按逆时针方向绕行);

(5)$\int_L (1+2xy)\mathrm{d}x+x^2\mathrm{d}y$,其中 L 为从点 $(1,0)$ 到点 $(-1,0)$ 的上半椭圆周 $x^2+2y^2=1(y\geqslant 0)$;

(6)$\int_\Gamma x^2\mathrm{d}x+z\mathrm{d}y-y\mathrm{d}z$,其中 Γ 为曲线 $x=k\theta,y=a\cos\theta,z=a\sin\theta$ 上对应 θ 从 0 到 π 的一段弧;

(7)$\int_\Gamma x\mathrm{d}x+y\mathrm{d}y+(x+y-1)\mathrm{d}z$,其中 Γ 是从点 $(1,1,1)$ 到点 $(2,3,4)$ 的一段直线;

(8)$\oint_\Gamma \mathrm{d}x-\mathrm{d}y+y\mathrm{d}z$,其中 Γ 为有向闭折线 $ABCA$,这里的 A、B、C 依次为点 $(1,0,0)$、$(0,1,0)$、$(0,0,1)$.

4. 计算 $\int_L xy\mathrm{d}x+(y-x)\mathrm{d}y$,其中 L 是由点 $O(0,0)$ 到点 $A(1,1)$ 的下列四条不同路径:

(1)直线 $L:y=x$;

(2)抛物线 $L:y=x^2$;

(3)抛物线 $L:x=y^2$;

(4)折线段 L:从 O 到点 $B(1,0)$,再从点 B 到点 A.

5. 方向依纵轴的负方向,且大小等于作用点的横坐标平方的力构成一力场,求质量为 m 的质点沿抛物线 $y^2=1-x$ 从点 $A(1,0)$ 移动到点 $B(0,1)$ 时力场所做的功.

6. 把对坐标的曲线积分 $\int_L P(x,y)\mathrm{d}x+Q(x,y)\mathrm{d}y$ 化成对弧长的曲线积分,其中 L 为:

(1)xOy 面内沿直线从点 $(0,0)$ 到点 $(1,1)$;

(2)沿抛物线 $y=x^2$ 从点 $(0,0)$ 到点 $(1,1)$.

7*. 设 Γ 为曲线 $x=t,y=t^2,z=t^3$ 上相应于 t 从 0 变到 1 的曲线弧,把对坐标的曲线积分 $\int_\Gamma P\mathrm{d}x+Q\mathrm{d}y+R\mathrm{d}z$ 化成对弧长的曲线积分.

10.3 格林公式及其应用

10.3.1 格林(Green)公式

在一元函数积分学中，牛顿-莱布尼茨公式 $\int_a^b F'(x)\mathrm{d}x = F(b)-F(a)$，将定积分与被积函数的原函数 $F(x)$ 在积分区间端点的值联系起来.

下面要介绍的格林公式告诉我们，在平面闭区域 D 上的二重积分可以通过沿闭区域 D 的边界曲线 L 上的曲线积分来表达.

现在先介绍平面单连通区域的概念. 设 D 为平面区域，如果 D 内任一闭曲线所围的部分都属于 D，则称 D 为平面单连通区域，否则称为复连通区域. 通俗地说，平面单连通区域就是不含有"洞"(包括点"洞")的区域，复连通区域是含有"洞"(包括点"洞")的区域. 例如，平面上的圆形区域 $\{(x,y)\mid x^2+y^2\leqslant 2\}$、右半平面 $\{(x,y)\mid x>0\}$ 都是单连通区域，圆环形区域 $\{(x,y)\mid 1<x^2+y^2<4\}$、$\{(x,y)\mid 0<x^2+y^2<1\}$ 都是复连通区域.

对平面区域 D 的边界曲线 L，我们规定 L 的正向如下：当观察者沿 L 的这个方向行走时，D 内在他邻近处的那一部分总在他的左边. 例如，D 是边界曲线 L 及 l 所围成的复连通区域(图 10-8)，作为 D 的正向边界，L 的正向是逆时针方向，而 l 的正向是顺时针方向.

定理 1 设闭区域 D 由分段光滑的曲线 L 围成，函数 $P(x,y)$ 及 $Q(x,y)$ 在 D 上具有一阶连续偏导数，则有

$$\iint_D \left(\frac{\partial Q}{\partial x}-\frac{\partial P}{\partial y}\right)\mathrm{d}x\mathrm{d}y = \oint_L P\mathrm{d}x + Q\mathrm{d}y, \tag{1}$$

其中 L 是 D 的取正向的边界曲线.

公式(1)叫做**格林公式**.

证 先假设穿过区域 D 内部且平行坐标轴的直线与 D 的边界曲线 L 的交点恰好为两点，即区域 D 既是 X-型又是 Y-型的情形(图 10-9).

设 $D=\{(x,y)\mid \varphi_1(x)\leqslant y\leqslant \varphi_2(x), a\leqslant x\leqslant b\}$. 因为 $\frac{\partial P}{\partial y}$ 连续，所以由二重积分的计算法有

$$\begin{aligned}\iint_D \frac{\partial P}{\partial y}\mathrm{d}x\mathrm{d}y &= \int_a^b\left\{\int_{\varphi_1(x)}^{\varphi_2(x)} \frac{\partial P(x,y)}{\partial y}\mathrm{d}y\right\}\mathrm{d}x \\ &= \int_a^b \{P[x,\varphi_2(x)]-P[x,\varphi_1(x)]\}\mathrm{d}x.\end{aligned}$$

另一方面，由对坐标的曲线积分的性质及计算法有

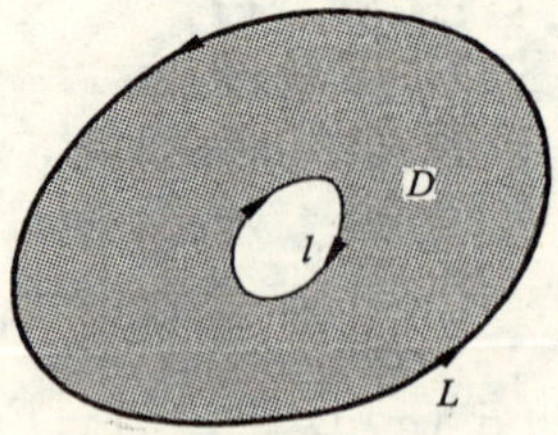

图 10－8

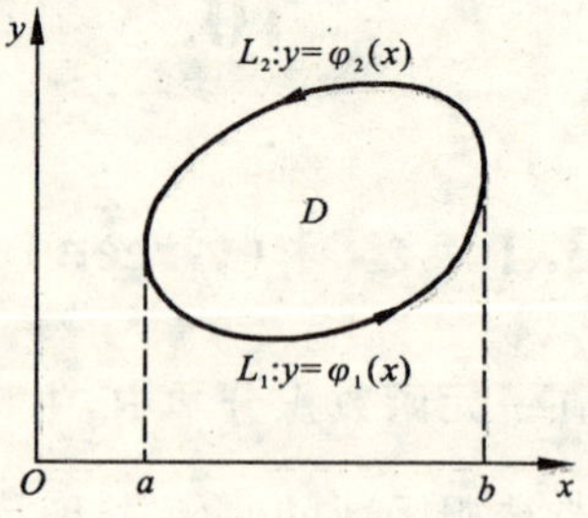

图 10－9

$$\oint_L P\mathrm{d}x=\int_{L_1}P\mathrm{d}x+\int_{L_2}P\mathrm{d}x$$
$$=\int_a^b P[x,\varphi_1(x)]\mathrm{d}x+\int_b^a P[x,\varphi_2(x)]\mathrm{d}x$$
$$=\int_a^b\{P[x,\varphi_1(x)]-P[x,\varphi_2(x)]\}\mathrm{d}x.$$

因此，

$$-\iint_D\frac{\partial P}{\partial y}\mathrm{d}x\mathrm{d}y=\oint_L P\mathrm{d}x. \tag{2}$$

设 $D=\{(x,y)\mid\psi_1(y)\leqslant x\leqslant\psi_2(y),c\leqslant y\leqslant d\}$. 类似地可证

$$\iint_D\frac{\partial Q}{\partial x}\mathrm{d}x\mathrm{d}y=\oint_L Q\mathrm{d}y. \tag{3}$$

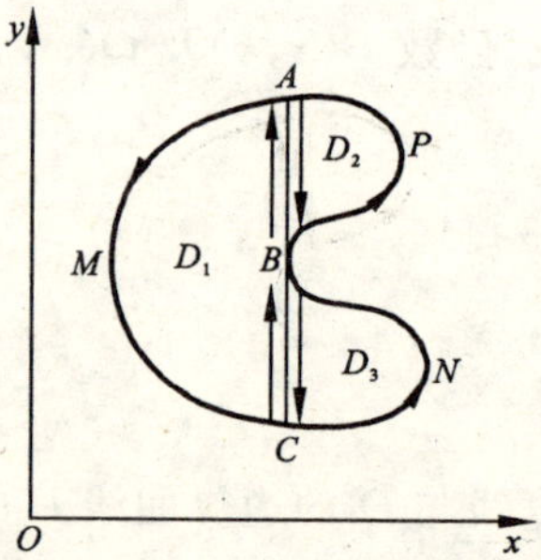

图 10－10

由于 D 既是 X－型又是 Y－型的，(2)、(3)式同时成立，合并后即得公式(1).

再考虑一般情形. 如果闭区域 D 不满足以上条件，那么可以在 D 内引进一条或几条辅助曲线把 D 分成有限个部分闭区域，使得每个部分闭区域都满足上述条件. 例如，就图 10－10 所示的闭区域 D 来说，它的边界曲线 L 为 $\overset{\frown}{MNPM}$，引进一条辅助线 ABC，把 D 分成 D_1、D_2、D_3 三部分. 应用公式(1)于每个部分，得

$$\iint_{D_1}\left(\frac{\partial Q}{\partial x}-\frac{\partial P}{\partial y}\right)\mathrm{d}x\mathrm{d}y=\oint_{\overset{\frown}{MCBAM}}P\mathrm{d}x+Q\mathrm{d}y,$$

$$\iint_{D_2}\left(\frac{\partial Q}{\partial x}-\frac{\partial P}{\partial y}\right)\mathrm{d}x\mathrm{d}y=\oint_{\overset{\frown}{ABPA}}P\mathrm{d}x+Q\mathrm{d}y,$$

$$\iint\limits_{D_3}\left(\frac{\partial Q}{\partial x}-\frac{\partial P}{\partial y}\right)\mathrm{d}x\mathrm{d}y=\oint_{\widehat{BCNB}}P\,\mathrm{d}x+Q\mathrm{d}y.$$

把这三个等式相加，注意到相加时沿辅助曲线来回的曲线积分相互抵消，便得

$$\iint\limits_{D}\left(\frac{\partial Q}{\partial x}-\frac{\partial P}{\partial y}\right)\mathrm{d}x\mathrm{d}y=\oint_{L}P\,\mathrm{d}x+Q\mathrm{d}y.$$

其中 L 的方向对 D 来说为正方向. 一般地，公式(1)对于由分段光滑曲线围成的闭区域都成立. 证毕.

注意 对于复连通区域 D，格林公式(1)右端应包括沿区域 D 的全部边界的曲线积分，且边界的方向对区域 D 来说都是正向.

例 1 设 L 是任意一条分段光滑的闭曲线，证明

$$\oint_L 2xy\,\mathrm{d}x+x^2\mathrm{d}y=0.$$

证 令 $P=2xy, Q=x^2$，则

$$\frac{\partial P}{\partial y}=2x,\frac{\partial Q}{\partial x}=2x.$$

因此，由格林公式(1)有

$$\oint_L 2xy\,\mathrm{d}x+x^2\mathrm{d}y=\pm\iint\limits_{D}(2x-2x)\mathrm{d}x\mathrm{d}y=0.$$

例 2 求曲线积分 $\oint_L xy^2\mathrm{d}y-x^2y\mathrm{d}x$，其中 L 为圆周 $x^2+y^2=R^2$，取逆时针方向.

解 令 $P=-x^2y, Q=xy^2$，则

$$\frac{\partial Q}{\partial x}-\frac{\partial P}{\partial y}=x^2+y^2.$$

因此，由格林公式(1)有

$$\oint_L xy^2\mathrm{d}y-x^2y\mathrm{d}x=\iint\limits_{x^2+y^2\leqslant R^2}(x^2+y^2)\mathrm{d}x\mathrm{d}y=\int_0^{2\pi}\mathrm{d}\theta\int_0^R\rho^3\mathrm{d}\rho=\frac{\pi}{2}R^4.$$

例 3 计算曲线积分

$$\int_L(\mathrm{e}^x\sin y-my)\mathrm{d}x+(\mathrm{e}^x\cos y-m)\mathrm{d}y,$$

其中 m 为常数，L 为由点 $A(a,0)$ 沿上半圆周 $x^2+y^2=ax$ 到点 $O(0,0)$ 的一段弧(图 10－11).

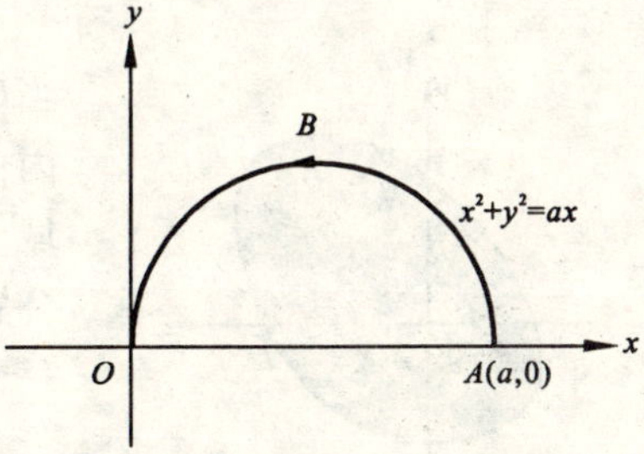

图 10－11

解 由于 L 不是封闭曲线，因此不能直接利用格林公式. 若记 $L'=L+OA$，则 L' 为封闭的正向曲线，L'所围成的区域为 D.

令 $P=e^x\sin y-my, Q=e^x\cos y-m$，则

$$\frac{\partial Q}{\partial x}-\frac{\partial P}{\partial y}=e^x\cos y-e^x\cos y+m=m.$$

由格林公式(1)得

$$\oint_{L'}(e^x\sin y-my)dx+(e^x\cos y-m)dy$$

$$=\iint_D m\,dxdy=m\cdot\frac{\pi}{2}\cdot\left(\frac{a}{2}\right)^2=\frac{m}{8}\pi a^2.$$

又

$$\int_{OA}(e^x\sin y-my)dx+(e^x\cos y-m)dy$$

$$=\int_0^a 0dx=0.$$

所以

$$\int_L(e^x\sin y-my)dx+(e^x\cos y-m)dy$$

$$=\oint_{L'}(e^x\sin y-my)dx+(e^x\cos y-m)dy$$

$$-\int_{OA}(e^x\sin y-my)dx+(e^x\cos y-m)dy$$

$$=\frac{m}{8}\pi a^2-0=\frac{m}{8}\pi a^2.$$

例 4 计算 $\oint_L\frac{xdy-ydx}{x^2+y^2}$，其中 L 为一条无重点、分段光滑且不经过原点的连续闭曲线，L 的方向为逆时针方向.

解 令 $P=\frac{-y}{x^2+y^2}, Q=\frac{x}{x^2+y^2}$. 则当 $x^2+y^2\neq 0$ 时，有

$$\frac{\partial Q}{\partial x}=\frac{y^2-x^2}{(x^2+y^2)^2}=\frac{\partial P}{\partial y}.$$

记 L 所围成的闭区域为 D. 当 $(0,0)\notin D$ 时，由公式(1)便得

$$\oint_L\frac{xdy-ydx}{x^2+y^2}=0;$$

当 $(0,0)\in D$ 时，选取适当小的 $r>0$，作位于 D 内的圆周 $l:x^2+y^2=r^2$. 记 L 和 l 所围成的闭区域为 D_1（图 10－12）. 对复连通区域 D_1 应用格林公式，得

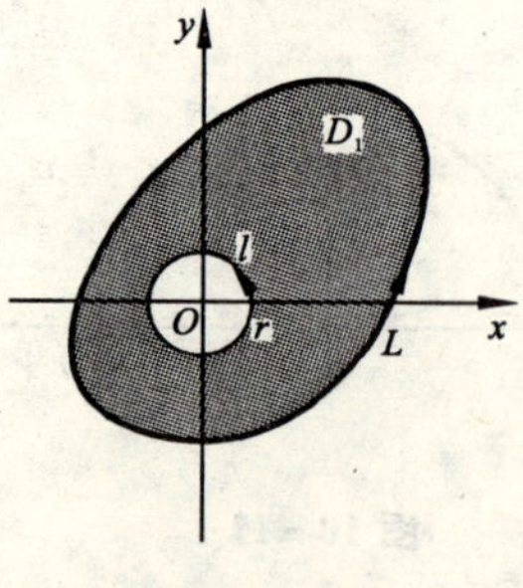

图 10－12

$$\oint_L\frac{xdy-ydx}{x^2+y^2}-\oint_l\frac{xdy-ydx}{x^2+y^2}=0,$$

其中 l 的方向取逆时针方向. 于是

$$\oint_L\frac{xdy-ydx}{x^2+y^2}=\oint_l\frac{xdy-ydx}{x^2+y^2}$$

$$=\int_0^{2\pi}\frac{r^2\cos^2\theta+r^2\sin^2\theta}{r^2}\mathrm{d}\theta=2\pi.$$

下面说明格林公式的一个简单应用.

在公式(1)中取 $P=-y,Q=x$,即得

$$2\iint_D \mathrm{d}x\mathrm{d}y=\oint_L x\mathrm{d}y-y\mathrm{d}x.$$

上式左端是闭区域 D 的面积 A 的两倍,因此有

$$A=\frac{1}{2}\oint_L x\mathrm{d}y-y\mathrm{d}x. \tag{4}$$

例 5 利用曲线积分求椭圆 $\frac{x^2}{a^2}+\frac{y^2}{b^2}=1$ 所围成图形的面积 A.

解 椭圆 L 的参数方程为

$$\begin{cases}x=a\cos t\\ y=b\sin t\end{cases}\quad(0\leqslant t\leqslant 2\pi),$$

由上述公式(4),得椭圆的面积为

$$A=\frac{1}{2}\oint_L x\mathrm{d}y-y\mathrm{d}x=\frac{1}{2}\int_0^{2\pi}[a\cos t\cdot b\cos t-b\sin t\cdot(-a\sin t)]\mathrm{d}t$$

$$=\frac{1}{2}ab\int_0^{2\pi}\mathrm{d}t=\pi ab.$$

10.3.2 平面上曲线积分与路径无关的条件

在物理、力学中要研究所谓势力场,就是要研究场力所作的功与路径无关的情形.在什么条件下场力所作的功与路径无关?这个问题在数学上就是要研究曲线积分与路径无关的条件.为了研究这个问题,首先我们介绍曲线积分与路径无关的概念.

定义 设 G 是一个平面区域,$P(x,y)$ 及 $Q(x,y)$ 在区域 G 内具有一阶连续偏导数.A、B 为 G 内任意两点,如果 L_1 与 L_2 是 G 内从点 A 到点 B 的光滑或分段光滑的任意两条曲线(图 10-13),有

$$\int_{L_1}P\mathrm{d}x+Q\mathrm{d}y=\int_{L_2}P\mathrm{d}x+Q\mathrm{d}y$$

恒成立,则称曲线积分 $\int_L P\mathrm{d}x+Q\mathrm{d}y$ 在 G 内与路径无关,否则便说与路径有关.为方便起见,把与路径无关的曲线积分记为

$$\int_A^B P\mathrm{d}x+Q\mathrm{d}y.$$

下面讨论曲线积分与路径无关的条件.

定理 2 在区域 G 内,曲线积分 $\int_L P\mathrm{d}x+Q\mathrm{d}y$ 与路径无关的充要条件是:对

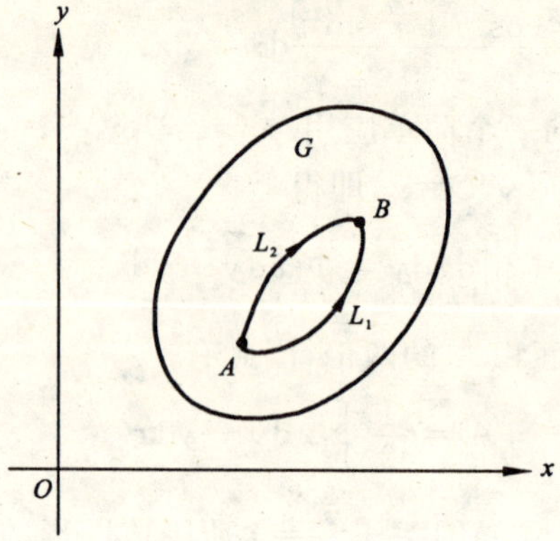

图 10 - 13

于 G 内任意一条闭曲线 L，都有

$$\oint_L P\mathrm{d}x + Q\mathrm{d}y = 0.$$

证 先证必要性.

设 $L = L_1 + L_2^-$ 是 G 内任意一条闭曲线(图 10 - 13)，因为积分 $\int_L P\mathrm{d}x + Q\mathrm{d}y$ 与路径无关，则

$$\int_{L_1} P\mathrm{d}x + Q\mathrm{d}y = \int_{L_2} P\mathrm{d}x + Q\mathrm{d}y,$$

所以
$$\oint_L P\mathrm{d}x + Q\mathrm{d}y = \int_{L_1} P\mathrm{d}x + Q\mathrm{d}y + \int_{L_2^-} P\mathrm{d}x + Q\mathrm{d}y$$
$$= \int_{L_1} P\mathrm{d}x + Q\mathrm{d}y - \int_{L_2} P\mathrm{d}x + Q\mathrm{d}y = 0.$$

再证充分性.

设点 A 和点 B 是 G 内任意两点，L_1 与 L_2 是 G 内连接这两点的任意两条路径，且它们的起点和终点分别相同(图 10 - 13)，因为对 G 内任意一条闭曲线 C，恒有

$$\oint_C P\mathrm{d}x + Q\mathrm{d}y = 0,$$

所以
$$\oint_{L_1 + L_2^-} P\mathrm{d}x + Q\mathrm{d}y = 0.$$

因此
$$\int_{L_1} P\mathrm{d}x + Q\mathrm{d}y + \int_{L_2^-} P\mathrm{d}x + Q\mathrm{d}y = 0,$$

即
$$\int_{L_1} P\mathrm{d}x + Q\mathrm{d}y = -\int_{L_2^-} P\mathrm{d}x + Q\mathrm{d}y = \int_{L_2} P\mathrm{d}x + Q\mathrm{d}y.$$

这就说明了曲线积分 $\int_L P\mathrm{d}x + Q\mathrm{d}y$ 与路径无关. 定理证毕.

定理 3 设区域 G 是一个单连通域，函数 $P(x,y)$,$Q(x,y)$ 在 G 内具有一阶连续偏导数，则曲线积分 $\int_L P\mathrm{d}x+Q\mathrm{d}y$ 在 G 内与路径无关（或沿 G 内任意闭曲线的曲线积分为零）的充分必要条件是

$$\frac{\partial P}{\partial y}=\frac{\partial Q}{\partial x} \tag{5}$$

在 G 内恒成立.

证 先证这条件是充分的. 在 G 内任取一条闭曲线 C，要证当条件(5) 成立时有 $\oint_C P\mathrm{d}x+Q\mathrm{d}y=0$. 因为 G 是单连通的，所以闭曲线 C 所围成的闭区域 D 全部在 G 内，于是(5) 式在 D 上恒成立. 应用格林公式，有

$$\iint_D\left(\frac{\partial Q}{\partial x}-\frac{\partial P}{\partial y}\right)\mathrm{d}x\mathrm{d}y=\oint_C P\mathrm{d}x+Q\mathrm{d}y.$$

上式左端的二重积分等于零（因为被积函数 $\frac{\partial Q}{\partial x}-\frac{\partial P}{\partial y}$ 在 D 上恒为零），从而右端的曲线积分也等于零.

再证条件(5)是必要的. 现在要证的是：如果沿 G 内任意闭曲线的曲线积分为零，那么(5)式在 G 内恒成立. 用反证法来证. 假设上述论断不成立，那么 G 内至少有一点 M_0，使

$$\left(\frac{\partial Q}{\partial x}-\frac{\partial P}{\partial y}\right)_{M_0}\neq 0.$$

不妨假定

$$\left(\frac{\partial Q}{\partial x}-\frac{\partial P}{\partial y}\right)_{M_0}=\eta>0.$$

由于 $\frac{\partial P}{\partial y}$、$\frac{\partial Q}{\partial x}$ 在 G 内连续，可以在 G 内取得一个以 M_0 为圆心、半径足够小的圆形闭区域 K，使得在 K 上恒有

$$\frac{\partial Q}{\partial x}-\frac{\partial P}{\partial y}\geqslant\frac{\eta}{2}.$$

于是由格林公式及二重积分的性质就有

$$\oint_\gamma P\mathrm{d}x+Q\mathrm{d}y=\iint_K\left(\frac{\partial Q}{\partial x}-\frac{\partial P}{\partial y}\right)\mathrm{d}x\mathrm{d}y\geqslant\frac{\eta}{2}\cdot\sigma,$$

这里 γ 是 K 的正向边界曲线，σ 是 K 的面积. 因为 $\eta>0$,$\sigma>0$，从而

$$\oint_\gamma P\mathrm{d}x+Q\mathrm{d}y>0.$$

这结果与沿 G 内任意闭曲线的曲线积分为零的假定相矛盾，可见 G 内使(5)式不成立的点不可能存在，即(5)式在 G 内处处成立. 定理证毕.

显然判断曲线积分是否与路径无关，一般用定理 3 比较方便.

在上一节例 3 中我们看到，起点和终点相同的三个曲线积分 $\int_L y\mathrm{d}x+x\mathrm{d}y$ 相等. 由定理 3 看来，这不是偶然的，而是因为 $\frac{\partial Q}{\partial x}=\frac{\partial P}{\partial y}=1$ 在整个 xOy 面内恒成立，且整个 xOy 面是个单连通区域，因此积分 $\int_L y\mathrm{d}x+x\mathrm{d}y$ 与路径无关.

如果知道了曲线积分与路径无关，计算该积分时可以将原积分路径换成一条容易积分的路径.

例 6 计算 $I=\int_L x^2y\mathrm{d}x+(\frac{1}{3}x^3-y\sin y)\mathrm{d}y$，其中 L 是摆线 $x=t-\sin t$，$y=1-\cos t$ 上从点 $A(2\pi,0)$ 到 $O(0,0)$ 的一段弧.

解 令 $P=x^2y, Q=\frac{1}{3}x^3-y\sin y$，

则有
$$\frac{\partial P}{\partial y}=\frac{\partial Q}{\partial x}=x^2$$
恒成立，所以，这个曲线积分与路径无关. 为了便于计算积分，我们可以把原积分路径改为从点 $A(2\pi,0)$ 到点 $O(0,0)$ 的直线段. 从而有
$$\begin{aligned}I&=\int_{(2\pi,0)}^{(0,0)} x^2y\mathrm{d}x+(\frac{1}{3}x^3-y\sin y)\mathrm{d}y\\&=\int_{2\pi}^{0} x^2\cdot 0\mathrm{d}x+(\frac{1}{3}x^3-0)\cdot 0\mathrm{d}x=0.\end{aligned}$$

最后指出，在定理 3 中要求区域 G 是单连通区域，且函数 $P(x,y)$、$Q(x,y)$ 在 G 内具有一阶连续偏导数. 如果这两个条件之一不能满足，那么定理的结论不能保证成立. 例如，在例 4 中已经看到，当 L 所围成的区域含有原点时，虽然除去原点外，恒有 $\frac{\partial Q}{\partial x}=\frac{\partial P}{\partial y}$，但沿闭曲线的积分 $\oint_L P\mathrm{d}x+Q\mathrm{d}y\neq 0$，其原因在于区域内含有破坏函数 P、Q 及 $\frac{\partial Q}{\partial x}$、$\frac{\partial P}{\partial y}$ 连续性条件的点 $O(0,0)$，这种点通常称为奇点.

10.3.3 二元函数的全微分求积

我们现在要讨论的问题是，当函数 $P(x,y)$、$Q(x,y)$ 满足什么条件时，表达式 $P(x,y)\mathrm{d}x+Q(x,y)\mathrm{d}y$ 恰好是某个二元函数 $u(x,y)$ 的全微分. 如果这样的二元函数 $u(x,y)$ 存在，又怎样把它求出来.

定理 4 设区域 G 是一个单连区域，函数 $P(x,y)$、$Q(x,y)$ 在 G 内具有一阶连续偏导数，则 $P(x,y)\mathrm{d}x+Q(x,y)\mathrm{d}y$ 在 G 内为某一函数 $u(x,y)$ 的全微分的充分必要条件是
$$\frac{\partial P}{\partial y}=\frac{\partial Q}{\partial x} \tag{6}$$

在 G 内恒成立.

证 先证必要性.假设存在着某一函数 $u(x,y)$,使得

$$du=P(x,y)dx+Q(x,y)dy,$$

则必有

$$\frac{\partial u}{\partial x}=P(x,y),\frac{\partial u}{\partial y}=Q(x,y).$$

从而

$$\frac{\partial^2 u}{\partial x\partial y}=\frac{\partial P}{\partial y},\frac{\partial^2 u}{\partial y\partial x}=\frac{\partial Q}{\partial x}.$$

由于 P、Q 具有一阶连续偏导数,所以 $\frac{\partial^2 u}{\partial x\partial y}$、$\frac{\partial^2 u}{\partial y\partial x}$ 连续,因此 $\frac{\partial^2 u}{\partial x\partial y}=\frac{\partial^2 u}{\partial y\partial x}$,即 $\frac{\partial P}{\partial y}=\frac{\partial Q}{\partial x}$. 这就证明了条件(6)是必要的.

再证充分性.设已知条件(6)在 G 内恒成立,则由定理 3 可知,起点为 $M_0(x_0,y_0)$、终点为 $M(x,y)$ 的曲线积分在区域 G 内与路径无关,于是可把这个曲线积分写作

$$\int_{(x_0,y_0)}^{(x,y)}P(x,y)dx+Q(x,y)dy.$$

当起点 $M_0(x_0,y_0)$ 固定时,这个积分的值取决于终点 $M(x,y)$,因此,它是 x、y 的函数,把这函数记作 $u(x,y)$,即

$$u(x,y)=\int_{(x_0,y_0)}^{(x,y)}P(x,y)dx+Q(x,y)dy. \tag{7}$$

下面来证明这函数 $u(x,y)$ 的全微分就是 $P(x,y)dx+Q(x,y)dy$. 因为 $P(x,y)$、$Q(x,y)$ 都是连续的,因此只要证明

$$\frac{\partial u}{\partial x}=P(x,y),\frac{\partial u}{\partial y}=Q(x,y).$$

按偏导数的定义,有

$$\frac{\partial u}{\partial x}=\lim_{\Delta x\to 0}\frac{u(x+\Delta x,y)-u(x,y)}{\Delta x}.$$

由(7)式,得

$$u(x+\Delta x,y)=\int_{(x_0,y_0)}^{(x+\Delta x,y)}P(x,y)dx+Q(x,y)dy.$$

由于这里的曲线积分与路径无关,可以取先从 M_0 到 M,然后沿平行于 x 轴的直线段从 M 到 N 作为上式右端曲线积分的路径(图 10-14).这样就有

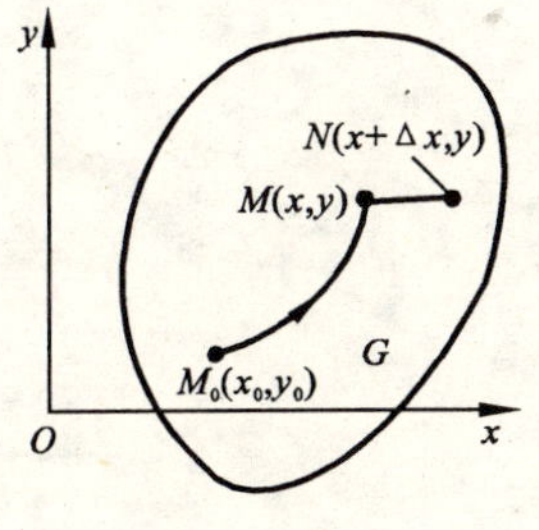

图 10-14

$$u(x+\Delta x,y)=u(x,y)+\int_{(x,y)}^{(x+\Delta x,y)}P(x,y)dx+Q(x,y)dy.$$

从而

$$u(x+\Delta x,y)-u(x,y)=\int_{(x,y)}^{(x+\Delta x,y)}P(x,y)dx+Q(x,y)dy.$$

因为直线段 MN 的方程为 $y=$常数，按对坐标的曲线积分的计算法，上式成为

$$u(x+\Delta x,y)-u(x,y)=\int_x^{x+\Delta x}P(x,y)\mathrm{d}x.$$

应用定积分中值定理，得

$$u(x+\Delta x,y)-u(x,y)=P(x+\theta\Delta x,y)\Delta x \quad (0\leqslant\theta\leqslant 1).$$

上式两边除以 Δx，并令 $\Delta x\to 0$ 取极限. 由于 $P(x,y)$ 的偏导数在 G 内连续，$P(x,y)$ 本身也一定连续，于是得

$$\frac{\partial u}{\partial x}=P(x,y).$$

同理可证

$$\frac{\partial u}{\partial y}=Q(x,y).$$

这就证明了条件(6)是充分的. 证毕.

由上述定理知，如果 $P(x,y)$、$Q(x,y)$ 在单连通区域 G 内具有一阶连续偏导数，且满足 $\frac{\partial Q}{\partial x}=\frac{\partial P}{\partial y}$ 在 G 内恒成立，那么 $P\mathrm{d}x+Q\mathrm{d}y$ 是某函数 $u(x,y)$ 的全微分，由该定理的证明知，这个函数 $u(x,y)$ 可由曲线积分

$$u(x,y)=\int_{(x_0,y_0)}^{(x,y)}P\mathrm{d}x+Q\mathrm{d}y$$

给出，此积分与路径无关，为计算简便起见，可以选择平行于坐标轴的直线段连成的折线 M_0RM 或 M_0SM 作为积分路径(图 10－15)，当然假定这些折线完全位于 G 内.

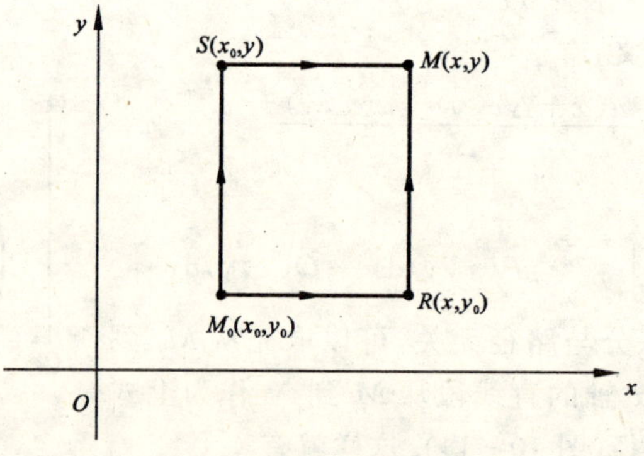

图 10－15

若取积分路径为 M_0RM，则

$$u(x,y)=\int_{M_0R}P\mathrm{d}x+Q\mathrm{d}y+\int_{RM}P\mathrm{d}x+Q\mathrm{d}y$$
$$=\int_{x_0}^{x}P(x,y_0)\mathrm{d}x+\int_{y_0}^{y}Q(x,y)\mathrm{d}y.$$

若取积分路径为 M_0SM,则

$$u(x,y)=\int_{M_0S}P\mathrm{d}x+Q\mathrm{d}y+\int_{SM}P\mathrm{d}x+Q\mathrm{d}y$$
$$=\int_{y_0}^{y}Q(x_0,y)\mathrm{d}y+\int_{x_0}^{x}P(x,y)\mathrm{d}x.$$

例 7 验证 $(3x^2-3y^2)\mathrm{d}x-6xy\mathrm{d}y$ 在整个 xOy 面内是某个函数的全微分，并求出一个这样的函数.

解 令 $P=3x^2-3y^2,Q=-6xy$,

则有
$$\frac{\partial P}{\partial y}=-6y=\frac{\partial Q}{\partial x}$$
在整个平面内处处成立，所以 $(3x^2-3y^2)\mathrm{d}x-6xy\mathrm{d}y$ 是某个函数的全微分. 取积分线路如图 10－16,利用上述公式得所求函数为

$$u(x,y)=\int_{(0,0)}^{(x,y)}(3x^2-3y^2)\mathrm{d}x-6xy\mathrm{d}y$$
$$=\int_{OA}(3x^2-3y^2)\mathrm{d}x-6xy\mathrm{d}y+\int_{AB}(3x^2-3y^2)\mathrm{d}x-6xy\mathrm{d}y$$
$$=\int_0^x 3x^2\mathrm{d}x+\int_0^y(-6xy)\mathrm{d}y$$
$$=x^3-3xy^2.$$

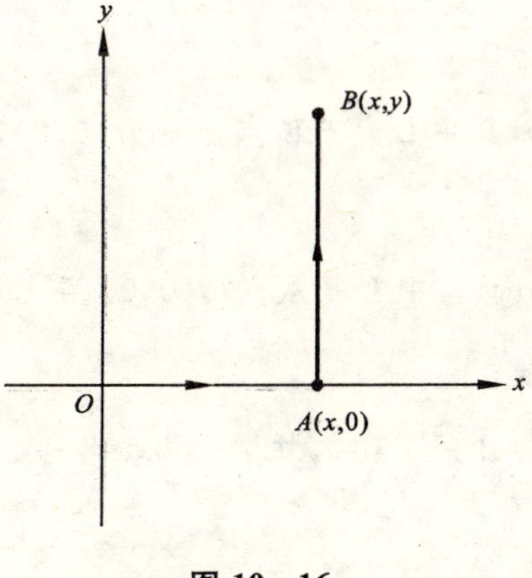

图 10－16

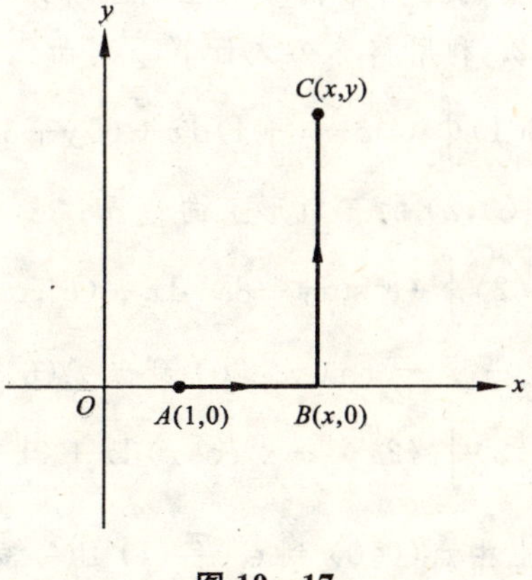

图 10－17

例 8 验证:$\dfrac{x\mathrm{d}y-y\mathrm{d}x}{x^2+y^2}$在右半平面$(x>0)$内是某个函数的全微分，并求出

一个这样的函数.

解　令 $P=\frac{-y}{x^2+y^2}, Q=\frac{x}{x^2+y^2}$,

则有
$$\frac{\partial P}{\partial y}=\frac{y^2-x^2}{(x^2+y^2)^2}=\frac{\partial Q}{\partial x}$$
在右半平面内恒成立,因此在右半平面内 $\frac{x\mathrm{d}y-y\mathrm{d}x}{x^2+y^2}$ 是某个函数的全微分.

取积分线路如图 10-17 所示,得所求函数为

$$\begin{aligned} u(x,y) &= \int_{(1,0)}^{(x,y)} \frac{x\mathrm{d}y-y\mathrm{d}x}{x^2+y^2} \\ &= \int_{AB} \frac{x\mathrm{d}y-y\mathrm{d}x}{x^2+y^2}+\int_{BC} \frac{x\mathrm{d}y-y\mathrm{d}x}{x^2+y^2} \\ &= 0+\int_0^y \frac{x\mathrm{d}y}{x^2+y^2}=\left[\arctan\frac{y}{x}\right]_0^y=\arctan\frac{y}{x}. \end{aligned}$$

习题 10-3

1. 计算下列曲线积分,并验证格林公式的正确性.

(1) $\oint_L (y-x^2y+x^3)\mathrm{d}x+(x+xy^2+y^3)\mathrm{d}y$,其中 L 是圆周 $x^2+y^2=R^2$(按逆时针方向绕行);

(2) $\oint_L (x^3-3y)\mathrm{d}x+(x+\sin y)\mathrm{d}y$,其中 L 是以点 $O(0,0)$,$A(1,0)$,$B(0,2)$ 为顶点的三角形区域的正向边界.

2. 利用格林公式计算下列曲线积分:

(1) $\oint_L (2x-y+4)\mathrm{d}x+(5y+3x-6)\mathrm{d}y$,其中 L 为三顶点分别为 $(0,0)$,$(3,0)$ 和 $(3,2)$ 的三角形正向边界;

(2) $\int_L (\mathrm{e}^x\sin y+8y)\mathrm{d}x+(\mathrm{e}^x\cos y-7x)\mathrm{d}y$,其中 L 是从点 $O(0,0)$ 沿上半圆周 $x^2+y^2=6x(y\geqslant 0)$ 到点 $A(6,0)$ 的弧段;

(3) $\int_L (2xy^3-y^2\cos x)\mathrm{d}x+(1-2y\sin x+3x^2y^2)\mathrm{d}y$,其中 L 为抛物线 $2x=\pi y^2$ 上由点 $(0,0)$ 到点 $(\frac{\pi}{2},1)$ 的一段弧.

3. 计算曲线积分 $\oint_L \frac{y\mathrm{d}x-x\mathrm{d}y}{x^2+y^2}$,其中 L 为:

(1) 圆周 $(x-1)^2+(y-1)^2=1$ 的正向;

(2)椭圆 $x^2+4y^2=4$ 的正向.

4. 利用第二类曲线积分,求下列曲线所围的图形的面积:

(1)星形线 $x=a\cos^3 t, y=a\sin^3 t$;

(2)椭圆 $9x^2+16y^2=144$;

(3)圆 $x^2+y^2=2ax$.

5. 证明下列曲线积分在整个 xOy 面内与路径无关,并计算积分值:

(1)$\int_{(1,1)}^{(2,3)}(x+y)\mathrm{d}x+(x-y)\mathrm{d}y$;

(2)$\int_{(1,2)}^{(3,4)}(6xy^2-y^3)\mathrm{d}x+(6x^2y-3xy^2)\mathrm{d}y$;

(3)$\int_{(1,1)}^{(3,6)}(\ln\frac{y}{x}-1)\mathrm{d}x+\frac{x}{y}\mathrm{d}y$;

(4)$\int_{(0,0)}^{(a,b)}\mathrm{e}^x(\cos y\mathrm{d}x-\sin y)\mathrm{d}y$.

6. 验证下列 $P(x,y)\mathrm{d}x+Q(x,y)\mathrm{d}y$ 在整个 xOy 平面内是某一函数 $u(x,y)$ 的全微分,并求这样的一个 $u(x,y)$:

(1)$(x+2y)\mathrm{d}x+(2x+y)\mathrm{d}y$;

(2)$2xy\mathrm{d}x+x^2\mathrm{d}y$;

(3)$(6xy+2y^2)\mathrm{d}x+(3x^2+4xy)\mathrm{d}y$;

(4)$(2xy^3-y^2\cos x)\mathrm{d}x+(1-2y\sin x+3x^2y^2)\mathrm{d}y$;

(5)$(3x^2y+8xy^2)\mathrm{d}x+(x^3+8x^2y+12y\mathrm{e}^y)\mathrm{d}y$.

7. 设有一变力在坐标轴上的投影为 $X=x+y^2, Y=2xy-8$,这变力确定了一个力场,证明质点在此场内移动时,场力所作的功与路径无关.

10.4 对面积的曲面积分

10.4.1 对面积的曲面积分的概念与性质

在本章 10.1.1 节的质量问题中,如果把曲线改为曲面,并相应地把线密度 $\mu(x,y)$ 改为面密度 $\mu(x,y,z)$,小段曲线的弧长 Δs_i 改为小块曲面的面积 ΔS_i,而第 i 小段曲线上的一点 (ξ_i,η_i) 改为第 i 小块曲面上的一点 (ξ_i,η_i,ζ_i),那么,在面密度 $\mu(x,y,z)$ 为连续的前提下,所求的质量 M 就是下列和的极限:

$$M=\lim_{\lambda\to 0}\sum_{i=1}^{n}\mu(\xi_i,\eta_i,\zeta_i)\Delta S_i,$$

其中 λ 表示 n 小块曲面的直径的最大值.

这种和式的极限还会在其他问题中遇到,抽去它们的具体意义,就得出对面积的曲面积分的概念.

定义 设曲面 Σ 是光滑的，函数 $f(x,y,z)$ 在 Σ 上有界. 把 Σ 任意分成 n 小块 ΔS_i（ΔS_i 同时也代表第 i 小块曲面的面积），设 (ξ_i,η_i,ζ_i) 是 ΔS_i 上任意取定的一点，作乘积 $f(\xi_i,\eta_i,\zeta_i)\Delta S_i(i=1,2,3,\cdots,n)$，并作和 $\sum\limits_{i=1}^{n} f(\xi_i,\eta_i,\zeta_i)\Delta S_i$，如果当各小块曲面的直径的最大值 $\lambda\to 0$ 时，这和的极限总存在，则称此极限为函数 $f(x,y,z)$ 在曲面 Σ 上**对面积的曲面积分**或**第一类曲面积分**，记作 $\iint\limits_{\Sigma} f(x,y,z)\mathrm{d}S$，即

$$\iint\limits_{\Sigma} f(x,y,z)\mathrm{d}S=\lim_{\lambda\to 0}\sum_{i=1}^{n} f(\xi_i,\eta_i,\zeta_i)\Delta S_i,$$

其中 $f(x,y,z)$ 叫做**被积函数**，Σ 叫做**积分曲面**.

如果曲面是封闭曲面，对面积的曲面积分可记为 $\oiint\limits_{\Sigma} f(x,y,z)\mathrm{d}S$.

我们指出，当函数 $f(x,y,z)$ 在光滑曲面 Σ 上连续时，对面积的曲面积分 $\iint\limits_{\Sigma} f(x,y,z)\mathrm{d}S$ 是存在的. 今后总假定 $f(x,y,z)$ 在 Σ 上连续.

根据上述定义，面密度为连续函数 $\mu(x,y,z)$ 的光滑曲面 Σ 的质量 M，可表示为 $\mu(x,y,z)$ 在 Σ 上对面积的曲面积分：

$$M=\iint\limits_{\Sigma}\mu(x,y,z)\mathrm{d}S.$$

如果 Σ 是分片光滑的，我们规定函数在 Σ 上对面积的曲面积分等于函数在光滑的各片曲面上对面积的曲面积分之和. 例如，设 Σ 可分成两片光滑曲面 Σ_1 及 Σ_2（记作 $\Sigma=\Sigma_1+\Sigma_2$），就规定

$$\iint\limits_{\Sigma_1+\Sigma_2} f(x,y,z)\mathrm{d}S=\iint\limits_{\Sigma_1} f(x,y,z)\mathrm{d}S+\iint\limits_{\Sigma_2} f(x,y,z)\mathrm{d}S.$$

如果被积函数 $f(x,y,z)\equiv 1$，则

$$\iint\limits_{\Sigma} f(x,y,z)\mathrm{d}S=\iint\limits_{\Sigma} 1\cdot\mathrm{d}S=\iint\limits_{\Sigma}\mathrm{d}S$$

在数值上等于曲面 Σ 的面积.

由对面积的曲面积分的定义可知，它具有与对弧长的曲线积分相类似的性质，这里不再赘述.

10.4.2 对面积的曲面积分的计算法

设曲面 Σ 的方程为 $z=z(x,y)$，Σ 在 xOy 面上的投影区域为 D_{xy}，函数 $z=z(x,y)$ 在 D_{xy} 上具有一阶连续偏导数，函数 $f(x,y,z)$ 在 Σ 上连续，在 9.4 节中，

我们已经知道曲面的面积元素

$$dS=\sqrt{1+z'^2_x+z'^2_y}\,d\sigma.$$

其中 $d\sigma$ 是 dS 在 xOy 面上的投影小区域.

由对面积的曲面积分的定义可以推出

$$\iint_{\Sigma} f(x,y,z)dS=\iint_{D_{xy}} f[x,y,z(x,y)]\cdot\sqrt{1+z'^2_x+z'^2_y}\,dxdy. \qquad (1)$$

(1)式就是将对面积的曲面积分化成二重积分的计算公式. 该公式表明,在计算对面积的曲面积分 $\iint_{\Sigma} f(x,y,z)dS$ 时,如果 Σ 的方程 $z=z(x,y)$ 给定,则只要把曲面 Σ 的方程 $z=z(x,y)$ 代入被积函数中,且将曲面的面积元素 dS 换为 $\sqrt{1+z_x^2+z_y^2}\,dxdy$,然后在 Σ 的投影区域 D_{xy} 上求二重积分即可.

类似地,如果曲面 Σ 的方程为 $x=x(y,z)$,Σ 在 yOz 面上的投影区域为 D_{yz},则

$$\iint_{\Sigma} f(x,y,z)dS=\iint_{D_{yz}} f[x(y,z),y,z]\cdot\sqrt{1+x'^2_y+x'^2_z}\,dydz. \qquad (2)$$

如果曲面 Σ 的方程为 $y=y(x,z)$,Σ 在 zOx 面上的投影区域为 D_{zx},则

$$\iint_{\Sigma} f(x,y,z)dS=\iint_{D_{zx}} f[x,y(x,z),z]\cdot\sqrt{1+y'^2_z+y'^2_x}\,dzdx. \qquad (3)$$

例 1 计算对面积的曲面积分

$$\iint_{\Sigma} xz\,dS,$$

其中 Σ 为上半球面 $z=\sqrt{R^2-x^2-y^2}$(图 10-18).

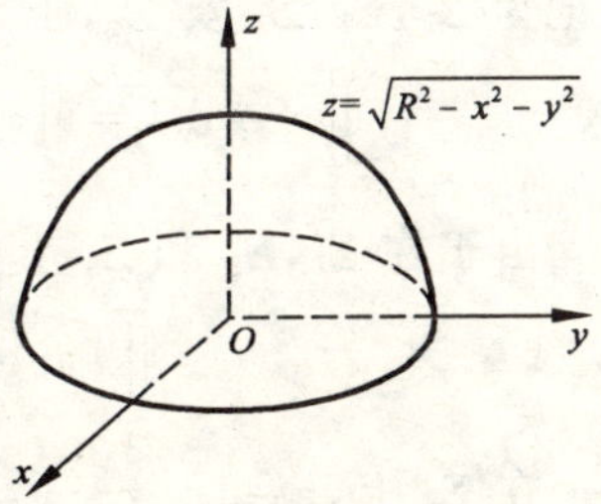

图 10-18

解 Σ 在 xOy 面上的投影区域 D_{xy} 为圆形闭区域:$x^2+y^2\leqslant R^2$. 又 Σ 上的面积元素为

$$\begin{aligned}dS&=\sqrt{1+z'^2_x+z'^2_y}\,dxdy\\&=\sqrt{1+\frac{x^2}{R^2-x^2-y^2}+\frac{y^2}{R^2-x^2-y^2}}\,dxdy\\&=\frac{R}{\sqrt{R^2-x^2-y^2}}dxdy,\end{aligned}$$

所以

$$\begin{aligned}\iint_{\Sigma} xz\,dS&=\iint_{D_{xy}} x\sqrt{R^2-x^2-y^2}\,\frac{R}{\sqrt{R^2-x^2-y^2}}dxdy\\&=R\iint_{D_{xy}} x\,d\sigma_{xy}=R\iint_{D_{xy}}\rho\cos\theta\rho\,d\rho d\theta\end{aligned}$$

$$= R\int_0^{2\pi}\cos\theta d\theta\int_0^R \rho^2 d\rho = 0.$$

例 2　计算 $\oiint\limits_{\Sigma} xyz\,dS$，其中 Σ 是由平面 $x=0$、$y=0$、$z=0$ 及 $x+y+z=1$ 所围成的四面体的整个边界面(图 10-19)。

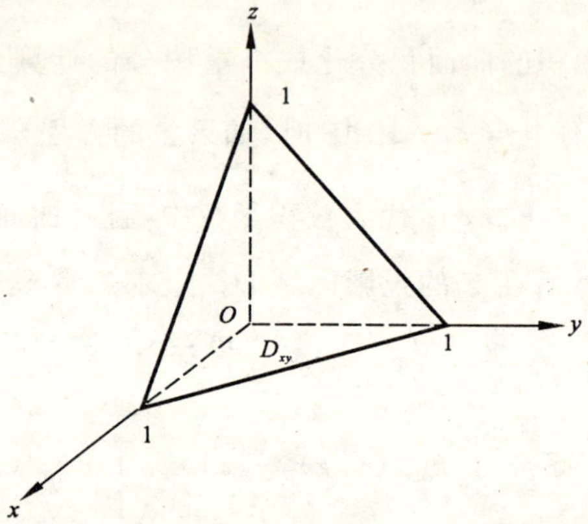

图 10-19

解　整个边界曲面 Σ 在平面 $x=0$、$y=0$、$z=0$ 及 $x+y+z=1$ 上的部分依次记为 Σ_1，Σ_2，Σ_3 及 Σ_4，于是

$$\oiint\limits_{\Sigma} xyz\,dS = \iint\limits_{\Sigma_1} xyz\,dS + \iint\limits_{\Sigma_2} xyz\,dS + \iint\limits_{\Sigma_3} xyz\,dS + \iint\limits_{\Sigma_4} xyz\,dS,$$

由于在 Σ_1，Σ_2 和 Σ_3 上，被积函数 $f(x,y,z)=xyz=0$，所以

$$\iint\limits_{\Sigma_1} xyz\,dS = \iint\limits_{\Sigma_2} xyz\,dS = \iint\limits_{\Sigma_3} xyz\,dS = 0.$$

在 Σ_4 上，$z=1-x-y$，所以

$$\sqrt{1+z_x'^2+z_y'^2} = \sqrt{1+(-1)^2+(-1)^2} = \sqrt{3},$$

从而

$$\oiint\limits_{\Sigma} xyz\,dS = \iint\limits_{\Sigma_4} xyz\,dS = \iint\limits_{D_{xy}} \sqrt{3}\,xy(1-x-y)\,dx\,dy,$$

其中 D_{xy} 是 Σ 在 xOy 面上的投影区域，即由直线 $x=0$，$y=0$ 及 $x+y=1$ 所围成的闭区域，所以

$$\begin{aligned}\oiint\limits_{\Sigma} xyz\,dS &= \sqrt{3}\int_0^1 x\,dx\int_0^{1-x} y(1-x-y)\,dy \\ &= \sqrt{3}\int_0^1 x\left[(1-x)\frac{y^2}{2}-\frac{y^3}{3}\right]_0^{1-x} dx \\ &= \sqrt{3}\int_0^1 x\cdot\frac{(1-x)^3}{6}\,dx\end{aligned}$$

$$= \frac{\sqrt{3}}{6}\int_0^1 (x - 3x^2 + 3x^3 - x^4)\,\mathrm{d}x = \frac{\sqrt{3}}{120}.$$

例 3 求抛物面壳 $z=\frac{1}{2}(x^2+y^2)(0\leqslant z\leqslant 1)$ 的质量，此壳的面密度的大小为 $\mu=z$.

解 设质量为 M，则

$$M = \iint\limits_{\Sigma} z\,\mathrm{d}S,$$

其中 Σ 为抛物面 $z=\frac{1}{2}(x^2+y^2)(0\leqslant z\leqslant 1)$. Σ 在 xOy 面上的投影区域 D_{xy} 为圆形区域：$x^2+y^2\leqslant 2$. 又

$$\sqrt{1+z_x'^2+z_y'^2} = \sqrt{1+x^2+y^2},$$

所以

$$\begin{aligned} M &= \iint\limits_{\Sigma} z\,\mathrm{d}S = \iint\limits_{D_{xy}} \frac{1}{2}(x^2+y^2)\sqrt{1+x^2+y^2}\,\mathrm{d}x\mathrm{d}y \\ &= \frac{1}{2}\iint\limits_{D_{xy}} \rho^2\sqrt{1+\rho^2}\,\rho\mathrm{d}\rho\mathrm{d}\theta \\ &= \frac{1}{2}\int_0^{2\pi}\mathrm{d}\theta\int_0^{\sqrt{2}}\rho^3\sqrt{1+\rho^2}\,\mathrm{d}\rho = \pi\int_0^{\sqrt{2}}\rho^3\sqrt{1+\rho^2}\,\mathrm{d}\rho \\ &= \pi\cdot\left[\frac{1}{5}(1+\rho^2)^{\frac{5}{2}} - \frac{1}{3}(1+\rho^2)^{\frac{3}{2}}\right]_0^{\sqrt{2}} = \frac{2\pi}{15}(6\sqrt{3}+1). \end{aligned}$$

习题 10－4

1. 当 Σ 是 xOy 面内的一个闭区域时，曲面积分 $\iint\limits_{\Sigma} f(x,y,z)\mathrm{d}S$ 与二重积分有什么关系？

2. 计算曲面积分 $\iint\limits_{\Sigma} f(x,y,z)\mathrm{d}S$，其中 Σ 为抛物面 $z=2-(x^2+y^2)$ 在 xOy 面上方的部分，$f(x,y,z)$ 分别如下：

(1) $f(x,y,z)=1$；

(2) $f(x,y,z)=x^2+y^2$；

(3) $f(x,y,z)=3z$.

3. 计算 $\iint\limits_{\Sigma}(x^2+y^2)\mathrm{d}S$，其中 Σ 是：

(1) 锥面 $z=\sqrt{x^2+y^2}$ 及平面 $z=1$ 所围成的区域的整个边界曲面；

(2) 锥面 $z^2=3(x^2+y^2)$ 被平面 $z=0$ 和 $z=3$ 所截得的部分.

4. 计算下列对面积的曲面积分：

(1) $\iint\limits_{\Sigma}(2x+\frac{4}{3}y+z)\mathrm{d}S$，其中 Σ 为平面 $\frac{x}{2}+\frac{y}{3}+\frac{z}{4}=1$ 在第一卦限中的部分；

(2) $\oiint\limits_{\Sigma}(x^2+y^2)\mathrm{d}S$，$\Sigma$ 为柱面 $x^2+y^2=9$ 及平面 $z=0$，$z=3$ 所围成的区域的整个边界曲面；

(3) $\iint\limits_{\Sigma}(x^2+y^2+z)\mathrm{d}S$，其中 Σ 为锥面 $z=\sqrt{x^2+y^2}$ 在 $0\leqslant z\leqslant 1$ 的部分；

(4) $\iint\limits_{\Sigma}(x+y+z)\mathrm{d}S$，其中 Σ 为球面 $x^2+y^2+z^2=a^2$ 上 $z\geqslant h(0<h<a)$ 的部分；

(5) $\iint\limits_{\Sigma}(xy+yz+zx)\mathrm{d}S$，其中 Σ 为锥面 $z=\sqrt{x^2+y^2}$ 被柱面 $x^2+y^2=2ax$ 所截得的有限部分；

(6) $\iint\limits_{\Sigma}\frac{1}{\sqrt{1+4x^2+4y^2}}\mathrm{d}S$，其中 Σ 为曲面 $z=x^2+y^2$ 夹在两平面 $z=1$ 及 $z=2$ 之间的部分.

5. 求圆锥面壳 $z=\sqrt{x^2+y^2}$ $(0\leqslant z\leqslant 1)$ 的质量，此壳的面密度 $\mu=z$.

6. 求面密度为 μ_0 的均匀半球壳 $x^2+y^2+z^2=a^2(z\geqslant 0)$ 对于 z 轴的转动惯量.

10.5 对坐标的曲面积分

10.5.1 对坐标的曲面积分的概念与性质

1. 有向曲面及曲面的侧

我们知道对坐标的曲线积分与积分路径的方向有关，下面将要讨论的对坐标的曲面积分也与方向性有关！为此，我们先介绍曲面的侧的问题.

假定曲面 Σ 是光滑的. 通常曲面 Σ 是双侧的. 例如方程 $z=z(x,y)$ 所表示的曲面，有上侧和下侧之分；方程 $y=y(x,z)$ 表示的曲面有左侧与右侧之分；方程 $x=x(y,z)$ 表示的曲面有前侧与后侧之分；对于封闭曲面，有内侧与外侧之分.

在讨论对坐标的曲面积分时，需要指定曲面的侧. 我们可以通过曲面上法向量的指向来定出曲面的侧. 例如，对于曲面 $z=z(x,y)$，如果取它的法向量 $\boldsymbol{n}$ 的指向朝上，我们就认为取定曲面的上侧；又如，对于闭曲面，如果取它的法向量的指向朝外，我们就认为取定曲面的外侧. 这种取定了法向量亦即选定了侧的曲面，就称为有向曲面.

设 Σ 是有向曲面. 在 Σ 上取一小块曲面 ΔS，把 ΔS 投影到 xOy 面上得一投影区域，这投影区域的面积记为 $(\Delta\sigma)_{xy}$. 假定 ΔS 上各点处的法向量与 z 轴的夹角 γ 的余弦 $\cos\gamma$ 有相同的符号（即 $\cos\gamma$ 都是正的或都是负的）. 我们规定 ΔS 在 xOy 面上的投影 $(\Delta S)_{xy}$ 为

$$(\Delta S)_{xy}=\begin{cases}(\Delta\sigma)_{xy}, & \cos\gamma>0,\\ -(\Delta\sigma)_{xy}, & \cos\gamma<0,\\ 0, & \cos\gamma\equiv 0.\end{cases}$$

其中 $\cos\gamma\equiv 0$ 也就是 $(\Delta\sigma)_{xy}=0$ 的情形. ΔS 在 xOy 面上的投影 $(\Delta S)_{xy}$ 实际就是 ΔS 在 xOy 面的投影区域的面积赋以一定的正负号.

类似地可以定义 ΔS 在 yOz 面及 zOx 面上的投影 $(\Delta S)_{yz}$ 及 $(\Delta S)_{zx}$.

2. 流向曲面一侧的流量

设有一稳定流动的流体，其密度处处相同（设密度为 1），若以速度

$$\boldsymbol{v}(x,y,z)=P(x,y,z)\boldsymbol{i}+Q(x,y,z)\boldsymbol{j}+R(x,y,z)\boldsymbol{k}$$

流过有向曲面 Σ，其中 $P(x,y,z)$、$Q(x,y,z)$、$R(x,y,z)$ 在 Σ 上连续，求在单位时间内流向曲面 Σ 指定侧的流体的质量即流量 Φ.

如果流体流过平面上面积为 A 的一个闭区域时，流体在这区域上各点处的流速为常向量 $\boldsymbol{v}$，且 $\boldsymbol{n}$ 为该有向平面指定侧的单位法向量，那么在单位时间内流过该区域指定侧的流量是：一个底面积为 A、斜高为 $|\boldsymbol{v}|$ 的斜柱体的体积（图 10－20），即体积为

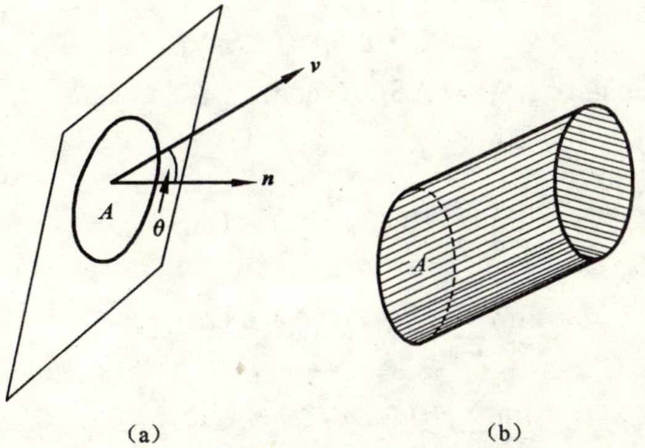

图 10－20

$$A \cdot |\boldsymbol{v}| \cdot \cos\theta = A\boldsymbol{v} \cdot \boldsymbol{n}.$$

现在所考虑的不是平面闭区域而是一片曲面，且流速 $\boldsymbol{v}$ 也不是常向量，因此所求的流量不能直接用上述方法计算. 我们仍可用“分割、近似、求和、取极限”的方法来解决.

把曲面 Σ 分成 n 小块 $\Delta S_i(i=1,2,\cdots,n)$，同时以 ΔS_i 表示小曲面面积，在 Σ 是光滑的和 $\boldsymbol{v}$ 是连续的前提下，只要 ΔS_i 的直径很小，我们就可以用 ΔS_i 上任一点 (ξ_i,η_i,ζ_i) 处的流速

$$\begin{aligned}\boldsymbol{v}_i &= \boldsymbol{v}(\xi_i,\eta_i,\zeta_i)\\ &= P(\xi_i,\eta_i,\zeta_i)\boldsymbol{i} + Q(\xi_i,\eta_i,\zeta_i)\boldsymbol{j} + R(\xi_i,\eta_i,\zeta_i)\boldsymbol{k}\end{aligned}$$

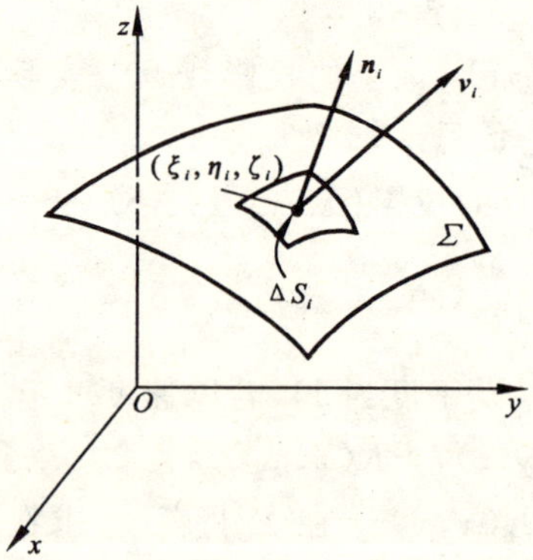

图 10-21

代替 ΔS_i 上其他各点处的流速，以该点处曲面 Σ 的单位法向量

$$\boldsymbol{n}_i = \cos\alpha_i\boldsymbol{i} + \cos\beta_i\boldsymbol{j} + \cos\gamma_i\boldsymbol{k}$$

代替 ΔS_i 其他各点处的单位法向量(图 10-21). 于是得到通过 ΔS_i 流向指定侧的流量的近似值为

$$\Delta\Phi_i \approx (\boldsymbol{v}_i \cdot \boldsymbol{n}_i)\Delta S_i \quad (i=1,2,\cdots,n).$$

通过曲面 Σ 指定侧的流量近似值为

$$\begin{aligned}\Phi &= \sum_{i=1}^{n}\Delta\Phi_i \approx \sum_{i=1}^{n}(\boldsymbol{v}_i \cdot \boldsymbol{n}_i)\Delta S_i\\ &= \sum_{i=1}^{n}[P(\xi_i,\eta_i,\zeta_i)\cos\alpha_i + Q(\xi_i,\eta_i,\zeta_i)\cos\beta_i + R(\xi_i,\eta_i,\zeta_i)\cos\gamma_i]\Delta S_i\end{aligned}$$

记 λ 为 $\Delta S_i(i=1,2,\cdots,n)$ 直径的最大值，则

$$\Phi = \lim_{\lambda\to 0}\sum_{i=1}^{n}[P(\xi_i,\eta_i,\zeta_i)\cos\alpha_i + Q(\xi_i,\eta_i,\zeta_i)\cos\beta_i + R(\xi_i,\eta_i,\zeta_i)\cos\gamma_i]\Delta S_i,$$

但

$$\cos\alpha_i \cdot \Delta S_i \approx (\Delta S_i)_{yz},$$

$$\cos\beta_i \cdot \Delta S_i \approx (\Delta S_i)_{zx}, \cos\gamma_i \cdot \Delta S_i \approx (\Delta S_i)_{xy},$$

因此上式可以分为三个极限

$$\lim_{\lambda\to 0}\sum_{i=1}^{n}P(\xi_i,\eta_i,\zeta_i)\cdot(\Delta S_i)_{yz},$$

$$\lim_{\lambda\to 0}\sum_{i=1}^{n}Q(\xi_i,\eta_i,\zeta_i)\cdot(\Delta S_i)_{zx},$$

$$\lim_{\lambda\to 0}\sum_{i=1}^{n}R(\xi_i,\eta_i,\zeta_i)\cdot(\Delta S_i)_{xy}.$$

以上三个极限之和即为流量 Φ 的精确值. 这样的极限还会在其他问题中遇到. 抽去它们的具体意义，就得到下列对坐标的曲面积分的概念.

定义 设Σ为光滑的有向曲面，函数$R(x,y,z)$在Σ上有界. 把Σ任意分成n块小曲面ΔS_i（ΔS_i同时又表示第i块小曲面的面积），ΔS_i在xOy面上的投影为$(\Delta S_i)_{xy}$，(ξ_i,η_i,ζ_i)是ΔS_i上任意取定的一点. 如果当各小块曲面的直径的最大值$\lambda\to 0$时，极限

$$\lim_{\lambda\to 0}\sum_{i=1}^{n}R(\xi_i,\eta_i,\zeta_i)(\Delta S_i)_{xy}$$

总存在，则称此极限为函数$R(x,y,z)$在有向曲面Σ上对坐标x、y的曲面积分，记作$\iint\limits_{\Sigma}R(x,y,z)\mathrm{d}x\mathrm{d}y$，即

$$\iint\limits_{\Sigma}R(x,y,z)\mathrm{d}x\mathrm{d}y=\lim_{\lambda\to 0}\sum_{i=1}^{n}R(\xi_i,\eta_i,\zeta_i)\cdot(\Delta S_i)_{xy},$$

其中$R(x,y,z)$叫做被积函数，Σ叫做积分曲面.

类似地可以定义函数$P(x,y,z)$在有向曲面Σ上对坐标y、z的曲面积分为

$$\iint\limits_{\Sigma}P(x,y,z)\mathrm{d}y\mathrm{d}z=\lim_{\lambda\to 0}\sum_{i=1}^{n}P(\xi_i,\eta_i,\zeta_i)\cdot(\Delta S_i)_{yz}.$$

函数$Q(x,y,z)$在有向曲面Σ上对坐标z、x的曲面积分为

$$\iint\limits_{\Sigma}Q(x,y,z)\mathrm{d}z\mathrm{d}x=\lim_{\lambda\to 0}\sum_{i=1}^{n}Q(\xi_i,\eta_i,\zeta_i)\cdot(\Delta S_i)_{zx}.$$

以上三个曲面积分也称为第二类曲面积分.

为简便起见，我们将表达式

$$\iint\limits_{\Sigma}P(x,y,z)\mathrm{d}y\mathrm{d}z+\iint\limits_{\Sigma}Q(x,y,z)\mathrm{d}z\mathrm{d}x+\iint\limits_{\Sigma}R(x,y,z)\mathrm{d}x\mathrm{d}y$$

写成

$$\iint\limits_{\Sigma}P(x,y,z)\mathrm{d}y\mathrm{d}z+Q(x,y,z)\mathrm{d}z\mathrm{d}x+R(x,y,z)\mathrm{d}x\mathrm{d}y.$$

于是，上述流向Σ的指定侧的流量Φ可表示为

$$\Phi=\iint\limits_{\Sigma}P(x,y,z)\mathrm{d}y\mathrm{d}z+Q(x,y,z)\mathrm{d}z\mathrm{d}x+R(x,y,z)\mathrm{d}x\mathrm{d}y.$$

我们指出，当$P(x,y,z)$、$Q(x,y,z)$、$R(x,y,z)$在有向光滑曲面Σ上连续时，对坐标的曲面积分是存在的，以后总假定P、Q、R在Σ上连续.

如果Σ分片光滑，我们规定函数在Σ上对坐标的曲面积分等于函数在各片光滑曲面上对坐标的曲面积分之和.

3. 对坐标的曲面积分的性质

(1)如果Σ分成两块Σ_1和Σ_2，即$\Sigma=\Sigma_1+\Sigma_2$，则有

$$\iint_{\Sigma} P\mathrm{d}y\mathrm{d}z + Q\mathrm{d}z\mathrm{d}x + R\mathrm{d}x\mathrm{d}y$$
$$= \iint_{\Sigma_1} P\mathrm{d}y\mathrm{d}z + Q\mathrm{d}z\mathrm{d}x + R\mathrm{d}x\mathrm{d}y + \iint_{\Sigma_2} P\mathrm{d}y\mathrm{d}z + Q\mathrm{d}z\mathrm{d}x + R\mathrm{d}x\mathrm{d}y.$$

该公式可推广到 Σ 分成 $\Sigma_1,\Sigma_2,\cdots,\Sigma_k$ 几部分的情形.

(2)设 Σ 是有向曲面,Σ^- 表示与 Σ 取相反侧的有向曲面,则有

$$\iint_{\Sigma} P\mathrm{d}y\mathrm{d}z + Q\mathrm{d}z\mathrm{d}x + R\mathrm{d}x\mathrm{d}y = -\iint_{\Sigma^-} P\mathrm{d}y\mathrm{d}z + Q\mathrm{d}z\mathrm{d}x + R\mathrm{d}x\mathrm{d}y.$$

性质(2)表明,当积分曲面的侧变为相反侧时,对坐标的曲面积分要改变符号.因此对坐标的曲面积分,我们必须注意曲面所取的侧.

10.5.2 对坐标的曲面积分的计算法

下面以 $\iint_{\Sigma} R(x,y,z)\mathrm{d}x\mathrm{d}y$ 为例来讨论对坐标的曲面积分的计算方法.

设积分曲面是由方程 $z=z(x,y)$ 所给出的曲面上侧,Σ 在 xOy 面上的投影区域为 D_{xy},函数 $z=z(x,y)$ 在 D_{xy} 上具有一阶连续偏导数,被积函数 $R(x,y,z)$ 在 Σ 上连续,则

$$\iint_{\Sigma} R(x,y,z)\mathrm{d}x\mathrm{d}y = \lim_{\lambda\to 0}\sum_{i=1}^{n} R(\xi_i,\eta_i,\zeta_i)\cdot(\Delta S_i)_{xy}.$$

因为 Σ 取上侧,$\cos\gamma>0$,所以 $(\Delta S_i)_{xy}=(\Delta\sigma)_{xy}$.又因 $\zeta_i=z(\xi_i,\eta_i)$,所以

$$\lim_{\lambda\to 0}\sum_{i=1}^{n} R(\xi_i,\eta_i,\zeta_i)\cdot(\Delta S_i)_{xy} = \lim_{\lambda\to 0}\sum_{i=1}^{n} R[\xi_i,\eta_i,z(\xi_i,\eta_i)]\cdot(\Delta\sigma)_{xy}.$$

由二重积分的定义得上式右端极限为 $\iint_{D_{xy}} R[x,y,z(x,y)]\mathrm{d}x\mathrm{d}y$.

即
$$\iint_{\Sigma} R(x,y,z)\mathrm{d}x\mathrm{d}y = \iint_{D_{xy}} R[x,y,z(x,y)]\mathrm{d}x\mathrm{d}y.$$

这就是把对坐标的曲面积分化为二重积分的公式.

若 Σ 取下侧,$\cos\gamma<0$,所以 $(\Delta S_i)_{xy}=-(\Delta\sigma)_{xy}$,因此

$$\iint_{\Sigma} R(x,y,z)\mathrm{d}x\mathrm{d}y = -\iint_{D_{xy}} R[x,y,z(x,y)]\mathrm{d}x\mathrm{d}y.$$

类似地,如果 Σ 由 $x=x(y,z)$ 给出,则有

$$\iint_{\Sigma} P(x,y,z)\mathrm{d}y\mathrm{d}z = \pm\iint_{D_{yz}} P[x(y,z),y,z]\mathrm{d}y\mathrm{d}z,$$

其中 Σ 取前(或后)侧时上式右端取正(或负)号.

如果 Σ 由 $y=y(x,z)$ 给出,则有

$$\iint_{\Sigma} Q(x,y,z)\,\mathrm{d}z\mathrm{d}x = \pm\iint_{D_{zx}} Q[x,y(x,z),z]\,\mathrm{d}z\mathrm{d}x,$$

其中 Σ 取右(或左)侧时上式右端取正(或负)号.

例 1 计算曲面积分

$$\iint_{\Sigma} z\,\mathrm{d}x\mathrm{d}y,$$

其中 Σ 为三个坐标面及平面 $x+y+z=1$ 所围成的立体整个表面的外侧(图 10-22).

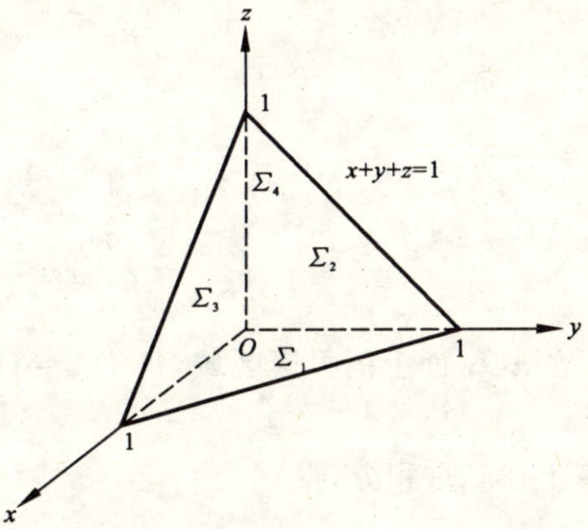

图 10-22

解 把有向曲面 Σ 分成以下四个部分:

$\Sigma_1: z=0\,(0\leqslant x\leqslant 1, 0\leqslant y\leqslant 1-x)$ 的下侧;

$\Sigma_2: x=0\,(0\leqslant y\leqslant 1, 0\leqslant z\leqslant 1-y)$ 的后侧;

$\Sigma_3: y=0\,(0\leqslant x\leqslant 1, 0\leqslant z\leqslant 1-x)$ 的左侧;

$\Sigma_4: z=1-x-y\,(0\leqslant x\leqslant 1, 0\leqslant y\leqslant 1-x)$ 的上侧.

由于 Σ_2 和 Σ_3 在 xOy 面上的投影为零,因此

$$\begin{aligned}\iint_{\Sigma} z\,\mathrm{d}x\mathrm{d}y &= \iint_{\Sigma_1} z\,\mathrm{d}x\mathrm{d}y + \iint_{\Sigma_4} z\,\mathrm{d}x\mathrm{d}y\\ &= \iint_{D_{xy}} 0\cdot(-\mathrm{d}x\mathrm{d}y) + \iint_{D_{xy}} (1-x-y)\,\mathrm{d}x\mathrm{d}y\\ &= \int_0^1 \mathrm{d}x\int_0^{1-x}(1-x-y)\,\mathrm{d}y\\ &= \frac{1}{2}\int_0^1 (1-x)^2\,\mathrm{d}x = \frac{1}{6}.\end{aligned}$$

例 2 计算曲面积分

$$\iint_{\Sigma} xyz\,\mathrm{d}x\mathrm{d}y,$$

其中 Σ 是球面 $x^2+y^2+z^2=1$ 外侧在 $x\geqslant 0, y\geqslant 0$ 的部分.

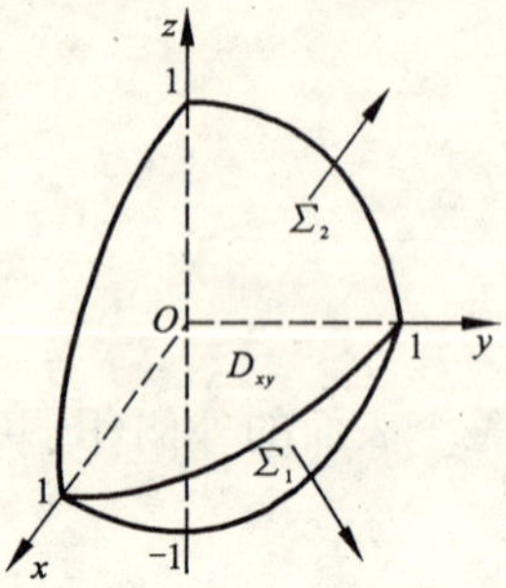

图 10－23

解 把有向曲面 Σ 分成两部分 Σ_1 和 Σ_2（图 10－23），其中

$$\Sigma_1: z=-\sqrt{1-x^2-y^2} \text{ 的下侧};$$

$$\Sigma_2: z=\sqrt{1-x^2-y^2} \text{ 的上侧}.$$

因此
$$\begin{aligned}\iint_{\Sigma} xyz\,\mathrm{d}x\mathrm{d}y &= \iint_{\Sigma_1} xyz\,\mathrm{d}x\mathrm{d}y + \iint_{\Sigma_2} xyz\,\mathrm{d}x\mathrm{d}y \\ &= \iint_{D_{xy}} xy\cdot(-\sqrt{1-x^2-y^2})\cdot(-\mathrm{d}x\mathrm{d}y) + \iint_{D_{xy}} xy\cdot\sqrt{1-x^2-y^2}\,\mathrm{d}x\mathrm{d}y \\ &= 2\iint_{D_{xy}} xy\sqrt{1-x^2-y^2}\,\mathrm{d}x\mathrm{d}y,\end{aligned}$$

其中 D_{xy} 是 Σ_1 及 Σ_2 在 xOy 面上的投影区域，且 $D_{xy}=\{(x,y)\mid x^2+y^2\leqslant 1, x\geqslant 0, y\geqslant 0\}$.

利用极坐标计算上述二重积分，得

$$\begin{aligned}2\iint_{D_{xy}} xy\sqrt{1-x^2-y^2}\,\mathrm{d}x\mathrm{d}y &= 2\iint_{D_{xy}} \rho^2\sin\theta\cos\theta\sqrt{1-\rho^2}\,\rho\mathrm{d}\rho\mathrm{d}\theta \\ &= \int_0^{\frac{\pi}{2}}\sin 2\theta\mathrm{d}\theta\int_0^1\rho^3\sqrt{1-\rho^2}\,\mathrm{d}\rho = 1\cdot\frac{2}{15}=\frac{2}{15},\end{aligned}$$

从而
$$\iint_{\Sigma} xyz\,\mathrm{d}x\mathrm{d}y=\frac{2}{15}.$$

例 3 计算 $\oiint_{\Sigma} y^2 z\mathrm{d}x\mathrm{d}y$，其中闭曲面 Σ 为旋转抛物面 $z=x^2+y^2$ 与平面 $z=1$ 所围空间立体的表面外侧.

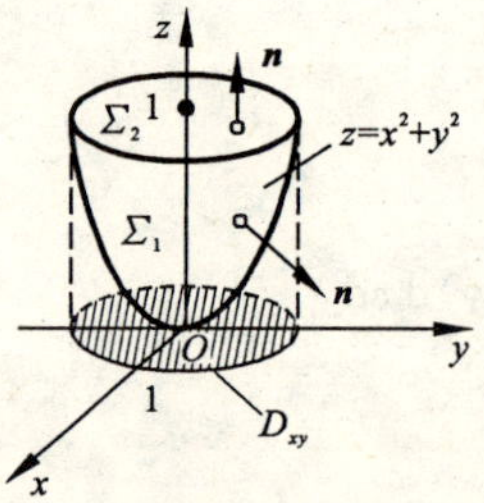

图 10－24

解 如图 10－24 所示，Σ 分为 Σ_1 和 Σ_2 两部分，

其中 $\Sigma_1: z=x^2+y^2(0\leqslant z\leqslant 1)$ 的下侧；

$\Sigma_2: z=1(x^2+y^2\leqslant 1)$ 的上侧.

于是有 $\oiint_{\Sigma} y^2 z\mathrm{d}x\mathrm{d}y=\iint_{\Sigma_1} y^2 z\mathrm{d}x\mathrm{d}y+\iint_{\Sigma_2} y^2 z\mathrm{d}x\mathrm{d}y$.

Σ_1 及 Σ_2 在 xOy 面上的投影区域都为 $D_{xy}=\{(x,y)\mid x^2+y^2\leqslant 1\}$.

所以 $\iint\limits_{\Sigma_1} y^2 z\mathrm{d}x\mathrm{d}y = -\iint\limits_{D_{xy}} y^2(x^2+y^2)\mathrm{d}x\mathrm{d}y = -\iint\limits_{D_{xy}} \rho^2\sin^2\theta\cdot\rho^2\cdot\rho\mathrm{d}\rho\mathrm{d}\theta$

$$= -\int_0^{2\pi}\sin^2\theta\mathrm{d}\theta\int_0^1\rho^5\mathrm{d}\rho = -\frac{\pi}{6},$$

$$\iint\limits_{\Sigma_2} y^2 z\mathrm{d}x\mathrm{d}y = \iint\limits_{D_{xy}} y^2\cdot 1\mathrm{d}x\mathrm{d}y = \iint\limits_{D_{xy}}\rho^2\sin^2\theta\cdot\rho\mathrm{d}\rho\mathrm{d}\theta$$

$$= \int_0^{2\pi}\sin^2\theta\mathrm{d}\theta\int_0^1\rho^3\mathrm{d}\rho = \frac{\pi}{4}.$$

从而 $$\oint\!\!\!\!\oint\limits_{\Sigma} y^2 z\mathrm{d}x\mathrm{d}y = -\frac{\pi}{6}+\frac{\pi}{4} = \frac{\pi}{12}.$$

10.5.3 两类曲面积分之间的联系

设有向曲面 Σ 由方程 $z=z(x,y)$ 给出，Σ 在 xOy 面上的投影区域为 D_{xy}，函数 $z=z(x,y)$ 在 D_{xy} 上具有一阶连续偏导数，$R(x,y,z)$ 在 Σ 上连续. 如果 Σ 取上侧，则对坐标 x、y 的曲面积分化为在 D_{xy} 上的二重积分有

$$\iint\limits_{\Sigma} R(x,y,z)\mathrm{d}x\mathrm{d}y = \iint\limits_{D_{xy}} R[x,y,z(x,y)]\mathrm{d}x\mathrm{d}y.$$

另一方面，有向曲面 Σ 上任意点 (x,y,z) 处的法向量为

$$\boldsymbol{n} = (-z'_x, -z'_y, 1).$$

法向量的方向余弦为

$$\cos\alpha = \frac{-z'_x}{\sqrt{1+z'^2_x+z'^2_y}}, \cos\beta = \frac{-z'_y}{\sqrt{1+z'^2_x+z'^2_y}}, \cos\gamma = \frac{1}{\sqrt{1+z'^2_x+z'^2_y}}.$$

则对面积的曲面积分化成 D_{xy} 上的二重积分有

$$\iint\limits_{\Sigma} R(x,y,z)\cos\gamma\mathrm{d}S = \iint\limits_{D_{xy}} R[x,y,z(x,y)]\mathrm{d}x\mathrm{d}y,$$

由此可见，有

$$\iint\limits_{\Sigma} R(x,y,z)\mathrm{d}x\mathrm{d}y = \iint\limits_{\Sigma} R(x,y,z)\cos\gamma\mathrm{d}S.$$

如果 Σ 取下侧，上式也成立.

类似地，可推出

$$\iint\limits_{\Sigma} P(x,y,z)\mathrm{d}y\mathrm{d}z = \iint\limits_{\Sigma} P(x,y,z)\cos\alpha\mathrm{d}S,$$

$$\iint\limits_{\Sigma} Q(x,y,z)\mathrm{d}z\mathrm{d}x = \iint\limits_{\Sigma} Q(x,y,z)\cos\beta\mathrm{d}S.$$

从而得两类曲面积分之间有如下联系：

$$\iint_{\Sigma} P\,\mathrm{d}y\mathrm{d}z + Q\mathrm{d}z\mathrm{d}x + R\mathrm{d}x\mathrm{d}y$$
$$= \iint_{\Sigma} (P\cos\alpha + Q\cos\beta + R\cos\gamma)\,\mathrm{d}S,$$

其中 $\cos\alpha$、$\cos\beta$、$\cos\gamma$ 是有向曲面 Σ 在点(x,y,z)处的法向量的方向余弦.

例 4 求 $I = \iint_{\Sigma} yz\,\mathrm{d}z\mathrm{d}x + zx\,\mathrm{d}x\mathrm{d}y$,其中 Σ 为上半球面 $z = \sqrt{R^2 - x^2 - y^2}$ 的上侧.

解 利用两类曲面积分之间的联系,得

$$\iint_{\Sigma} yz\,\mathrm{d}z\mathrm{d}x = \iint_{\Sigma} yz \cdot \cos\beta\mathrm{d}S = \iint_{\Sigma} yz \cdot \frac{\cos\beta}{\cos\gamma} \cdot \cos\gamma\mathrm{d}S$$
$$= \iint_{\Sigma} yz \cdot \frac{\cos\beta}{\cos\gamma}\mathrm{d}x\mathrm{d}y.$$

在有向曲面 Σ 上,有

$$\cos\beta = \frac{-z_y}{\sqrt{1+z_x^2+z_y^2}} = \frac{y}{R},\ \cos\gamma = \frac{1}{\sqrt{1+z_x^2+z_y^2}} = \frac{1}{R}\sqrt{R^2-x^2-y^2},$$

于是 $$\iint_{\Sigma} yz\,\frac{\cos\beta}{\cos\gamma}\mathrm{d}x\mathrm{d}y = \iint_{\Sigma} \frac{y^2 z}{\sqrt{R^2-x^2-y^2}}\mathrm{d}x\mathrm{d}y = \iint_{\Sigma} y^2\mathrm{d}x\mathrm{d}y.$$

所以 $$I = \iint_{\Sigma} y^2\mathrm{d}x\mathrm{d}y + zx\,\mathrm{d}x\mathrm{d}y = \iint_{\Sigma} (y^2 + zx)\mathrm{d}x\mathrm{d}y$$
$$= \iint_{x^2+y^2\leqslant R^2} (y^2 + x\sqrt{R^2-x^2-y^2})\mathrm{d}x\mathrm{d}y$$
$$= \int_0^{2\pi}\mathrm{d}\theta\int_0^R (\rho^2\sin^2\theta + \rho\cos\theta \cdot \sqrt{R^2-\rho^2})\rho\mathrm{d}\rho$$
$$= \int_0^{2\pi}\sin^2\theta\mathrm{d}\theta\int_0^R \rho^3\mathrm{d}\rho + \int_0^{2\pi}\cos\theta\mathrm{d}\theta\int_0^R \rho^2\sqrt{R^2-\rho^2}\mathrm{d}\rho,$$

由于 $\int_0^{2\pi}\sin^2\theta\mathrm{d}\theta = \pi$,$\int_0^{2\pi}\cos\theta\mathrm{d}\theta = 0$,代入上式得 $I = \pi \cdot \int_0^R \rho^3\mathrm{d}\rho = \frac{\pi}{4}R^4$.

习题 10 - 5

1. 当 Σ 为 xOy 面内的一个闭区域时,曲面积分 $\iint_{\Sigma} R(x,y,z)\mathrm{d}x\mathrm{d}y$ 与二重积分有什么关系?

2. 计算下列对坐标的曲面积分,其中 Σ 是球面 $x^2+y^2+z^2=R^2$ 的外侧:

(1) $\oiint_{\Sigma}\mathrm{d}x\mathrm{d}y$;(2) $\oiint_{\Sigma} z\,\mathrm{d}x\mathrm{d}y$;(3) $\oiint_{\Sigma} z^2\,\mathrm{d}x\mathrm{d}y$.

3. 计算下列对坐标的曲面积分：

(1) $\iint\limits_{\Sigma} z^2 \mathrm{d}x\mathrm{d}y$，其中 Σ 为平面 $x+y+z=1$ 位于第一卦限部分的上侧；

(2) $\iint\limits_{\Sigma} x^2y^2z\mathrm{d}x\mathrm{d}y$，其中 Σ 为球面 $x^2+y^2+z^2=R^2$ 下半部分的外侧；

(3) $\iint\limits_{\Sigma} z\mathrm{d}x\mathrm{d}y + x\mathrm{d}y\mathrm{d}z + y\mathrm{d}z\mathrm{d}x$，其中 Σ 是柱面 $x^2+y^2=1$ 被平面 $z=0$ 及 $z=3$ 所截得的在第一卦限内的部分的前侧；

(4) $\oiint\limits_{\Sigma} xy\mathrm{d}y\mathrm{d}z + yz\mathrm{d}z\mathrm{d}x + xz\mathrm{d}x\mathrm{d}y$，其中 Σ 是平面 $x=0, y=0, z=0, x+y+z=1$ 所围的空间区域的整个边界曲面的外侧.

4. 把第二类曲面积分 $\iint\limits_{\Sigma} P(x,y,z)\mathrm{d}y\mathrm{d}z + Q(x,y,z)\mathrm{d}z\mathrm{d}x + R(x,y,z)\mathrm{d}x\mathrm{d}y$ 化为第一类曲面积分，其中

(1) Σ 为平面 $3x+2y+z=1$ 位于第一卦限的部分，并取上侧；

(2) Σ 是抛物面 $z=8-(x^2+y^2)$ 在 xOy 面上方的部分的上侧.

10.6 高斯公式 通量与散度

10.6.1 高斯(Gauss)公式

格林公式表达了平面闭区域上的二重积分与其边界曲线上的曲线积分之间的联系. 对于三重积分也有类似于格林公式的结论. 即把空间闭区域上的三重积分与其边界曲面上的曲面积分联系起来，这就是下面我们将要介绍的高斯公式.

定理 设空间闭区域 Ω 是由分片光滑的闭曲面 Σ 所围成，函数 $P(x,y,z)$、$Q(x,y,z)$、$R(x,y,z)$ 在 Ω 上具有一阶连续偏导数，则有

$$\iiint\limits_{\Omega}\left(\frac{\partial P}{\partial x}+\frac{\partial Q}{\partial y}+\frac{\partial R}{\partial z}\right)\mathrm{d}V = \oiint\limits_{\Sigma} P\mathrm{d}y\mathrm{d}z + Q\mathrm{d}z\mathrm{d}x + R\mathrm{d}x\mathrm{d}y, \tag{1}$$

或

$$\iiint\limits_{\Omega}\left(\frac{\partial P}{\partial x}+\frac{\partial Q}{\partial y}+\frac{\partial R}{\partial z}\right)\mathrm{d}V = \oiint\limits_{\Sigma}(P\cos\alpha + Q\cos\beta + R\cos\gamma)\mathrm{d}S, \tag{1'}$$

其中 Σ 是 Ω 的整个边界曲面的外侧，$\cos\alpha$、$\cos\beta$、$\cos\gamma$ 是 Σ 在点 (x,y,z) 处的法向量的方向余弦. 公式(1) 或(1′) 叫做高斯公式.

证 由上一节知，公式(1)及(1′)的右端是相等的，因此这里只需证明公式(1)就可以了.

设闭区域 Ω 在 xOy 面上的投影区域为 D_{xy}. 假定穿过 Ω 内部且平行于 z 轴

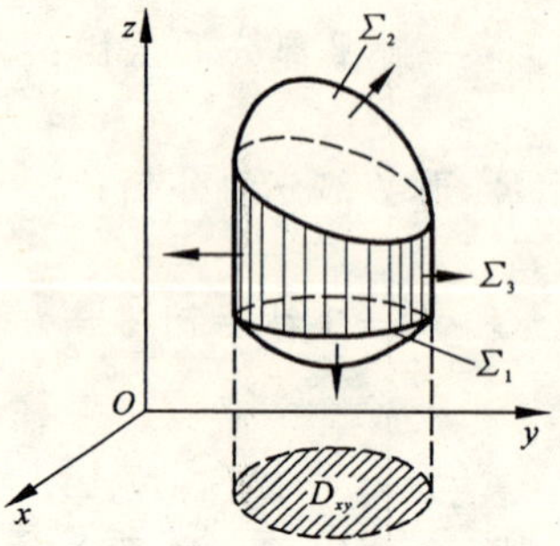

图 10－25

的直线与 Ω 的边界曲面 Σ 的交点不多于两个. 这样,可设 Σ 由 Σ_1、Σ_2 和 Σ_3 三部分组成(图 10－25). 其中 Σ_1 为 Ω 的底部的曲面,其方程为

$$z=z_1(x,y),\text{取下侧}.$$

Σ_2 为 Ω 的顶部的曲面,其方程为

$$z=z_2(x,y),\text{取上侧}.$$

Σ_3 是 Ω 的侧面:母线平行于 Oz 轴而以 D_{xy} 的边界线为准线的柱面上的一部分,取外侧.

于是,Ω 可表示为

$$\Omega=\{(x,y,z)\mid z_1(x,y)\leqslant z\leqslant z_2(x,y),(x,y)\in D_{xy}\}.$$

一方面,根据三重积分的计算法,有

$$\begin{aligned}\iiint\limits_{\Omega}\frac{\partial R}{\partial z}\mathrm{d}V&=\iint\limits_{D_{xy}}\left\{\int_{z_1(x,y)}^{z_2(x,y)}\frac{\partial R}{\partial z}\mathrm{d}z\right\}\mathrm{d}x\mathrm{d}y\\&=\iint\limits_{D_{xy}}\{R[x,y,z_2(x,y)]-R[x,y,z_1(x,y)]\}\mathrm{d}x\mathrm{d}y.\qquad(2)\end{aligned}$$

另一方面,根据对坐标的曲面积分的计算法,有

$$\iint\limits_{\Sigma_1}R(x,y,z)\mathrm{d}x\mathrm{d}y=-\iint\limits_{D_{xy}}R[x,y,z_1(x,y)]\mathrm{d}x\mathrm{d}y,$$

$$\iint\limits_{\Sigma_2}R(x,y,z)\mathrm{d}x\mathrm{d}y=\iint\limits_{D_{xy}}R[x,y,z_2(x,y)]\mathrm{d}x\mathrm{d}y.$$

由于 Σ_3 在 xOy 面上的投影为零,于是有

$$\iint\limits_{\Sigma_3}R(x,y,z)\mathrm{d}x\mathrm{d}y=0.$$

所以

$$\begin{aligned}\oiint\limits_{\Sigma}R\,\mathrm{d}x\mathrm{d}y&=\iint\limits_{\Sigma_1}R\mathrm{d}x\mathrm{d}y+\iint\limits_{\Sigma_2}R\mathrm{d}x\mathrm{d}y+\iint\limits_{\Sigma_3}R\mathrm{d}x\mathrm{d}y\\&=-\iint\limits_{D_{xy}}R[x,y,z_1(x,y)]\mathrm{d}x\mathrm{d}y+\iint\limits_{D_{xy}}R[x,y,z_2(x,y)]\mathrm{d}x\mathrm{d}y\\&=\iint\limits_{D_{xy}}\{R[x,y,z_2(x,y)]-R[x,y,z_1(x,y)]\}\mathrm{d}x\mathrm{d}y.\qquad(3)\end{aligned}$$

比较(2)、(3)两式,得

$$\iiint\limits_{\Omega}\frac{\partial R}{\partial z}\mathrm{d}V=\oiint\limits_{\Sigma}R\,\mathrm{d}x\mathrm{d}y.$$

如果穿过 Ω 内部且平行于 x 轴的直线以及平行于 y 轴的直线与 Ω 的边界曲面 Σ 的交点也都恰好是两个,那么类似地可得

$$\iiint_{\Omega} \frac{\partial P}{\partial x} \mathrm{d}V = \oiint_{\Sigma} P(x,y,z)\mathrm{d}y\mathrm{d}z,$$

$$\iiint_{\Omega} \frac{\partial Q}{\partial y} \mathrm{d}V = \oiint_{\Sigma} Q(x,y,z)\mathrm{d}z\mathrm{d}x.$$

把以上三式两端分别相加,即得高斯公式(1).

如果 Ω 不是上述假定的简单区域,则可用一些辅助曲面把 Ω 分割为有限个闭区域,使得每个闭区域满足这样的假定条件,并注意到沿辅助曲面相反两侧的积分正好相互抵消,因此公式(1)对于这样的闭区域仍然是正确的.

特别地,令 $P=x,Q=y,R=z$,则 $\frac{\partial P}{\partial x}+\frac{\partial Q}{\partial y}+\frac{\partial R}{\partial z}=3$,于是由高斯公式可得空间立体 Ω 的体积

$$\begin{aligned} V &= \iiint_{\Omega} \mathrm{d}V = \frac{1}{3}\iiint_{\Omega}\left(\frac{\partial P}{\partial x}+\frac{\partial Q}{\partial y}+\frac{\partial R}{\partial z}\right)\mathrm{d}V \\ &= \frac{1}{3}\oiint_{\Sigma} x\mathrm{d}y\mathrm{d}z + y\mathrm{d}z\mathrm{d}x + z\mathrm{d}x\mathrm{d}y, \end{aligned}$$

其中 Σ 为 Ω 的整个边界曲面的外侧.

如同格林公式给平面上某些第二类曲线积分的计算带来方便一样,高斯公式给第二类曲面积分的计算也能带来一定的方便.

例 1 计算曲面积分

$$\oiint_{\Sigma} (x+y)\mathrm{d}y\mathrm{d}z + (y+z)\mathrm{d}z\mathrm{d}x + (z+x)\mathrm{d}x\mathrm{d}y,$$

其中 Σ 为正方体 $\Omega=\{(x,y,z)\mid 0\leqslant x\leqslant a, 0\leqslant y\leqslant a, 0\leqslant z\leqslant a\}$ 的表面的外侧.

解 由高斯公式,得

$$\begin{aligned} &\oiint_{\Sigma} (x+y)\mathrm{d}y\mathrm{d}z + (y+z)\mathrm{d}z\mathrm{d}x + (z+x)\mathrm{d}x\mathrm{d}y, \\ &= \iiint_{\Omega} (1+1+1)\mathrm{d}V = 3\iiint_{\Omega}\mathrm{d}V = 3a^3. \end{aligned}$$

例 2 利用高斯公式计算曲面积分

$$\iint_{\Sigma} (x^2\cos\alpha + y^2\cos\beta + z^2\cos\gamma)\mathrm{d}S,$$

其中 Σ 为锥面 $x^2+y^2=z^2$ 介于平面 $z=0$ 及 $z=h(h>0)$ 之间的部分的下侧,$\cos\alpha$、$\cos\beta$、$\cos\gamma$ 是 Σ 在点 (x,y,z) 处的法向量的方向余弦.

解 由于曲面 Σ 不是封闭的,不能直接利用高斯公式. 引进辅助曲面 $\Sigma_1: z=h(x^2+y^2\leqslant h^2)$,取上侧,则 Σ 与 Σ_1 构成封闭曲面,且取外侧. 设它们围成的空间闭区域为 Ω,利用高斯公式,得

$$\oiint_{\Sigma+\Sigma_1} (x^2\cos\alpha + y^2\cos\beta + z^2\cos\gamma)\mathrm{d}S$$

$$= \iiint_{\Omega} (2x + 2y + 2z) \mathrm{d}V$$

$$= 2\iint_{D_{xy}} \mathrm{d}x\mathrm{d}y \int_{\sqrt{x^2+y^2}}^{h} (x + y + z) \mathrm{d}z,$$

其中 $D_{xy} = \{(x,y) \mid x^2 + y^2 \leqslant h^2\}$. 注意到

$$\iint_{D_{xy}} \mathrm{d}x\mathrm{d}y \int_{\sqrt{x^2+y^2}}^{h} (x + y) \mathrm{d}z = 0.$$

所以得

$$\oiint_{\Sigma+\Sigma_1} (x^2 \cos\alpha + y^2 \cos\beta + z^2 \cos\gamma) \mathrm{d}S = 2\iint_{D_{xy}} \mathrm{d}x\mathrm{d}y \int_{\sqrt{x^2+y^2}}^{h} z\mathrm{d}z$$

$$= \iint_{D_{xy}} (h^2 - x^2 - y^2) \mathrm{d}x\mathrm{d}y = \iint_{D_{xy}} (h^2 - \rho^2) \rho\mathrm{d}\rho\mathrm{d}\theta$$

$$= \int_0^{2\pi} \mathrm{d}\theta \int_0^{h} (h^2 - \rho^2) \rho\mathrm{d}\rho = \frac{\pi}{2} h^4.$$

而

$$\iint_{\Sigma_1} (x^2 \cos\alpha + y^2 \cos\beta + z^2 \cos\gamma) \mathrm{d}S = \iint_{\Sigma_1} z^2 \mathrm{d}S = \iint_{D_{xy}} h^2 \mathrm{d}x\mathrm{d}y = \pi h^4.$$

于是

$$\iint_{\Sigma} (x^2 \cos\alpha + y^2 \cos\beta + z^2 \cos\gamma) \mathrm{d}S = \frac{\pi}{2} h^4 - \pi h^4 = -\frac{1}{2} \pi h^4.$$

10.6.2* 通量与散度

首先,我们简单地介绍向量场的概念. 对于空间区域 G,如果 G 内任意一点 M 都有一个确定的向量 $\boldsymbol{F}(M)$ 与之对应,则称在空间区域 G 内确定了一个向量场. 例如力场、速度场,都是常见的向量场. 一个向量场可以用一个向量函数 $\boldsymbol{F}(M)$ 来表示,即

$$\boldsymbol{F}(M) = P(M)\boldsymbol{i} + Q(M)\boldsymbol{j} + R(M)\boldsymbol{k},$$

其中 $P(M)$、$Q(M)$、$R(M)$ 都是点 M 的数量函数.

有了向量场的定义之后,我们就可以引入通量和散度的概念.

设某向量场由

$$\boldsymbol{A}(x,y,z) = P(x,y,z)\boldsymbol{i} + Q(x,y,z)\boldsymbol{j} + R(x,y,z)\boldsymbol{k}$$

给出,其中 P、Q、R 具有一阶连续偏导数,Σ 是场内的一片有向曲面,$\boldsymbol{n}$ 是 Σ 上点 (x,y,z) 处的单位法向量,则称 $\iint_{\Sigma} \boldsymbol{A} \cdot \boldsymbol{n} \mathrm{d}S$ 为向量场 $\boldsymbol{A}$ 通过曲面 Σ 向着指定侧的通量(或流量),而 $\frac{\partial P}{\partial x} + \frac{\partial Q}{\partial y} + \frac{\partial R}{\partial z}$ 叫做向量场 $\boldsymbol{A}$ 的散度,记作 $\mathrm{div}\boldsymbol{A}$,即

$$\mathrm{div}\boldsymbol{A} = \frac{\partial P}{\partial x} + \frac{\partial Q}{\partial y} + \frac{\partial R}{\partial z}.$$

于是高斯公式可写成

$$\iiint\limits_{\Omega} \mathrm{div}\boldsymbol{A}\mathrm{d}x\mathrm{d}y\mathrm{d}z = \oiint\limits_{\Sigma} \boldsymbol{A}\cdot\boldsymbol{n}\mathrm{d}S,$$

其中Σ是空间闭区域Ω的边界曲面外侧.

例 3 设向量场$\boldsymbol{A}$为

$$\boldsymbol{A}=(x^2+yz)\boldsymbol{i}+(y^2+zx)\boldsymbol{j}+(z^2+xy)\boldsymbol{k},$$

求$\mathrm{div}\boldsymbol{A}$.

解 设$P=x^2+yz, Q=y^2+zx, R=z^2+xy$,

则
$$\frac{\partial P}{\partial x}=2x, \frac{\partial Q}{\partial y}=2y, \frac{\partial R}{\partial z}=2z,$$

所以
$$\mathrm{div}\boldsymbol{A}=\frac{\partial P}{\partial x}+\frac{\partial Q}{\partial y}+\frac{\partial R}{\partial z}=2(x+y+z).$$

习题 10－6

1. 利用高斯公式计算曲面积分：

(1) $\oiint\limits_{\Sigma} x\mathrm{d}y\mathrm{d}z+y\mathrm{d}z\mathrm{d}x+z\mathrm{d}x\mathrm{d}y$，其中$\Sigma$是由$x=0, x=1, y=0, y=2, z=0, z=3$所围立方体表面的外侧；

(2) $\oiint\limits_{\Sigma} x^2\mathrm{d}y\mathrm{d}z+y^2\mathrm{d}z\mathrm{d}x+z^2\mathrm{d}x\mathrm{d}y$，其中$\Sigma$为平面$x=0, y=0, z=0, x=a, y=a, z=a$所围成的立体表面的外侧；

(3) $\oiint\limits_{\Sigma} x^3\mathrm{d}y\mathrm{d}z+y^3\mathrm{d}z\mathrm{d}x+z^3\mathrm{d}x\mathrm{d}y$，其中$\Sigma$为球面$x^2+y^2+z^2=a^2$的外侧；

(4) $\oiint\limits_{\Sigma} xz^2\mathrm{d}y\mathrm{d}z+(x^2y-z^3)\mathrm{d}z\mathrm{d}x+(2xy+y^2z)\mathrm{d}x\mathrm{d}y$，其中$\Sigma$为上半球体$0\leqslant z\leqslant\sqrt{a^2-x^2-y^2}$的表面外侧；

(5) $\iint\limits_{\Sigma} x\mathrm{d}y\mathrm{d}z+y\mathrm{d}z\mathrm{d}x+z\mathrm{d}x\mathrm{d}y$，其中$\Sigma$是抛物面$z=1-x^2-y^2$在$z\geqslant 0$部分的上侧.

2*. 求下列向量$\boldsymbol{A}$穿过曲面Σ流向指定侧的通量：

(1) $\boldsymbol{A}=yz\boldsymbol{i}+xz\boldsymbol{j}+xy\boldsymbol{k}$，$\Sigma$为圆柱$x^2+y^2\leqslant a^2(0\leqslant z\leqslant h)$的全表面，流向外侧；

(2) $\boldsymbol{A}=(2x-z)\boldsymbol{i}+x^2y\boldsymbol{j}-xz^2\boldsymbol{k}$，$\Sigma$为立方体$0\leqslant x\leqslant a, 0\leqslant y\leqslant a, 0\leqslant z\leqslant a$的全表面，流向外侧；

(3) $\boldsymbol{A}=(2x+3z)\boldsymbol{i}-(xz+y)\boldsymbol{j}+(y^2+2z)\boldsymbol{k}$，$\Sigma$是以点$(3,-1,2)$为球心，半径$R=3$的球面，流向外侧.

3*. 求下列向量场 $\boldsymbol{A}$ 的散度：

(1) $\boldsymbol{A}=(x^2+2yz^3)\boldsymbol{i}+(y^2+2xz^3)\boldsymbol{j}+(z^2+2xy^3)\boldsymbol{k}$；

(2) $\boldsymbol{A}=\mathrm{e}^{xy}\boldsymbol{i}+\cos(xy)\boldsymbol{j}+\cos(xz^2)\boldsymbol{k}$；

(3) $\boldsymbol{A}=y^2\boldsymbol{i}+xy\boldsymbol{j}+xz\boldsymbol{k}$.

总复习题 10

1. 填空题：

(1)设平面曲线 L 为下半圆 $y=-\sqrt{1-x^2}$，则曲线积分 $\int_L(x^2+y^2)\mathrm{d}s=$ ________；

(2)设 L 为取正向的圆周 $x^2+y^2=9$，则曲线积分 $\oint_L(2xy-2y)\mathrm{d}x+(x^2-4x)\mathrm{d}y$ 的值是 ________；

(3) 设 Σ 为平面 $\begin{cases}x^2+y^2\leqslant 1\\ z=1\end{cases}$，则 $\iint\limits_{\Sigma}Q(x,y,z)\mathrm{d}S$ 化为二重积分是________；

(4) 设 Σ 为平面 $\begin{cases}x^2+y^2\leqslant 1\\ z=1\end{cases}$，取下侧，则 $\iint\limits_{\Sigma}Q(x,y,z)\mathrm{d}x\mathrm{d}y$ 化为二重积分是________.

2. 单项选择题：

设曲面 Σ 是上半球面：$x^2+y^2+z^2=R^2(z\geqslant 0)$，曲面 Σ_1 是曲面 Σ 在第一象限中的部分，则有________.

(A) $\iint\limits_{\Sigma}x\mathrm{d}S=4\iint\limits_{\Sigma_1}x\mathrm{d}S$；　　(B) $\iint\limits_{\Sigma}y\mathrm{d}S=4\iint\limits_{\Sigma_1}y\mathrm{d}S$；

(C) $\iint\limits_{\Sigma}z\mathrm{d}S=4\iint\limits_{\Sigma_1}z\mathrm{d}S$；　　(D) $\iint\limits_{\Sigma}xyz\mathrm{d}S=4\iint\limits_{\Sigma_1}xyz\mathrm{d}S$.

3. 计算下列曲线积分：

(1) $\oint_L\sqrt{x^2+y^2}\mathrm{d}s$，其中 L 为圆周 $x^2+y^2=ax$；

(2) $\int_\Gamma z\mathrm{d}s$，其中 Γ 为曲线 $x=t\cos t, y=t\sin t, z=t(0\leqslant t\leqslant t_0)$；

(3) $\int_L(2xy+3x\sin x)\mathrm{d}x+(x^2-y\mathrm{e}^y)\mathrm{d}y$，其中 L 是从点 $O(0,0)$ 经摆线 $x=a(t-\sin t)$，$y=a(1-\cos t)$ 到点 $A(\pi a,2a)$ 的一段弧.

4. 计算 $\int_L\dfrac{(x+y)\mathrm{d}x-(x-y)\mathrm{d}y}{x^2+y^2}$，其中 L 为：

(1)闭区域 $D=\{(x,y)\mid a^2\leqslant x^2+y^2\leqslant b^2\}$ 的正向边界 $(a>0,b>0)$；

(2)圆周 $x^2+y^2=a^2$ 的正向 $(a>0)$；

(3)正方形 $|x|+|y|=1$ 的正向；

(4)曲线 $y=\pi\cos x$ 上从点 $A(-\pi,-\pi)$ 到点 $B(\pi,-\pi)$ 的一段弧.

5. 计算下列曲面积分：

(1) $\iint\limits_{\Sigma}\frac{dS}{x^2+y^2+z^2}$，其中 Σ 是介于平面 $z=0$ 及 $z=H$ 之间的圆柱面 $x^2+y^2=R^2$；

(2) $\oiint\limits_{\Sigma}2xz\,dydz+yz\,dzdx-z^2\,dxdy$，$\Sigma$ 是由锥面 $z=\sqrt{x^2+y^2}$ 及半球面 $z=\sqrt{2-x^2-y^2}$ 所围成的区域的边界曲面的外侧；

(3) $\iint\limits_{\Sigma}(y^2-z)dydz+(z^2-x)dzdx+(x^2-y)dxdy$，其中 Σ 为锥面 $z=\sqrt{x^2+y^2}(0\leqslant z\leqslant h)$ 的外侧；

(4) $\iint\limits_{\Sigma}xyz\,dxdy$，其中 Σ 为球面 $x^2+y^2+z^2=1(x\geqslant 0,y\geqslant 0)$ 的外侧；

(5) $\oiint\limits_{\Sigma}yz\,dydz+y^2\,dzdx+x^2y\,dxdy$，其中 Σ 为柱面 $x^2+y^2=9$ 与平面 $z=0,z=y-3$ 所围成的区域的边界曲面的外侧.

6. 证明：$\frac{xdx+ydy}{x^2+y^2}$ 在整个 xOy 平面除去 y 轴的负半轴及原点的区域 G 内是某个二元函数的全微分，并求出一个这样的二元函数.

7. 设在半平面 $x>0$ 内有力 $\boldsymbol{F}=-\frac{k}{\rho^3}(x\boldsymbol{i}+y\boldsymbol{j})$ 构成力场，其中 k 为常数，$\rho=\sqrt{x^2+y^2}$. 证明在此力场中场力所作的功与所取的路径无关.

8. 求均匀曲面 $z=\sqrt{a^2-x^2-y^2}$ 的质心的坐标.

11 微分方程

在实际问题中，常常需要寻找与问题有关的变量之间的函数关系，以揭示客观事物的规律性. 然而在许多问题中，往往不能直接由所给的条件寻找到函数关系，却比较容易列出含有要找的未知函数及其导数的关系式. 这样的关系式就是所谓的微分方程. 微分方程建立以后，对它进行求解，找出未知函数来，这就是解微分方程. 本章主要介绍微分方程的一些基本概念和几种常用的微分方程的解法.

11.1 微分方程的基本概念

下面我们通过几个具体的例子来说明微分方程的基本概念.

例 1 已知一曲线上任一点 $M(x,y)$ 处的切线的斜率等于横坐标的 2 倍，且曲线通过点 $(1,2)$，求这曲线的方程.

解 设所求曲线的方程为 $y=y(x)$. 根据导数的几何意义，曲线切线的斜率由函数的导数给出，于是未知函数 $y=y(x)$ 应满足关系式

$$\frac{\mathrm{d}y}{\mathrm{d}x}=2x. \tag{1}$$

此外，由于曲线过点 $(1,2)$，未知函数 $y=y(x)$ 还应满足条件：

$$x=1 \text{ 时 } y=2. \tag{2}$$

对(1)式两端积分，得

$$y=\int 2x\mathrm{d}x,\text{即 } y=x^2+C, \tag{3}$$

其中 C 是任意常数.

把条件“$x=1$ 时 $y=2$”代入(3)式，得 $C=1$. 把 $C=1$ 代入(3)式，即得所求曲线方程：

$$y=x^2+1. \tag{4}$$

例 2 一只小球以初速度 20m/s 向上抛出，求小球达到的最高高度($g=$

$10m/s^2$).

解 设小球在抛出后 t 秒时通过了 s 米,即小球运动的路程函数为:$s=s(t)$. 根据题意,小球在上抛的过程中,仅受到重力的作用,则有

$$\frac{d^2 s}{dt^2}=-10. \tag{5}$$

这里的负号表示小球运动的方向和加速度的方向是相反的. 此外,未知函数 $s=s(t)$ 还应满足条件:

$$t=0\text{ 时}, s=0, v=\frac{ds}{dt}=20. \tag{6}$$

对(5)式两端积分一次,得

$$v=\frac{ds}{dt}=-10t+C_1; \tag{7}$$

再积分一次,得

$$s=-5t^2+C_1t+C_2, \tag{8}$$

这里 C_1,C_2 都是任意常数.

把条件"$t=0$ 时 $v=20$"代入(7)式,得

$$20=C_1;$$

把条件"$t=0$ 时 $s=0$"代入(8)式,得

$$0=C_2.$$

把 C_1,C_2 的值代入(7)式及(8)式,得

$$v=-10t+20, \tag{9}$$

$$s=-5t^2+20t. \tag{10}$$

在(9)式中令 $v=0$,得到小球从抛出到速度为零时所需的时间:

$$t=2s.$$

再把 $t=2$ 代入(10)式,得到小球达到的最高高度为

$$s=-5\times 2^2+20\times 2=20m.$$

上述两个例子中的关系式(1)和(5)都含有未知函数的导数,它们都是微分方程. 一般地,凡表示未知函数、未知函数导数与自变量之间的关系的方程,叫做**微分方程**. 未知函数是一元函数的,叫做**常微分方程**;未知函数是多元函数的,叫做**偏微分方程**. 微分方程有时也简称方程. 本章只讨论常微分方程.

微分方程中所出现的未知函数的最高阶导数的阶数,叫做**微分方程的阶**. 例如,方程(1)是一阶微分方程;方程(5)是二阶微分方程. 又如,方程

$$x^3y'''+x^2y''-2xy'+3y=5x^2$$

是三阶微分方程.

一般地,n 阶微分方程的形式为

$$F(x,y,y',\cdots,y^{(n)})=0. \tag{11}$$

如果能从方程(11)中解出最高阶导数,得微分方程

$$y^{(n)} = f(x,y,y',\cdots,y^{(n-1)}). \tag{12}$$

以后我们讨论的微分方程都是已解出最高阶导数的方程或能解出最高阶导数的方程,且(12)式右端的函数 f 在所讨论的范围内连续.

由前面的例子我们看到,在研究某些实际问题时,首先要建立微分方程,然后找出满足微分方程的函数(解微分方程).也就是说,要找出这样的函数,把这个函数代入微分方程能使该方程成为恒等式,这个函数就叫做该**微分方程的解**.

例如,函数(3)和(4)都是微分方程(1)的解;函数(8)和(10)都是微分方程(5)的解.

如果微分方程的解中含有任意常数,且任意常数的个数与微分方程的阶数相同,这样的解称为微分方程的**通解**.需要强调的是,这里所说的任意常数之间是相互独立的,即它们不能合并而使得任意常数的个数减少.

例如,函数(3)是方程(1)的解,且含有一个任意常数,所以函数(3)是方程(1)的通解.同理,函数(8)是方程(5)的通解.

由于通解中含有任意常数,所以它还不能完全确定地反映某一客观事物的规律性.为此,要根据问题的实际情况,提出确定这些常数的条件.例如,例1中的条件(2),例2中的条件(6).这些用来确定通解中的任意常数的条件就叫做**初始条件**.

确定了通解中的任意常数后得到的解,称为微分方程的特解.例如函数(4)是方程(1)满足条件(2)的特解;函数(10)是方程(5)满足条件(6)的特解.

求微分方程 $y'=f(x,y)$ 满足初始条件 $y\big|_{x=x_0}=y_0$ 的特解这样一个问题,叫做一阶微分方程的**初值问题**,记作

$$\begin{cases} y' = f(x,y), \\ y\big|_{x=x_0} = y_0. \end{cases} \tag{13}$$

微分方程的解的图形是一条曲线,叫做**微分方程的积分曲线**.初值问题(13)的几何意义,就是求微分方程的通过点 (x_0,y_0) 的那条积分曲线.二阶微分方程的初值问题为

$$\begin{cases} y'' = f(x,y,y'), \\ y\big|_{x=x_0} = y_0, \\ y'\big|_{x=x_0} = y'_0. \end{cases} \tag{14}$$

它的几何意义就是求微分方程的通过点 (x_0,y_0) 且在该点处的切线斜率为 y_1 的那条积分曲线.

例3 验证

$$y=C_1\cos x+C_2\sin x+x \tag{15}$$

是微分方程

$$y''+y=x \tag{16}$$

的解.

解 由于
$$y'=-C_1\sin x+C_2\cos x+1,$$
$$y''=-C_1\cos x-C_2\sin x,$$

于是 $y''+y=-C_1\cos x-C_2\sin x+C_1\cos x+C_2\sin x+x\equiv x.$

函数(15)及其导数代入(16)后成为一个恒等式,因此函数(15)是微分方程(16)的解.

例 4 已知函数(15)是微分方程(16)的通解,求满足初始条件$y|_{x=0}=1$,$y'|_{x=0}=3$ 的特解.

解 将条件"$x=0$ 时,$y=1$,$y'=3$"代入 y 及 y' 的表达式得

$$\begin{cases} C_1\cos 0+C_2\sin 0+0=1, \\ -C_1\sin 0+C_2\cos 0+1=3, \end{cases}$$

解得 $C_1=1$,$C_2=2$,故所求的特解为

$$y=\cos x+2\sin x+x.$$

习题 11-1

1. 试指出下列各微分方程的阶数:

(1) $(y')^2+2yy'+x=0$;　　(2) $x^2y''-xy'+y=0$;

(3) $y^{(4)}+y'''+2xy''+x^2y=0$;　　(4) $\dfrac{d^2y}{dx^2}+y=\tan x$;

(5) $(5x-4y)dx+(2x+y)dy=0$.

2. 验证下列各题中的函数是所给微分方程的解:

(1) $y=\sin x-1+Ce^{-\sin x}$,$\dfrac{dy}{dx}+y\cos x=\dfrac{1}{2}\sin 2x$;

(2) $y=x^2e^x$,$y''-2y'+y=0$;

(3) $y=3\sin x-4\cos x$,$y''+y=0$;

(4) $y=C_1x+\dfrac{C_2}{x}+C_3$,$\dfrac{d^3y}{dx^3}+\dfrac{3}{x}\dfrac{d^2y}{dx^2}=0$.

3. 若函数 $y=\cos\omega t$ 是微分方程$\dfrac{d^2y}{dt^2}+9y=0$ 的解,求 ω 的值.

4. 验证由 $x^2-xy+y^2=C$ 所确定的函数为微分方程$(x-2y)y'=2x-y$ 的解.

5. 在下列各题中,确定函数关系式中所含的参数,使函数满足所给的初始

条件：

(1) $x^2 - y^2 = C, y\big|_{x=0} = 5$；

(2) $y = (C_1 + C_2 x)\mathrm{e}^{2x}, y\big|_{x=0} = 0, y'\big|_{x=0} = 1$；

(3) $y = C_1 \sin(x - C_2), y\big|_{x=\pi} = 1, y'\big|_{x=\pi} = 0$.

6. 证明 $y = x\tan(x+C)$ 是方程 $x\dfrac{\mathrm{d}y}{\mathrm{d}x} = x^2 + y^2 + y$ 的通解，并求满足初始条件 $y\big|_{x=1} = 1$ 的特解.

7. 已知一曲线通过点(1,0)，且在该曲线上任意一点(x,y)处的切线斜率为x^2，求该曲线的方程.

8. 一质点由原点开始$(t=0)$沿 Ox 轴运动. 已知在任一时刻 t 处质点的位移为 $x=x(t)$，加速度为 t^2-1，而在 $t=1$ 时，质点的速度为$\dfrac{1}{3}$，求 x 与 t 的函数关系.

11.2 可分离变量的微分方程

从本节至 11.4 节，我们讨论一阶微分方程

$$F(x,y,y')=0 \tag{1}$$

的一些解法. 如果上式关于 y' 可以解出，则方程(1)可以写成

$$y'=f(x,y). \tag{2}$$

一阶微分方程有时也可以写成如下的对称形式：

$$P(x,y)\mathrm{d}x+Q(x,y)\mathrm{d}y=0. \tag{3}$$

在方程(3)中，变量 x 与 y 对称，所以方程(3)既可以看做是以 x 为自变量，y 为未知函数的方程

$$\frac{\mathrm{d}y}{\mathrm{d}x}=-\frac{P(x,y)}{Q(x,y)}$$

(这时 $Q(x,y)\neq 0$)，也可以看做是以 y 为自变量，x 为未知函数的方程

$$\frac{\mathrm{d}x}{\mathrm{d}y}=-\frac{Q(x,y)}{P(x,y)}$$

(这时 $P(x,y)\neq 0$).

11.2.1 可分离变量的微分方程

在 11.1 节例 1 中，我们遇到一阶微分方程

$$\frac{\mathrm{d}y}{\mathrm{d}x}=2x,$$

对上式两端积分就得到这个微分方程的通解：

$$y=x^2+C.$$

但是,并不是所有的微分方程都能这样求解.例如,对于一阶微分方程

$$\frac{dy}{dx}=2xy^2 \tag{4}$$

就不能像上面那样用直接对两端积分的方法求出它的通解.这是因为方程(4)的右端含有未知函数 y,积分

$$\int 2xy^2\,dx$$

求不出来,这是困难所在.为了解决这个困难,将方程(4)进行变形,把变量 x 的函数及其微分移到方程的一边,而把变量 y 的函数及其微分移到另一边,得到

$$\frac{dy}{y^2}=2x\,dx,$$

这样,变量 x 与 y 已分离在等式的两端,然后两端积分得

$$-\frac{1}{y}=x^2+C,$$

或

$$y=-\frac{1}{x^2+C}, \tag{5}$$

其中 C 是任意常数.

可以验证,函数(5)确实满足方程(4),且含有一个任意常数,所以它是方程(4)的通解.

一般地,如果一个一阶微分方程可以写成

$$g(y)\,dy=f(x)\,dx \tag{6}$$

的形式,那么原方程就称为**可分离变量的微分方程**.

假定方程(6)中的函数 $g(y)$ 与 $f(x)$ 都是连续函数.设 $y=\varphi(x)$ 是方程(6)的解,将它代入方程(6)中得到恒等式

$$g[\varphi(x)]\varphi'(x)\,dx=f(x)\,dx.$$

将上式两端积分,并由 $y=\varphi(x)$ 引进变量 y,得

$$\int g(y)\,dy=\int f(x)\,dx+C.$$

设 $G(y)$ 与 $F(x)$ 分别为 $g(y)$ 与 $f(x)$ 的原函数,于是有

$$G(y)=F(x)+C. \tag{7}$$

因此,方程(6)的解满足关系式(7).反之,如果 $y=\Phi(x)$ 是由关系式(7)所确定的隐函数,那么在 $g(y)\neq 0$ 的条件下,$y=\Phi(x)$ 也是方程(6)的解.事实上,由隐函数求导法可知,

$$G'(y)\Phi'(x)=F'(x),$$

当 $g(y)\neq 0$ 时,

$$\Phi'(x)=\frac{F'(x)}{G'(y)}=\frac{f(x)}{g(y)},$$

这表示函数 $y=\Phi(x)$ 满足方程(6). 所以,在已分离变量的方程(6)中,如果 $g(y)$ 与 $f(x)$ 都是连续的,且 $g(y)\neq0$,那么关系式(7)就用隐式给出了方程(6)的解. (7)式就叫微分方程(6)的**隐式解**. 又由于(7)式中含有任意常数,因此(7)式所确定的隐函数是方程(6)的通解,称为**隐式通解**(当 $f(x)\neq0$ 时,由(7)式所确定的隐函数 $x=\psi(y)$ 也可认为是微分方程(6)的解).

例 1 求微分方程 $\frac{dy}{dx}=2xy$ 的通解.

解 所给的方程是可分离变量的,分离变量后得

$$\frac{dy}{y}=2xdx$$

两端积分,得

$$\ln|y|=x^2+C_1,$$

从而

$$y=\pm e^{x^2+C_1}=\pm e^{C_1}\cdot e^{x^2}.$$

这里 $\pm e^{C_1}$ 仍是任意常数,把它记作 C,便得微分方程的通解为

$$y=Ce^{x^2}.$$

例 2 求微分方程 $dx+xydy=y^2dx+ydy$ 满足初始条件 $y|_{x=0}=2$ 的特解.

解 所给的方程是可分离变量的,分离变量后得

$$\frac{ydy}{y^2-1}=\frac{dx}{x-1},$$

两端积分,得

$$\frac{1}{2}\ln|y^2-1|=\ln|x-1|+\frac{1}{2}\ln|C|.$$

化简,得

$$y^2=C(x-1)^2+1.$$

代入初始条件 $y|_{x=0}=2$,得 $C=3$. 于是所求的特解为

$$y^2=3(x-1)^2+1.$$

例 3 设降落伞从跳伞塔下落后,所受空气阻力与速度成正比,并设降落伞离开跳伞塔时($t=0$)速度为零,求降落伞下落速度与时间的函数关系.

解 设降落伞下落速度为 $v(t)$. 降落伞在空中下落时,同时受到重力 P 与阻力 R 的作用. 重力大小为 mg,方向与 v 一致;阻力大小为 kv(k 为比例系数),方向与 v 相反,从而降落伞所受外力为

$$F=mg-kv.$$

根据牛顿第二运动定律 $F=ma$,得函数 $v(t)$ 应满足的方程为

$$m\frac{dv}{dt}=mg-kv. \tag{8}$$

按题意,初始条件为 $v|_{t=0}=0$.

方程(8)是可分离变量的. 分离变量后得

$$\frac{dv}{mg-kv}=\frac{dt}{m},$$

两端积分,并考虑到 $mg-kv>0$,得

$$-\frac{1}{k}\ln(mg-kv)=\frac{t}{m}+C_1,$$

或
$$v=\frac{mg}{k}+Ce^{-\frac{k}{m}t}\left(C=-\frac{e^{-kC_1}}{k}\right),\tag{9}$$

这就是方程(8)的通解.

将初始条件 $v|_{t=0}=0$ 代入(9)式,得

$$C=-\frac{mg}{k},$$

于是所求的特解为
$$v=\frac{mg}{k}(1-e^{-\frac{k}{m}t}).\tag{10}$$

由(10)式可以看出,随着时间 t 的增大,速度 v 逐渐接近于常数 $\frac{mg}{k}$,且不会超过 $\frac{mg}{k}$. 也就是说,跳伞后开始阶段是加速运动,但以后逐渐接近于等速运动.

例 4 设一高温物体在介质中均匀地冷却,介质的温度始终保持为 10℃. 物体的初始温度为 200℃,且由 200℃冷却到 100℃需要 40s. 由牛顿冷却定律知,物体冷却的速率和物体与介质的温度差成正比. 试求物体温度 H 与时间 t 的函数关系,并求物体温度降到 20℃所需的时间.

解 设物体温度为 $H=H(t)$,物体冷却的速度就是温度 H 对时间 t 的变化率. 由冷却定律可知 $H(t)$ 应满足微分方程

$$\frac{dH}{dt}=-k(H-10),\tag{11}$$

其中 $k(k>0)$ 为比例系数,方程(11)右端中的负号是由于物体温度随 t 增加而下降,所以温度变化率为负,即 $\frac{dH}{dt}<0$.

此外,由题意知 $H(t)$ 所满足的初始条件为

$$H|_{t=0}=200,$$

解微分方程(11),得

$$H(t)=10+Ce^{-kt}.$$

代入初始条件 $H|_{t=0}=200$,得 $C=190$.

再由题意该物体由 200℃冷却到 100℃需要 40s,即

$$100=10+190e^{-40k},$$

计算,得
$$k=-\frac{1}{40}\ln\frac{9}{19}\approx 0.01868.$$

从而得物体温度 H 与时间 t 的函数关系为

$$H(t) = 10 + 190\mathrm{e}^{-0.01868t}.$$

最后，将 $H=20$ 代入上式，得

$$t=\frac{\ln 19}{0.01868}\approx 158\mathrm{s}.$$

即物体温度降到 20℃大约需要 $2'38''$.

例 5　有一圆柱体容器底半径为 0.5m，高为 2m（图 11－1），水从底部的横截面面积为 $10\mathrm{cm}^2$ 的小孔流出. 由水力学知道，水从孔口流出的速率为 $0.62S\sqrt{2gh}\,\mathrm{cm}^3/\mathrm{min}$（$S$ 为小孔的横截面面积）. 开始时容器内装满了水，求水从小孔流出的过程中容器里水面的高度 h 随时间 t 变化的规律，并求水从容器中全部流出所需要的时间.

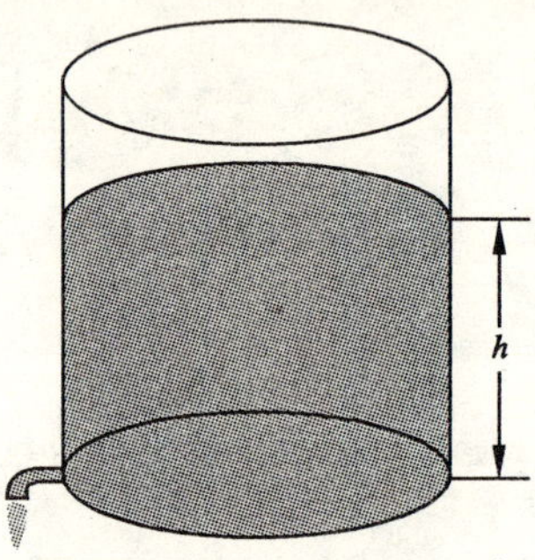

图 11－1

解　设 t 时刻水面高度为 $h=h(t)$，由题意，小孔的横截面面积为 $10\mathrm{cm}^2$，于是容器内水的体积 $V=V(t)$ 的变化率为

$$\frac{\mathrm{d}V}{\mathrm{d}t}=-6.2\sqrt{2gh}. \tag{12}$$

方程(12)右端取负号是由于体积 V 随时间 t 增加而减少.

在任意时刻，容器内水的体积 V 与水面高度 h 之间的关系为

$$V = \pi r^2 h = 2500\pi h. \tag{13}$$

水的体积 V 与水面高度 h 都是 t 的函数，(13)式两端同时对 t 求导，得

$$\frac{\mathrm{d}V}{\mathrm{d}t}=2500\pi\frac{\mathrm{d}h}{\mathrm{d}t}$$

代入(12)式，得到

$$-6.2\sqrt{2gh}=2500\pi\frac{\mathrm{d}h}{\mathrm{d}t}, \tag{14}$$

方程(14)即为水面高度 h 所满足的微分方程.

此外，开始时容器内的水是满的，所以微分方程(14)的初始条件为

$$h\big|_{t=0}=200. \tag{15}$$

解方程(14)，得

$$\sqrt{h}=\frac{1}{2}\left(-\frac{6.2\sqrt{2g}}{2500\pi}t+C\right),$$

代入初始条件(15)，解得

$$C=2\sqrt{2},$$

从而得水面的高度 h 随时间 t 变化的规律为

$$h=\left(\sqrt{2}-\frac{6.2\sqrt{2g}}{5000\pi}t\right)^2.$$

最后，令 $h=0$，取 $g=9.8$，解得

$$t\approx 808.12\text{min}.$$

即容器里的水全部流出大约需要 808.12min.

11.2.2 可化为可分离变量的微分方程

某些微分方程虽然不是可分离变量的微分方程，但通过变量代换的方法，能够将这些方程化为可分离变量的微分方程，例如

$$(xy-y^2)\mathrm{d}x-(x^2-2xy)\mathrm{d}y=0 \tag{16}$$

不是可分离变量的微分方程.将(16)式变形为

$$\frac{\mathrm{d}y}{\mathrm{d}x}=\frac{xy-y^2}{x^2-2xy}=\frac{\dfrac{y}{x}-\left(\dfrac{y}{x}\right)^2}{1-2\left(\dfrac{y}{x}\right)}.$$

并引进新的未知函数 $u=\dfrac{y}{x}$，相应地有

$$y=ux,\frac{\mathrm{d}y}{\mathrm{d}x}=u+x\frac{\mathrm{d}u}{\mathrm{d}x}$$

代入方程(16)，便得方程

$$u+x\frac{\mathrm{d}u}{\mathrm{d}x}=\frac{u-u^2}{1-2u},$$

即

$$\frac{(1-2u)\mathrm{d}u}{u^2}=\frac{\mathrm{d}x}{x}.$$

这就化为了可分离变量的方程.

一般地，如果一阶微分方程

$$\frac{\mathrm{d}y}{\mathrm{d}x}=f(x,y)$$

中的函数 $f(x,y)$ 可写成 $\dfrac{y}{x}$ 的函数，即 $f(x,y)=\varphi(\dfrac{y}{x})$，则称这个方程为齐次方程，齐次方程是一类常见的可化为可分离变量的微分方程.因为在齐次方程

$$\frac{\mathrm{d}y}{\mathrm{d}x}=\varphi\left(\frac{y}{x}\right) \tag{17}$$

中，引进新的未知函数 $u=\dfrac{y}{x}$，并将

$$y=ux,\frac{\mathrm{d}y}{\mathrm{d}x}=u+x\frac{\mathrm{d}u}{\mathrm{d}x},$$

代入方程(17),分离变量得

$$\frac{\mathrm{d}u}{\varphi(u)-u}=\frac{\mathrm{d}x}{x}.$$

这就可化为可分离变量的方程.

两端积分后,再以$\frac{y}{x}$代替u,便得到所给齐次方程的通解.

例 6　解方程 $y^2+x^2\frac{\mathrm{d}y}{\mathrm{d}x}=xy\frac{\mathrm{d}y}{\mathrm{d}x}$.

解　原方程可写成

$$\frac{\mathrm{d}y}{\mathrm{d}x}=\frac{y^2}{xy-x^2}=\frac{\left(\frac{y}{x}\right)^2}{\frac{y}{x}-1},$$

这是齐次方程.令$\frac{y}{x}=u$,则

$$y=ux,\frac{\mathrm{d}y}{\mathrm{d}x}=u+x\frac{\mathrm{d}u}{\mathrm{d}x},$$

于是原方程变为

$$u+x\frac{\mathrm{d}u}{\mathrm{d}x}=\frac{u^2}{u-1},$$

即

$$x\frac{\mathrm{d}u}{\mathrm{d}x}=\frac{u}{u-1}.$$

分离变量得

$$\left(1-\frac{1}{u}\right)\mathrm{d}u=\frac{\mathrm{d}x}{x},$$

两端积分,得

$$u-\ln|u|+C=\ln|x|,$$

或写为

$$\ln|xu|=u+C.$$

以$\frac{y}{x}$代替上式中的u,便得所给方程的通解为

$$\ln|y|=\frac{y}{x}+C.$$

例 7　设曲线上任一点$P(x,y)$处的切线与x轴的交点为T,且线段PT的长度等于T到原点的距离(图 11-2).已知曲线过点(1,1),试求该曲线的方程.

解　设所求曲线的方程为$y=y(x)$,由导数的几何意义可知,过点$P(x,y)$的切线的斜率为$y'=\tan\alpha$,于是

$$|TN|=\frac{-y}{y'},$$

$$|PT|=\sqrt{|PN|^2+|TN|^2}=\sqrt{y^2+\left(\frac{-y}{y'}\right)^2},$$

$|OT| = |ON| + |TN| = x - \frac{y}{y'}$

如果曲线落在第二象限，则 $|OT| = -\left(x - \frac{y}{y'}\right)$，如果曲线落在其他象限时 $|OT|$ 的表达式都是这两种之一. 故有

$$\sqrt{y^2 + \left(\frac{-y}{y'}\right)^2} = \left|x - \frac{y}{y'}\right|.$$

将上式两端平方并化简得

$$y' = \frac{2xy}{x^2 - y^2}. \qquad (18)$$

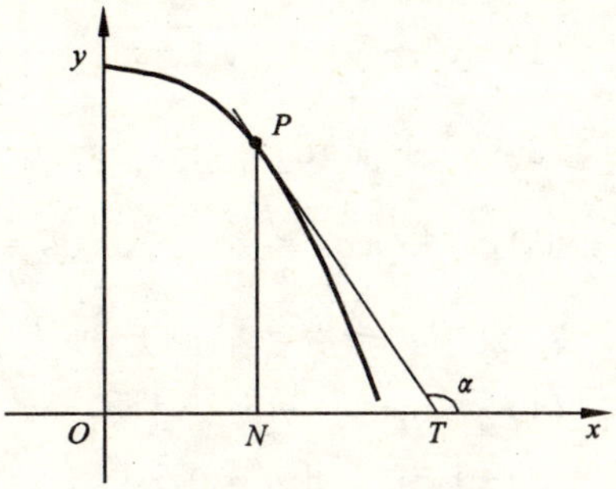

图 11-2

曲线又过点(1,1)，所以方程(18)还应满足初值条件 $y|_{x=1} = 1$.

方程(18)是一个齐次方程，令 $\frac{y}{x} = u$，则 $y = ux$，$\frac{dy}{dx} = u + x\frac{du}{dx}$，于是方程(18)化为

$$u + x\frac{du}{dx} = \frac{2u}{1 - u^2},$$

即

$$\left(\frac{1}{u} - \frac{2u}{u^2 + 1}\right)du = \frac{dx}{x},$$

两端积分得

$$\frac{u}{u^2 + 1} = Cx.$$

把 $u = \frac{y}{x}$ 代入上式，得到方程(18)的通解

$$C(y^2 + x^2) - y = 0.$$

代入条件 $y|_{x=1} = 1$，得 $C = \frac{1}{2}$. 于是所求的曲线方程为

$$x^2 + (y - 1)^2 = 1.$$

习题 11-2

1. 求下列微分方程的通解：

(1) $y' = e^{2x-y}$； (2) $3x^2 + 5x - 5y' = 0$；

(3) $y' = x\sqrt{1 - y^2}$； (4) $\cos x \sin y dx + \sin x \cos y dy = 0$；

(5) $(y+1)^2 \frac{dy}{dx} + x^3 = 0$； (6) $xy' - y\ln y = 0$.

2. 求下列齐次方程的通解：

(1) $xy'-y-\sqrt{y^2-x^2}=0$；　　(2) $\frac{dy}{dx}=\frac{y}{x}(\ln y-\ln x)$；

(3) $(x^2+y^2)dx-xydy=0$；　　(4) $(x^3+y^3)dx-3xy^2dy=0$；

(5) $(x+y\cos\frac{y}{x})dx-x\cos\frac{y}{x}dy=0$.

3. 求下列微分方程满足初始条件的特解：

(1) $y'\sin x=y\ln y, y|_{x=\frac{\pi}{2}}=e$；

(2) $xdy+2ydx=0, y|_{x=2}=1$；

(3) $e^x\cos ydx+(e^x+1)\sin ydy=0, y|_{x=0}=\frac{\pi}{4}$；

(4) $(y^2-3x^2)dy+2xydx=0, y|_{x=0}=1$；

(5) $y'=\frac{x}{y}+\frac{y}{x}, y|_{x=1}=2$；

(6) $x(x+2y)\frac{dy}{dx}=y^2, y|_{x=2}=2$.

4. 镭的衰变有如下规律：镭的衰变速度与它的现存量 R 成正比，由经验材料得知，镭经过 1600 年后，只剩下原始量 R_0 的一半. 试求镭的现存量 R 与时间 t 的函数关系.

5. 质量为 1g 的质点受外力的作用作直线运动，这外力和时间成正比，和质点的速度成反比. 在 $t=10$s 时，速度等于 50cm/s，外力为 4g · cm/s^2，问质点从运动开始经过了 1 分钟后的速度为多少？

6. 有一盛满了水的圆锥形漏斗，高为 10cm，顶角为 60°，漏斗下面有面积为 0.5cm^2 的孔，求水面高度变化的规律及水全部流完所需的时间.（提示：参照例 5 的公式.）

7. 一曲线上任一点处的切线，其夹于两坐标轴之间的一段切线被切点所等分，求曲线的方程.

11.3 全微分方程

一个一阶微分方程写成

$$P(x,y)dx+Q(x,y)dy=0 \tag{1}$$

的形式后，如果它的左端恰好是某一个二元函数 $u=u(x,y)$ 的全微分，即

$$du(x,y)=P(x,y)dx+Q(x,y)dy,$$

那么方程(1)就叫做**全微分方程**. 这里

$$\frac{\partial u}{\partial x}=P(x,y),\frac{\partial u}{\partial y}=Q(x,y),$$

而方程(1)就是

$$du(x,y)=0. \tag{1'}$$

如果 $y=\varphi(x)$是方程(1)的解,那么这个解也满足方程(1′),故有

$$du[x,\varphi(x)]\equiv 0,$$

因此

$$u[x,\varphi(x)]\equiv C.$$

这表示方程(1)的解 $y=\varphi(x)$是由方程 $u(x,y)=C$ 所确定的隐函数.

另一方面,如果方程 $u(x,y)=C$ 确定一个可微的隐函数 $y=\varphi(x)$,则

$$u[x,\varphi(x)]\equiv C,$$

上式两端对 x 求导,得

$$\frac{\partial u}{\partial x}+\frac{\partial u}{\partial y}\cdot\frac{dy}{dx}=0,$$

或

$$\frac{\partial u}{\partial x}dx+\frac{\partial u}{\partial y}dy=0,$$

即

$$P(x,y)dx+Q(x,y)dy=0.$$

这表示由方程 $u(x,y)=C$ 所确定的隐函数是方程(1)的解.

因此,如果方程(1)的左端是函数 $u(x,y)$的全微分,那么

$$u(x,y)=C$$

就是全微分方程(1)的隐式通解,其中 C 是任意常数.

由第 10.3 节的讨论知,当 $P(x,y)$,$Q(x,y)$在单连通区域 G 内具有一阶连续偏导数时,$P(x,y)dx+Q(x,y)dy$ 为某个二元函数全微分的充分必要条件是

$$\frac{\partial P}{\partial y}=\frac{\partial Q}{\partial x}$$

在区域 G 内恒成立.这也是方程(1)为全微分方程的充分必要条件.当此条件满足时,方程(1)的通解为

$$u(x,y)\equiv\int_{x_0}^{x}P(x,y)dx+\int_{y_0}^{y}Q(x_0,y)dy=C, \tag{2}$$

其中 x_0,y_0 是在区域 G 内适当选定的点 $M_0(x_0,y_0)$的坐标.

例 1 解方程 $(5x^4+3xy^2-y^3)dx+(3x^2y-3xy^2+y^2)dy=0$.

解 这里

$$\frac{\partial P}{\partial y}=6xy-3y^2=\frac{\partial Q}{\partial x},$$

这是全微分方程.取 $x_0=0$,$y_0=0$,由公式(2),有

$$u(x,y)=\int_0^x 5x^4dx+\int_0^y(3x^2y-3xy^2+y^2)dy$$

$$= x^5 + \frac{3}{2}x^2y^2 - xy^3 + \frac{1}{3}y^3.$$

于是，方程的通解为 $x^5 + \frac{3}{2}x^2y^2 - xy^3 + \frac{1}{3}y^3 = C$.

此外，例 1 还可以用凑微分的方法将函数 $u(x,y)$ 求出来. 将方程左边的各项重新合并，再凑微分，可得

$$\begin{aligned}&(5x^4 + 3xy^2 - y^3)\mathrm{d}x + (3x^2y - 3xy^2 + y^2)\mathrm{d}y\\&= 5x^4\mathrm{d}x + (3xy^2\mathrm{d}x + 3x^2y\mathrm{d}y) - (y^3\mathrm{d}x + 3xy^2\mathrm{d}y) + y^2\mathrm{d}y\\&= \mathrm{d}(x^5) + \frac{3}{2}\mathrm{d}(x^2y^2) - \mathrm{d}(xy^3) + \frac{1}{3}\mathrm{d}(y^3)\\&= \mathrm{d}(x^5 + \frac{3}{2}x^2y^2 - xy^3 + \frac{1}{3}y^3).\end{aligned}$$

于是，方程的通解为 $x^5 + \frac{3}{2}x^2y^2 - xy^3 + \frac{1}{3}y^3 = C$.

当条件 $\frac{\partial P}{\partial y} = \frac{\partial Q}{\partial x}$ 不能满足时，方程(1)就不是全微分方程. 这时如果有一个适当的函数 $\mu = \mu(x,y)$ $(\mu(x,y) \neq 0)$，使得方程两端乘以 $\mu(x,y)$ 后得到的方程

$$\mu P\mathrm{d}x + \mu Q\mathrm{d}y = 0$$

是全微分方程，则函数 $\mu(x,y)$ 称为方程(1)的**积分因子**.

一般来说，寻求积分因子不是一件容易的事情，但是在比较简单的情形下，可以凭观察得到.

例如，方程

$$2x\mathrm{d}x + (1 + \frac{x^2}{y})\mathrm{d}y = 0$$

不是全微分方程. 但是如果方程两端乘以 y，方程化为

$$2xy\mathrm{d}x + (y + x^2)\mathrm{d}y = 0,$$

这是全微分方程，因此 y 是一个积分因子. 方程两端乘上积分因子 y 后，便能得到方程的通解

$$x^2y + \frac{1}{2}y^2 = C.$$

下面是一些二元函数的全微分. 熟悉这些全微分形式，有助于我们找到积分因子.

1. $y\mathrm{d}x + x\mathrm{d}y = \mathrm{d}(xy)$

2. $\frac{x\mathrm{d}y - y\mathrm{d}x}{x^2} = \mathrm{d}(\frac{y}{x})$

3. $\frac{x\mathrm{d}y - y\mathrm{d}x}{y^2} = \mathrm{d}(-\frac{x}{y})$

4. $\dfrac{x\mathrm{d}y-y\mathrm{d}x}{xy}=\mathrm{d}(\ln\dfrac{y}{x})$

5. $\dfrac{x\mathrm{d}x+y\mathrm{d}y}{x^2+y^2}=\mathrm{d}\left[\dfrac{1}{2}\ln(x^2+y^2)\right]$

例 2 求方程$(x+x^2y^2+x^4)\mathrm{d}x+y\mathrm{d}y=0$满足条件$y|_{x=0}=1$的特解.

解 将方程的左边各项重新合并,得

$$x\mathrm{d}x+y\mathrm{d}y+x^2(x^2+y^2)\mathrm{d}x=0$$

容易看出$\dfrac{1}{x^2+y^2}$为积分因子.方程乘上积分因子后,得

$$\frac{x\mathrm{d}x+y\mathrm{d}y}{x^2+y^2}+x^2\mathrm{d}x=0$$

积分可得通解
$$\frac{1}{2}\ln(x^2+y^2)+\frac{1}{3}x^3=\ln C$$

代入条件$y|_{x=0}=1$,得$C=1$.于是所求的特解为

$$(x^2+y^2)\mathrm{e}^{\frac{2}{3}x^3}=1.$$

习题 11-3

1. 判断下列方程中哪些是全微分方程,并求全微分方程的通解:

(1) $(3x^2+6xy^2)\mathrm{d}x+(6x^2y+4y^2)\mathrm{d}y=0$;

(2) $(a^2-2xy-y^2)\mathrm{d}x-(x+y)^2\mathrm{d}y=0$;

(3) $\mathrm{e}^y\mathrm{d}x+(x\mathrm{e}^y-2y)\mathrm{d}y=0$;

(4) $(x\cos y+\cos x)y'-y\sin x+\sin y=0$;

(5) $(x^2-y)\mathrm{d}x-x\mathrm{d}y=0$;

(6) $y(x-2y)\mathrm{d}x-x^2\mathrm{d}y=0$.

2. 利用观察法求出下列方程的积分因子,并求其通解:

(1) $(x+y)(\mathrm{d}x-\mathrm{d}y)=\mathrm{d}x+\mathrm{d}y$;

(2) $y\mathrm{d}x-x\mathrm{d}y+y^2x\mathrm{d}x=0$;

(3) $y^2(x-3y)\mathrm{d}x+(1-3y^2x)\mathrm{d}y=0$;

(4) $x\mathrm{d}x+y\mathrm{d}y=(x^2+y^2)\mathrm{d}x$;

(5) $(x-y^2)\mathrm{d}x+2xy\mathrm{d}y=0$.

3. 验证$\dfrac{1}{xy[f(xy)-g(xy)]}$是微分方程$yf(xy)\mathrm{d}x+xg(xy)\mathrm{d}y=0$的积分因子,并求下列方程的通解:

(1) $y(x^2y^2+2)\mathrm{d}x+x(2-2x^2y^2)\mathrm{d}y=0$;

(2) $y(2xy+1)\mathrm{d}x+x(1+2xy-x^3y^3)\mathrm{d}y=0$.

11.4 一阶线性微分方程

11.4.1 一阶线性微分方程

方程

$$\frac{\mathrm{d}y}{\mathrm{d}x}+P(x)y=Q(x) \tag{1}$$

称为**一阶线性微分方程**，因为它对于未知函数 y 及其导数是一次方程. 其中 $P(x)$，$Q(x)$都是自变量 x 的已知的连续函数. 如果 $Q(x)\equiv 0$，则方程(1)称为**齐次的**；如果 $Q(x)$不恒等于零，则方程(1)称为**非齐次的**.

为了求出非齐次线性方程(1)的解，我们先求方程(1)所对应的齐次线性方程

$$\frac{\mathrm{d}y}{\mathrm{d}x}+P(x)y=0 \tag{2}$$

的解. 方程(2)是一个可分离变量的微分方程，分离变量后得

$$\frac{\mathrm{d}y}{y}=-P(x)\mathrm{d}x.$$

两端积分，得

$$\ln|y|=-\int P(x)\mathrm{d}x+C_1,$$

或

$$y=C\mathrm{e}^{-\int P(x)\mathrm{d}x} \quad (C=\pm\mathrm{e}^{C_1}),$$

这就是对应的齐次方程(2)的通解. 需要说明的是，这里的记号 $\int P(x)\mathrm{d}x$ 表示 $P(x)$ 的某个确定的原函数.

下面我们来求非齐次方程(1)的通解. 考虑到方程(1)与所对应的方程(2)之间的关系，可以设想它们的通解之间也会有一定的联系. 设 $y=\mathrm{e}^{-\int P(x)\mathrm{d}x}$ 是方程(2) 的一个解，容易验证 Cy(C 为常数) 仍为方程(2) 的解，但它不可能满足非齐次方程(1). 如果我们把 C 换成 x 的未知函数 $u(x)$，并将 $y=u\mathrm{e}^{-\int P(x)\mathrm{d}x}$ 代入方程(1)中，会有怎样的结果呢?

设 $y=u\mathrm{e}^{-\int P(x)\mathrm{d}x}$，其导数为 $y'=u'\mathrm{e}^{-\int P(x)\mathrm{d}x}-uP(x)\mathrm{e}^{-\int P(x)\mathrm{d}x}$. 将 y 及 y' 代入方程(1)，得到

$$u'\mathrm{e}^{-\int P(x)\mathrm{d}x}-uP(x)\mathrm{e}^{-\int P(x)\mathrm{d}x}+P(x)u\mathrm{e}^{-\int P(x)\mathrm{d}x}=Q(x),$$

即

$$u'\mathrm{e}^{-\int P(x)\mathrm{d}x}=Q(x), u'=Q(x)\mathrm{e}^{\int P(x)\mathrm{d}x}.$$

两端积分,得
$$u=\int Q(x)e^{\int P(x)dx}dx+C, \tag{3}$$
将(3)式代入 $y=ue^{-\int P(x)dx}$,便得非齐次线性方程(1)的通解
$$y=e^{-\int P(x)dx}\left(\int Q(x)e^{\int P(x)dx}dx+C\right). \tag{4}$$

上面讨论的这种方法,是将(2)式的通解中的常数 C 变为待定函数 u,再通过确定 u 而求得(1)式的解,这种方法称为**常数变易法**.

如果将(4)式改写为两项之和
$$y=Ce^{-\int P(x)dx}+e^{-\int P(x)dx}\int Q(x)e^{\int P(x)dx}dx,$$
那么,上式右端第一项是对应的齐次线性方程(2)的通解,第二项是非齐次线性方程(1)的一个特解($C=0$).由此可知,一阶线性微分方程的通解等于其对应的齐次方程的通解与非齐次线性方程的一个特解之和.

例 1 求微分方程 $\frac{dy}{dx}-\frac{y}{x}=x^2$ 的通解.

解 这是一个一阶非齐次线性方程,先求对应的齐次方程的通解.
$$\frac{dy}{dx}-\frac{y}{x}=0,$$
$$\frac{dy}{y}=\frac{dx}{x},$$
两端积分,得
$$\ln|y|=\ln|x|+C_1,$$
即
$$y=Cx.$$

用常数变易法,把 C 换成 u,即令 $y=ux$,那么
$$y'=u+xu',$$
代入原方程,化简得
$$u'=x.$$
两端积分,得
$$u=\frac{1}{2}x^2+C.$$
再把上式代入 $y=ux$,即得所求方程的通解为
$$y=\frac{1}{2}x^3+Cx.$$

例 2 求微分方程 $ydx+(x-y^3)dy=0$ 的通解.

解 如果将方程写成
$$y'+\frac{y}{x-y^3}=0,$$
这不是线性微分方程.

如果将方程写成
$$\frac{dx}{dy}+\frac{x-y^3}{y}=0,$$

即
$$\frac{\mathrm{d}x}{\mathrm{d}y}+\frac{x}{y}=y^2,$$
将 x 看做 y 的函数，则它是形如
$$x'+P(y)x=Q(y)$$
的一阶线性微分方程.类似地运用公式(4)，得到所给方程的通解为
$$\begin{aligned} x&=\mathrm{e}^{-\int P(y)\mathrm{d}y}\left(\int Q(y)\mathrm{e}^{\int P(y)\mathrm{d}y}\mathrm{d}y+C_1\right)\\ &=\mathrm{e}^{-\int\frac{1}{y}\mathrm{d}y}\left(\int y^2\mathrm{e}^{\int\frac{1}{y}\mathrm{d}y}\mathrm{d}y+C_1\right)\\ &=\frac{1}{y}\left(\frac{1}{4}y^4+C_1\right)\\ &=\frac{1}{4}y^3+\frac{C_1}{y}\end{aligned}$$
或
$$4xy=y^4+C(C=4C_1\text{ 为任意常数}).$$

11.4.2　伯努利方程

方程
$$\frac{\mathrm{d}y}{\mathrm{d}x}+P(x)y=Q(x)y^n\quad(n\neq 0,1)\tag{5}$$
称为**伯努利方程**，当 $n=0$ 或 $n=1$ 时，方程即为线性微分方程.当 $n\neq 0$ 或 $n\neq 1$ 时，方程不是线性的，但是通过变量代换，便可以把它化为线性的.事实上，以 y^n 除方程(5)的两端，得
$$y^{-n}\frac{\mathrm{d}y}{\mathrm{d}x}+P(x)y^{1-n}=Q(x),\tag{6}$$
容易看出，上式左端第一项与 $\frac{\mathrm{d}}{\mathrm{d}x}(y^{1-n})$ 只差一个常数因子 $1-n$，因此我们引入新的未知函数
$$z=y^{1-n},$$
那么
$$\frac{\mathrm{d}z}{\mathrm{d}x}=(1-n)y^{-n}\frac{\mathrm{d}y}{\mathrm{d}x}.$$
用 $(1-n)$ 乘方程(6)的两端，再通过上述代换便得到线性方程
$$\frac{\mathrm{d}z}{\mathrm{d}x}+(1-n)P(x)z=(1-n)Q(x).$$
求出这个方程的通解后，以 y^{1-n} 代替 z 便得到伯努利方程的通解.

例 3　求方程 $\frac{\mathrm{d}y}{\mathrm{d}x}+\frac{y}{x}=a(\ln x)y^2$ 的通解.

解　以 y^2 除方程的两端，得

$$y^{-2}\frac{\mathrm{d}y}{\mathrm{d}x}+\frac{1}{x}y^{-1}=a(\ln x),$$

即
$$-\frac{\mathrm{d}(y^{-1})}{\mathrm{d}x}+\frac{1}{x}y^{-1}=a(\ln x),$$

令 $z=y^{-1}$，则上述方程变为

$$\frac{\mathrm{d}z}{\mathrm{d}x}-\frac{1}{x}z=-a(\ln x),$$

这是一个线性方程，它的通解为

$$z=x\left[C-\frac{a}{2}(\ln x)^2\right].$$

以 y^{-1} 代替 z，得所求方程的通解为

$$yx\left[C-\frac{a}{2}(\ln x)^2\right]=1.$$

在上节中，对于齐次方程 $y'=f\left(\frac{y}{x}\right)$，我们通过变量代换 $y=xu$，把它化为变量可分离的方程，然后分离变量，经积分求得通解. 在本节中，对于一阶非齐次线性方程

$$y'+P(x)y=Q(x),$$

我们通过解对应的齐次线性方程找到变量代换

$$y=u\mathrm{e}^{-\int P(x)\mathrm{d}x},$$

利用这一变换，把非齐次线性方程化为变量可分离的方程，然后经积分求得通解. 对于伯努利方程

$$y'+P(x)y=Q(x)y^n,$$

我们通过变量代换 $y^{1-n}=z$，把它化为线性方程，然后按线性方程的解法求得通解.

利用变量代换（因变量的变量代换或自变量的变量代换），把一个微分方程化为变量可分离的方程，或化为已经知其求解步骤的方程，这是微分方程最常用的方法.

习题 11－4

1. 求下列一阶线性微分方程的通解：

(1) $\frac{\mathrm{d}y}{\mathrm{d}x}+y=\mathrm{e}^{-x}$；　　(2) $y'+2xy=4x$；

(3) $(x^2-1)y'+2xy-\cos x=0$；　　(4) $xy'+y=x\mathrm{e}^x$；

(5) $y\ln y\mathrm{d}x+(x-\ln y)\mathrm{d}y=0$；　　　(6) $\dfrac{\mathrm{d}\rho}{\mathrm{d}\theta}+3\rho=2$；

(7) $(y^2-6x)\dfrac{\mathrm{d}y}{\mathrm{d}x}+2y=0$.

2. 求下列微分方程满足初始条件的特解：

(1) $\dfrac{\mathrm{d}y}{\mathrm{d}x}+3y=8,y|_{x=0}=2$；

(2) $\dfrac{\mathrm{d}y}{\mathrm{d}x}+y\cot x=5\mathrm{e}^{\cos x},y|_{x=\frac{\pi}{2}}=-4$；

(3) $\dfrac{\mathrm{d}y}{\mathrm{d}x}+\dfrac{y}{x}=\dfrac{\sin x}{x},y|_{x=\pi}=1$；

(4) $\dfrac{\mathrm{d}y}{\mathrm{d}x}+\dfrac{2-3x^2}{x^3}y=1,y|_{x=1}=0$.

3. 求一曲线方程，这曲线过原点，并且它在点 (x,y) 处的斜率等于 $2x+y$.

4. 设有一质量为 m 的质点作直线运动，从速度等于零的时刻起，有一个与运动方向一致、大小与时间成正比（比例系数为 k_1）的力作用于它，此外还受一与速度成正比（比例系数为 k_2）的阻力作用. 求质点运动的速度与时间的函数关系.

5. 设曲线积分 $\int_L yf(x)\mathrm{d}x+[2xf(x)-x^2]\mathrm{d}y$ 在右半平面 $(x>0)$ 内与路径无关，其中 $f(x)$ 可导，且 $f(1)=1$，求 $f(x)$.

6. 设 $f(x)$ 可微，且满足关系式 $\int_0^x[2f(t)-1]\mathrm{d}t=f(x)-1$，求 $f(x)$.

7. 求下列伯努利方程的通解：

(1) $\dfrac{\mathrm{d}y}{\mathrm{d}x}+y=y^2(\cos x-\sin x)$；　(2) $\dfrac{\mathrm{d}y}{\mathrm{d}x}-3xy=xy^2$；

(3) $\dfrac{\mathrm{d}y}{\mathrm{d}x}+\dfrac{1}{3}y=\dfrac{1}{3}(1-2x)y^4$；　(4) $x\mathrm{d}y-[y+xy^3(1+\ln x)]\mathrm{d}x=0$.

8. 设曲线 L 位于第一象限内，L 上任一点 M 处的切线与 y 轴总相交，交点记为 A. 已知 $|\overline{MA}|=|\overline{OA}|$，且 L 过点 $\left(\dfrac{3}{2},\dfrac{3}{2}\right)$，求曲线 L 的方程.

11.5　可降阶的高阶微分方程

二阶和二阶以上的微分方程称为高阶微分方程. 本节将介绍几种特殊类型的高阶微分方程的解法. 它们的共同特点是，可以通过适当的变量代换化为一阶微分方程，再应用前面几节中所讲的方法来求出它的解.

11.5.1 $y^{(n)}=f(x)$型的微分方程

微分方程

$$y^{(n)} = f(x) \tag{1}$$

是一类最简单的高阶微分方程.它的右端仅含有自变量 x.容易看出,若把 $y^{(n-1)}$ 作为新的未知函数,那么(1)式就是新未知函数的一阶微分方程.两边积分,得到一个 $n-1$ 阶的微分方程

$$y^{(n-1)} = \int f(x)\mathrm{d}x + C_1.$$

同理可得

$$y^{(n-2)} = \int\left[\int f(x)\mathrm{d}x + C_1\right]\mathrm{d}x + C_2.$$

依此法继续进行,接连积分 n 次,便得方程(1)的含有 n 个任意常数的通解.

例 1 求微分方程 $y''' = \mathrm{e}^{2x} - \sin x$ 的通解.

解 对所给方程接连积分三次,分别有

$$y'' = \frac{1}{2}\mathrm{e}^{2x} + \cos x + C_1,$$

$$y' = \frac{1}{4}\mathrm{e}^{2x} + \sin x + C_1 x + C_2,$$

$$y = \frac{1}{8}\mathrm{e}^{2x} - \cos x + Cx^2 + C_2 x + C_3 \quad \left(C = \frac{C_1}{2}\right).$$

这就是所求的通解.

例 2 求方程 $y''=x$ 的一条积分曲线,该曲线经过点 $M(0,1)$且在 M 点与直线 $y=\frac{x}{2}+1$ 相切.

解 这是一个几何问题,可以归结为如下的微分方程的初值问题

$$\begin{cases} y'' = x, \\ y|_{x=0} = 1, \\ y'|_{x=0} = \dfrac{1}{2}. \end{cases}$$

对方程 $y''=x$ 两端积分,得

$$y' = \frac{1}{2}x^2 + C_1.$$

由条件 $y'|_{x=0} = \frac{1}{2}$,得 $C_1 = \frac{1}{2}$,从而

$$y' = \frac{1}{2}x^2 + \frac{1}{2},$$

再积分一次,得

$$y = \frac{1}{6}x^3 + \frac{1}{2}x + C_2,$$

由条件$y|_{x=0}=1$,得 $C_2=1$,故所求曲线为

$$y = \frac{1}{6}x^3 + \frac{1}{2}x + 1.$$

11.5.2 $y''=f(x,y')$ 型的微分方程

方程

$$y''=f(x,y') \tag{2}$$

的右端不显含未知函数 y. 如果我们设 $y'=p$,那么

$$y'' = \frac{\mathrm{d}p}{\mathrm{d}x} = p',$$

而方程(2)就化为

$$p' = f(x,p).$$

这是一个关于变量 x,p 的一阶微分方程. 设其通解为

$$p = \varphi(x,C_1),$$

而 $y'=p$,因此又得到一个一阶微分方程

$$\frac{\mathrm{d}y}{\mathrm{d}x} = \varphi(x,C_1).$$

两端积分便得到方程(2)的通解为

$$y = \int \varphi(x,C_1)\mathrm{d}x + C_2.$$

例 3 求微分方程$(1+x^2)y''=2xy'$满足初始条件$y|_{x=0}=1$, $y'|_{x=0}=3$ 的特解.

解 所给方程是 $y''=f(x,y')$型的. 设 $y'=p$,代入方程并分离变量后,有

$$\frac{\mathrm{d}p}{p} = \frac{2x}{1+x^2}\mathrm{d}x.$$

两端积分,得

$$\ln|p| = \ln(1+x^2) + C,$$

即

$$p = y' = C_1(1+x^2) \quad (C_1 = \pm \mathrm{e}^C).$$

由条件$y'|_{x=0}=3$,得 $C_1=3$,所以

$$y' = 3(1+x^2).$$

两端再积分,得

$$y = x^3 + 3x + C_2.$$

又由条件$y|_{x=0}=1$ 得 $C_2=1$,于是所求的特解为

$$y = x^3 + 3x + 1.$$

11.5.3 $y''=f(y,y')$ 型的微分方程

方程

$$y''=f(y,y') \tag{3}$$

的右端不显含自变量 x. 如果我们设 $y'=p$,并利用复合函数的求导法则把 y'' 化为对 y 的导数,即

$$y''=\frac{\mathrm{d}p}{\mathrm{d}x}=\frac{\mathrm{d}p}{\mathrm{d}y}\cdot\frac{\mathrm{d}y}{\mathrm{d}x}=p\frac{\mathrm{d}p}{\mathrm{d}y}.$$

这样,方程(3)就化为

$$p\frac{\mathrm{d}p}{\mathrm{d}y}=f(y,p).$$

这是一个关于变量 y,p 的一阶微分方程. 设它的通解为

$$y'=p=\varphi(y,C_1),$$

分离变量并积分,便得到方程(3)的通解为

$$\int\frac{\mathrm{d}y}{\varphi(y,C_1)}=x+C_2.$$

例 4 求微分方程 $yy''-y'^2=0$ 的通解.

解 方程不明显地含自变量 x,设

$$y'=p,\text{则 } y''=p\frac{\mathrm{d}p}{\mathrm{d}y},$$

代入方程,得

$$yp\frac{\mathrm{d}p}{\mathrm{d}y}-p^2=0.$$

在 $y\neq0,p\neq0$ 时,约去 p 并分离变量,得

$$\frac{\mathrm{d}p}{p}=\frac{\mathrm{d}y}{y}.$$

两端积分,得

$$\ln|p|=\ln|y|+C,$$

即

$$p=C_1y\text{ 或 }y'=C_1y\qquad(C_1=\pm\mathrm{e}^C).$$

再分离变量并两端积分,便得所给方程的通解为

$$\ln|y|=C_1x+C'_2,$$

或

$$y=C_2\mathrm{e}^{C_1x}\qquad(C_2=\pm\mathrm{e}^{C'_2}).$$

例 5 一个离地面很高的物体,受地球引力的作用由静止开始落向地面. 求它落到地面时的速度和所需的时间(不计空气阻力).

解 取连接地球中心与该物体的直线为 y 轴,其方向铅直向上,取地球的中心为原点 O(图 11-3).

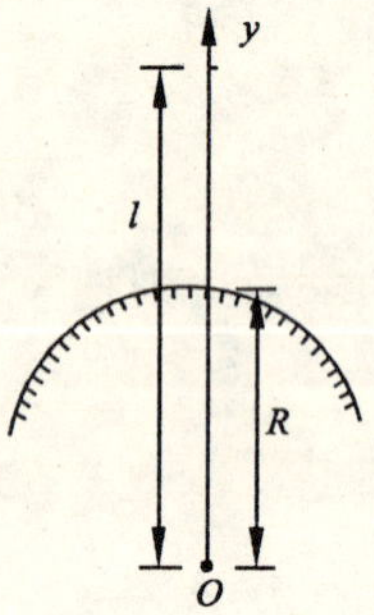

图 11－3

设地球的半径为 R，物体的质量为 m，物体开始下落时与地球中心的距离为 $l(l>R)$，在时刻 t 物体所在位置为 $y=y(t)$，于是速度为 $v(t)=\frac{\mathrm{d}y}{\mathrm{d}t}$. 根据万有引力定律，即得微分方程

$$m\frac{\mathrm{d}^2y}{\mathrm{d}t^2}=-\frac{kmM}{y^2},$$

即

$$\frac{\mathrm{d}^2y}{\mathrm{d}t^2}=-\frac{kM}{y^2},\tag{4}$$

其中 M 为地球的质量，k 为引力常数. 因为当 $y=R$ 时，$\frac{\mathrm{d}^2y}{\mathrm{d}t^2}=-g$（这里取负号是由于物体运动加速度的方向与 y 轴的正向相反的缘故），所以 $g=\frac{kM}{R^2}$，$kM=gR^2$. 于是方程(4)变为

$$\frac{\mathrm{d}^2y}{\mathrm{d}t^2}=-\frac{gR^2}{y^2}.\tag{5}$$

初始条件是

$$y\big|_{t=0}=l,\ y'\big|_{t=0}=0.$$

先求物体到达地面时的速度. 由 $\frac{\mathrm{d}y}{\mathrm{d}t}=v$，得

$$\frac{\mathrm{d}^2y}{\mathrm{d}t^2}=\frac{\mathrm{d}v}{\mathrm{d}t}=\frac{\mathrm{d}v}{\mathrm{d}y}\cdot\frac{\mathrm{d}y}{\mathrm{d}t}=v\frac{\mathrm{d}v}{\mathrm{d}y},$$

代入方程(5)并分离变量，得

$$v\mathrm{d}v=-\frac{gR^2}{y^2}\mathrm{d}y.$$

两端积分，得

$$v^2=\frac{2gR^2}{y}+C_1.$$

把初始条件代入上式，得

$$C_1=-\frac{2gR^2}{l},$$

于是

$$v^2=2gR^2\left(\frac{1}{y}-\frac{1}{l}\right),\ v=-R\sqrt{2g\left(\frac{1}{y}-\frac{1}{l}\right)}.\tag{6}$$

这里取负号是由于物体运动的方向与 y 轴的正向相反的缘故.

在(6)式中令 $y=R$，就得到物体到达地面时的速度为

$$v=-\sqrt{\frac{2gR(l-R)}{l}}.$$

下面来求物体落到地面所需的时间，由(6)式有

$$\frac{\mathrm{d}y}{\mathrm{d}t}=v=-R\sqrt{2g\left(\frac{1}{y}-\frac{1}{l}\right)},$$

分离变量得
$$\mathrm{d}t=-\frac{1}{R}\sqrt{\frac{l}{2g}}\cdot\sqrt{\frac{y}{l-y}}\mathrm{d}y.$$

两端积分(对右端积分利用置换 $y=l\cos^2 u$),得

$$t=\frac{1}{R}\sqrt{\frac{l}{2g}}\left(\sqrt{ly-y^2}+l\arccos\sqrt{\frac{y}{l}}\right)+C_2. \tag{7}$$

由条件$y|_{t=0}=l$,得

$$C_2=0.$$

于是(7)式变为

$$t=\frac{1}{R}\sqrt{\frac{l}{2g}}\left(\sqrt{ly-y^2}+l\arccos\sqrt{\frac{y}{l}}\right).$$

在上式中令 $y=R$,便得到物体到达地面所需的时间为

$$t=\frac{1}{R}\sqrt{\frac{l}{2g}}\left(\sqrt{lR-R^2}+l\arccos\sqrt{\frac{R}{l}}\right).$$

习题 11-5

1. 求下列微分方程的通解:

(1) $y''=x+\cos x$;　　(2) $y'''=xe^x$;

(3) $y''=\dfrac{1}{1+x^2}$;　　(4) $y''=1+y'^2$;

(5) $y''=y'+x$;　　(6) $y^3y''-1=0$;

(7) $y''=y'^3+y'$.

2. 求下列微分方程满足初始条件的特解:

(1) $y''-ay'^2=0, y|_{x=0}=0, y'|_{x=0}=-1$;

(2) $y'''=e^{ax}, y|_{x=1}=y'|_{x=1}=y''|_{x=1}=0$;

(3) $y''=e^{2y}, y|_{x=0}=y'|_{x=0}=0$;

(4) $x^2y''+xy'=1, y|_{x=1}=0, y'|_{x=1}=1$.

3. 试求 $xy''=y'+x^2$ 经过点(1,0)且在此点的切线与直线 $y=3x-3$ 垂直的积分曲线.

4. 设有一质量为 m 的物体,在空中由静止开始下落,如果空气阻力为 $R=c^2v^2$(其中 c 为常数,v 为物体运动的速度),试求物体下落的距离 s 与时间 t 的函数关系.

11.6 常系数齐次线性微分方程

在上一节里，我们主要讨论了三种容易降阶的高阶微分方程，本章的最后，我们将讨论另一类形式较为简单的高阶微分方程——高阶常系数线性微分方程. 讨论时以二阶常系数线性微分方程为主. 二阶常系数线性微分方程的一般形式是

$$y''+py'+qy=f(x), \tag{1}$$

其中 p,q 为实常数，$f(x)$为 x 的已知函数. 当方程右端 $f(x)\equiv 0$ 时，方程称为齐次的；当 $f(x)\neq 0$ 时，方程称为非齐次的. 本节先讨论二阶常系数齐次线性微分方程的解法，并推广到 n 阶常系数齐次线性微分方程；在下一节里再讨论二阶常系数非齐次线性微分方程的解法.

11.6.1 二阶常系数齐次线性微分方程

二阶常系数齐次线性微分方程的形式为

$$y''+py'+qy=0. \tag{2}$$

下面是关于方程(2)的解的结构的两个定理.

定理 1 如果 $y_1(x)$ 与 $y_2(x)$ 是方程(2)的两个解，那么

$$y=C_1y_1(x)+C_2y_2(x) \tag{3}$$

也是(2)式的解，其中 C_1,C_2 是任意常数.

证 将(3)式代入(2)式左端，得

$$\begin{aligned}&(C_1y''_1+C_2y''_2)+p(C_1y'_1+C_2y'_2)+q(C_1y_1+C_2y_2)\\=&C_1(y''_1+py'_1+qy_1)+C_2(y''_2+py'_2+qy_2).\end{aligned}$$

由于 y_1 与 y_2 是方程(2)的两个解，上式右端括号中的表达式都恒等于零，因而整个式子恒等于零，所以(3)式是方程(2)的解.

齐次线性方程的这个性质表明它的解具有**叠加性**.

叠加起来的解(3)从形式上看含有 C_1 与 C_2 两个任意常数，但它不一定是方程(2)的通解. 例如，设 $y_1(x)$是方程(2)的一个解，则 $y_2(x)=2y_1(x)$也是方程(2)的解. 这时，(3)式成为 $y=C_1y_1(x)+2C_2y_1(x)$，可以把它改写为 $y=Cy_1(x)$，其中 $C=C_1+2C_2$. 这显然不是方程(2)的通解. 那么在什么情况下(3)式才是方程(2)的通解呢？通过观察，“$C_1y_1(x)$”和“$C_2y_1(x)$”两项不能合并时，(3)式就是方程(2)的通解，否则(3)式不是方程(2)的通解. 严格地说，在 $y_1(x)$与 $y_2(x)$是方程(2)的非零解的前提下，若$\dfrac{y_2(x)}{y_1(x)}$不为常数，那么(3)式就是方程(2)的

通解.若$\frac{y_2(x)}{y_1(x)}$为常数,则(3)式不是方程(2)的通解.

一般地,对于任意两个函数 $y_1(x)$与 $y_2(x)$,若它们的比为常数,则称它们是**线性相关**的;否则它们是**线性无关**的.有了线性无关的概念,我们有如下关于二阶常系数齐次线性微分方程(2)的通解结构的定理.

定理 2 如果 $y_1(x)$与 $y_2(x)$是方程(2)的两个线性无关的特解,那么

$$y = C_1 y_1(x) + C_2 y_2(x) \quad (C_1, C_2 \text{ 是任意常数}).$$

就是方程(2)的通解.

例如,方程 $y''-y=0$ 是二阶常系数齐次线性方程.容易验证,$y_1=e^x$ 与 $y_2=e^{-x}$是所给方程的两个解,且$\frac{y_2(x)}{y_1(x)}=\frac{e^{-x}}{e^x}=e^{-2x}\neq$常数,即它们是线性无关的.因此方程 $y''-y=0$ 的通解为

$$y = C_1 e^x + C_2 e^{-x} \quad (C_1, C_2 \text{ 是任意常数}).$$

接下来,进一步要解决的问题是如何求方程(2)的通解.由定理 2 可知,要求方程(2)的通解,只需要求出方程(2)的两个线性无关的特解.当 r 为常数时,指数函数 e^{rx}和它的各阶导数都只差一个常数因子,这与方程(2)形式上的规律是一致的,因此我们用 $y=e^{rx}$来尝试,看能否取到适当的常数 r,使 $y=e^{rx}$满足方程(2).

对 $y=e^{rx}$求导,得到 $y'=re^{rx}$,$y''=r^2e^{rx}$.把 y,y'和 y''代入方程(2),得

$$(r^2 + pr + q)e^{rx} = 0.$$

由于 $e^{rx}\neq 0$,所以

$$r^2 + pr + q = 0. \tag{4}$$

由此可见,只要 r 满足代数方程(4),函数 $y=e^{rx}$就是微分方程(2)的解,我们把代数方程(4)叫做微分方程(2)的特征方程.

特征方程(4)是一个二次代数方程,其中 r^2,r 的系数及常数项恰好是微分方程(2)中 y'',y'及 y 的系数.

特征方程(4)的两个根 r_1,r_2 可以用公式

$$r_{1,2}=\frac{-p\pm\sqrt{p^2-4q}}{2}$$

求出,它们有三种不同的情形,分别对应着微分方程(2)的通解的三种不同的情形.分别讨论如下:

1. 若 $p^2-4q>0$,可求得特征方程(4)的两个不相等实根:

$$r_1 = \frac{-p+\sqrt{p^2-4q}}{2}, r_2 = \frac{-p-\sqrt{p^2-4q}}{2}.$$

这时 $y_1=e^{r_1x}$与 $y_2=e^{r_2x}$是微分方程(2)的两个解,且$\frac{y_2}{y_1}=\frac{e^{r_2x}}{e^{r_1x}}=e^{(r_2-r_1)x}$不为常

数.因此,方程(2)的通解为

$$y=C_1\mathrm{e}^{r_1x}+C_2\mathrm{e}^{r_2x}.$$

2. 若 $p^2-4q=0$,特征方程(4)有两个相等实根:

$$r_1=r_2=-\frac{p}{2},$$

这时,只得到方程(2)的一个解

$$y_1=\mathrm{e}^{r_1x}.$$

为了求出微分方程(2)的通解,还需求出另一个解 y_2,并且要求$\frac{y_2}{y_1}$不是常数.

设$\frac{y_2}{y_1}=u(x)$,$u(x)$是 x 的待定函数,于是

$$y_2=u(x)y_1=\mathrm{e}^{r_1x}u(x).$$

下面来确定 u.将 y_2 求导,得

$$y'_2=\mathrm{e}^{r_1x}(u'+r_1u),$$

$$y''_2=\mathrm{e}^{r_1x}(u''+2r_1u'+r_1^2u),$$

将 y_2,y'_2 及 y''_2 代入微分方程(2),得

$$e^{r_1x}[(u''+2r_1u'+r_1^2u)+p(u'+r_1u)+qu]=0,$$

约去 e^{r_1x},并以 u'',u',u 为准合并同类项,得

$$u''+(2r_1+p)u'+(r_1^2+pr_1+q)u=0.$$

由于 r_1 是特征方程(4)的二重根,因此 $r_1^2+pr_1+q=0$,且 $2r_1+p=0$,于是得

$$u''=0.$$

因为这里只要得到一个不为常数的解,所以不妨选取满足 $u''=0$ 的函数中最简单的一个函数 $u=x$,由此得到微分方程(2)的另一个解

$$y_2=x\mathrm{e}^{r_1x},$$

从而微分方程(2)的通解为

$$y=C_1\mathrm{e}^{r_1x}+C_2x\mathrm{e}^{r_1x},$$

即

$$y=(C_1+C_2x)\mathrm{e}^{r_1x}.$$

3. 若 $p^2-4q<0$,特征方程有一对共轭复根:

$$r_1=\alpha+\mathrm{i}\beta,r_2=\alpha-\mathrm{i}\beta(\beta\neq0),$$

其中

$$\alpha=-\frac{p}{2},\beta=\frac{\sqrt{4q-p^2}}{2}.$$

这时,可以验证方程(2)有两个线性无关的解

$$y_1=\mathrm{e}^{\alpha x}\cos\beta x,y_2=\mathrm{e}^{\alpha x}\sin\beta x.$$

从而微分方程(2)的通解为

$$y = e^{\alpha x}(C_1\cos\beta x + C_2\sin\beta x).$$

综上所述，求二阶常系数齐次线性微分方程

$$y'' + py' + qy = 0 \tag{2}$$

的通解的步骤如下：

第一步　写出微分方程(2)的特征方程

$$r^2 + pr + q = 0. \tag{4}$$

第二步　求出特征方程(4)的两个根 r_1, r_2.

第三步　根据特征方程(4)的两个根的不同情形，按照下列表格写出微分方程(2)的通解.

特征方程 $r^2+pr+q=0$ 的两个根 r_1,r_2	微分方程 $y''+py'+qy=0$ 的通解
两个不相等的实根 r_1,r_2.	$y=C_1e^{r_1x}+C_2e^{r_2x}$
两个相等的实根 $r_1=r_2$.	$y=(C_1+C_2x)e^{r_1x}$
一对共轭复根 $r_{1,2}=\alpha\pm i\beta$	$y=e^{\alpha x}(C_1\cos\beta x+C_2\sin\beta x)$

例 1　求微分方程 $y''-2y'-8y=0$ 的通解.

解　所给微分方程的特征方程为

$$r^2 - 2r - 8 = (r-4)(r+2) = 0,$$

其根 $r_1=4, r_2=-2$ 是两个不相等的实根，因此所求微分方程的通解为

$$y = C_1e^{4x} + C_2e^{-2x}.$$

例 2　求方程 $\frac{d^2s}{dt^2}+2\frac{ds}{dt}+s=0$ 满足初始条件 $s|_{t=0}=4, s'|_{t=0}=-2$ 的特解.

解　所给微分方程的特征方程为

$$r^2 + 2r + 1 = (r+1)^2 = 0,$$

其根 $r_1=r_2=-1$ 是两个相等的实根，因此所求微分方程的通解为

$$s = (C_1 + C_2t)e^{-t}.$$

将条件 $s|_{t=0}=4$ 代入上式，得 $C_1=4$. 从而

$$s = (4 + C_2t)e^{-t}.$$

将上式对 t 求导，得

$$s' = (C_2 - 4 - C_2t)e^{-t}.$$

再把条件 $s'|_{t=0}=-2$ 代入上式，得 $C_2=2$. 于是所求微分方程的特解为

$$s = (4 + 2t)e^{-t}.$$

例 3　求微分方程 $y''-2y'+5y=0$ 的通解.

解　所给微分方程的特征方程为

$$r^2 - 2r + 5 = 0.$$

其根 $r_{1,2}=1\pm 2\mathrm{i}$ 是一对共轭复根，因此所求微分方程的通解为

$$y=\mathrm{e}^{x}(C_1\cos 2x+C_2\sin 2x).$$

例 4　弹簧振动问题

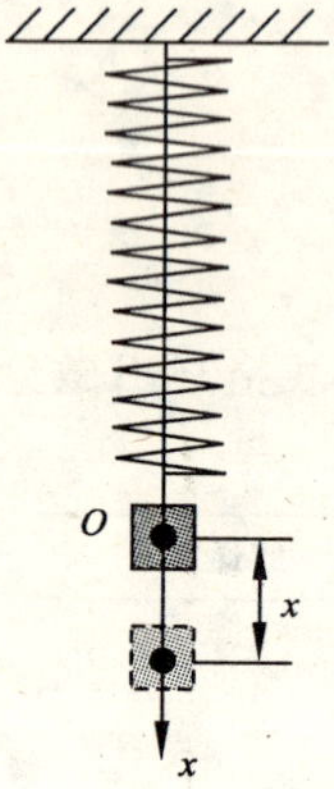

图 11－4

设有一个弹簧上端固定，下端挂一个质量为 m 的物体.当物体处于静止状态时，作用在物体上的重力和弹性力相等、方向相反.这个位置就是物体的平衡位置，如图 11－4.如果给物体一个初始位移 x_0，初速度 v_0，则物体离开平衡位置，并在平衡位置附近上下振动.已知阻力与其速度成正比，试求振动过程中位移 x 的变化规律.

解　取 x 轴铅直向下，建立坐标系，平衡位置为原点.物体的位移 x 是时间 t 的函数 $x=x(t)$.

物体在振动过程中，受到两个力的作用：弹性恢复力 f_1 和阻力 f_2.由力学知道，弹性恢复力 f_1 与物体离开平衡位置的位移 x 成正比：

$$f_1=-cx,$$

其中 c 为弹性系数，负号表示弹性恢复力与位移的方向相反.阻力 f_2 与速度成正比

$$f_2=-\mu v=-\mu\frac{\mathrm{d}x}{\mathrm{d}t},$$

其中 μ 为阻尼系数，负号表示阻力与速度的方向相反.

根据上述物体的受力情况的分析，由牛顿第二定律 $F=ma$，得

$$m\frac{\mathrm{d}^2x}{\mathrm{d}t^2}=-cx-\mu\frac{\mathrm{d}x}{\mathrm{d}t}.$$

移项并记 $2n=\frac{\mu}{m},k^2=\frac{c}{m}$，则方程化为

$$\frac{\mathrm{d}^2x}{\mathrm{d}t^2}+2n\frac{\mathrm{d}x}{\mathrm{d}t}+k^2x=0,\tag{5}$$

这就是物体振动的微分方程，是一个二阶常系数齐次线性微分方程.

方程(5)满足的初始条件为

$$x\big|_{t=0}=x_0,\left.\frac{\mathrm{d}x}{\mathrm{d}t}\right|_{t=0}=v_0.\tag{6}$$

下面来解方程(5).

方程(5)的特征方程为 $r^2+2nr+k^2=0$，其根为

$$r=\frac{-2n\pm\sqrt{4n^2-4k^2}}{2}=-n\pm\sqrt{n^2-k^2}.$$

以下按 $n<k,n>k$ 及 $n=k$ 三种不同情形分别进行讨论.

（ⅰ）小阻尼情形：$n<k$

特征方程的根 $r=-n\pm i\omega(\omega=\sqrt{k^2-n^2})$ 是一对共轭复根，所以方程（5）的通解为

$$x=e^{-nt}(C_1\cos\omega t+C_2\sin\omega t).$$

应用初始条件（6），定出 $C_1=x_0, C_2=\frac{v_0+nx_0}{\omega}$，因此所求特解为

$$x=e^{-nt}\left(x_0\cos\omega t+\frac{v_0+nx_0}{\omega}\sin\omega t\right).$$

（ⅱ）大阻尼情形：$n>k$

特征方程的根 $r_1=-n+\sqrt{n^2-k^2}, r_2=-n-\sqrt{n^2-k^2}$ 是两个不相等的实根，所以方程（5）的通解为

$$x=C_1e^{-(n-\sqrt{n^2-k^2})t}+C_2e^{-(n+\sqrt{n^2-k^2})t}.$$

其中任意常数 C_1, C_2 可以由初始条件来确定.

（ⅲ）临界阻尼情形：$n=k$

特征方程的根 $r_1=r_2=-n$ 是两个相等的实根，所以方程（5）的通解为

$$x=e^{-nt}(C_1+C_2t).$$

其中任意常数 C_1, C_2 可以由初始条件来确定.

对于（ⅰ）情形，物体的运动是振荡的，它随时间 t 的增大而趋于平衡位置. 对于（ⅱ），（ⅲ）情形，物体都最多越过平衡位置一次，因此物体不再有振动现象，但也会随着时间 t 的增大而趋于平衡位置. 总之，这一类振动问题均会因阻尼的作用而停止，称为弹簧的有阻尼的自由振动. 在机械系统中，第一种情形是出现得最多的.

11.6.2 n 阶常系数齐次线性微分方程

前面讨论的二阶常系数齐次线性微分方程所用的方法以及方程的通解的形式，可以推广到 n 阶常系数齐次线性微分方程上去. 对此，我们不再详细讨论，只简单地叙述如下：

n 阶常系数齐次线性微分方程的一般形式为

$$y^{(n)}+p_1y^{(n-1)}+p_2y^{(n-2)}+\cdots+p_{n-1}y'+p_ny=0, \tag{7}$$

其中 $p_1, p_2, \cdots, p_{n-1}, p_n$ 都是常数.

如同讨论二阶常系数齐次线性微分方程那样，令 $y=e^{rx}$. 那么 $y'=re^{rx}, \cdots, y^{(n)}=r^ne^{rx}$，于是把 $y=e^{rx}$ 及其各阶导数代入方程（7）得

$$(r^n+p_1r^{n-1}+p_2r^{n-2}+\cdots+p_{n-1}r+p_n)e^{rx}=0.$$

由于 $y=e^{rx}$ 不为零，所以

$$r^n+p_1r^{n-1}+p_2r^{n-2}+\cdots+p_{n-1}r+p_n=0. \tag{8}$$

由此可见,如果 r 是方程(8)的根,那么函数 $y=e^{rx}$ 就是方程(7)的解. 方程(8)叫做方程(7)的特征方程.

根据特征方程的根,可以写出其对应的微分方程的解如下:

特征方程的两个根	微分方程通解中的对应项
单实根 r	给出一项:Ce^{rx}
一对单复根 $r_{1,2}=\alpha\pm i\beta$	给出两项:$e^{\alpha x}(C_1\cos\beta x+C_2\sin\beta x)$
k 重实根 r	给出 k 项:$e^{rx}(C_1+C_2x+\cdots+C_kx^{k-1})$
一对 k 重复根 $r_{1,2}=\alpha\pm i\beta$	给出 $2k$ 项:$y=e^{\alpha x}[(C_1+C_2x+\cdots+C_kx^{k-1})\cos\beta x$ $+(D_1+D_2x+\cdots+D_kx^{k-1})\sin\beta x]$

从代数学知道,n 次代数方程有 n 个根. 而特征方程的每一个根都对应着通解中的一项,且每项各含一个任意常数. 这样就得到 n 阶常系数齐次线性微分方程的通解

$$y=C_1y_1+C_2y_2+\cdots+C_ny_n.$$

例 5 求方程 $y^{(4)}-2y'''+5y''=0$ 的通解.

解 方程的特征方程为

$$r^4-2r^3+5r^2=0,$$

即

$$r^2(r^2-2r+5)=0.$$

它的根是 $r_1=r_2=0$ 和 $r_{3,4}=1\pm 2i$. 因此所给微分方程的通解为

$$y=C_1+C_2x+e^x(C_3\cos 2x+C_4\sin 2x).$$

习题 11-6

1. 下列函数组在定义区间内哪些是线性无关的?

(1) x,x^2;　　(2) $x,4x$;

(3) e^{2x},e^{3x};　　(4) $\sin 2x,\cos x\sin x$;

(5) $e^x\cos 8x,e^x\sin 8x$;　　(6) $\ln x,x\ln x$.

2. 验证 $y_1=\cos 2x$ 及 $y_2=\sin 2x$ 都是方程 $y''+4y=0$ 的解,并写出该方程的通解.

3. 验证 $y_1=e^{x^2}$ 及 $y_2=xe^{x^2}$ 都是方程 $y''-4xy'+(4x^2-2)y=0$ 的解,并写出该方程的通解.

4. 求下列微分方程的通解:

(1) $y''+7y'+12y=0$;　　(2) $y''-12y'+36y=0$;

(3) $y''+y'+y=0$;　　(4) $y''+6y'+13y=0$;

(5) $4\dfrac{d^2x}{dt^2}-20\dfrac{dx}{dt}+25x=0$； (6) $y^{(4)}-y=0$；

(7) $y^{(4)}+2y''+y=0$； (8) $y^{(4)}-2y'''+y''=0$.

5. 求下列微分方程满足初始条件的特解：

(1) $y''-4y'+3y=0, y|_{x=0}=6, y'|_{x=0}=10$；

(2) $4y''+4y'+y=0, y|_{x=0}=2, y'|_{x=0}=0$；

(3) $y''+4y'+29y=0, y|_{x=0}=0, y'|_{x=0}=15$；

(4) $y''+25y=0, y|_{x=0}=2, y'|_{x=0}=5$.

6. 一个单位质量的质点在数轴上运动，开始时质点在原点 O 处且速度为 v_0，在运动过程中，它受到一个力的作用，这个力的大小与质点到原点的距离成正比（比例系数 $k_1>0$）而方向与初速度一致. 又已知介质的阻力与速度成正比（比例系数 $k_2>0$）. 求反映这质点的运动规律的函数.

7. 设圆柱形浮筒，直径为 0.5m，铅直放在水中，当稍向下压后突然放下，浮筒在水中上下振动的周期为 2s，求浮筒的质量.

11.7 常系数非齐次线性微分方程

本节着重讨论二阶常系数非齐次线性微分方程

$$y''+py'+qy=f(x) \tag{1}$$

的解法，并对 n 阶方程的解法作必要的说明.

方程(1)所对应的齐次方程为

$$y''+py'+qy=0. \tag{2}$$

先介绍关于方程(1)的解的结构的两个定理.

定理 1 设 $y^*(x)$ 是方程(1)的一个特解，而 $Y(x)$ 是与方程(1)对应的齐次方程(2)的通解，那么

$$y=Y(x)+y^*(x) \tag{3}$$

是二阶常系数非齐次线性微分方程(1)的通解.

证 把式(3)代入方程(1)的左端，得

$$\begin{aligned}&(Y''+y^{*\prime\prime})+p(Y'+y^{*\prime})+q(Y+y^*)\\&=(Y''+pY'+qY)+(y^{*\prime\prime}+py^{*\prime}+qy^*)\\&=0+f(x)=f(x).\end{aligned}$$

由于对应的齐次方程(2)的通解 $Y=C_1y_1(x)+C_2y_2(x)$ 中含有两个任意常数，所以 $y=Y(x)+y^*(x)$ 中也含有两个任意常数，从而它就是二阶常系数非齐次线性微分方程(1)的通解.

例如，方程 $y''+y=x^2$ 是二阶常系数非齐次线性微分方程，可求得对应的齐

次方程 $y''+y=0$ 的通解为 $Y=C_1\cos x+C_2\sin x$；又容易验证 $y^*=x^2-2$ 是所给方程的一个特解. 因此所给方程的通解为

$$y=C_1\cos x+C_2\sin x+x^2-2.$$

非齐次线性微分方程(1)的特解有时可用下述定理来帮助求出.

定理 2 设二阶常系数非齐次线性方程(1)的右端是几个函数之和,如

$$y''+py'+qy=f_1(x)+f_2(x), \tag{4}$$

而 $y_1^*(x)$ 与 $y_2^*(x)$ 分别是方程

$$y''+py'+qy=f_1(x)$$

与

$$y''+py'+qy=f_2(x)$$

的特解,那么 $y_1^*(x)+y_2^*(x)$ 就是原方程的特解.

证 把 $y_1^*(x)+y_2^*(x)$ 代入方程(4)的左端,得

$$\begin{aligned}&(y_1^*+y_2^*)''+P(y_1^*+y_2^*)'+q(y_1^*+y_2^*)\\=&(y_1^{*\prime\prime}+py_1^{*\prime}+qy_1^*)+(y_2^{*\prime\prime}+py_2^{*\prime}+qy_2^*)\\=&f_1(x)+f_2(x).\end{aligned}$$

因此 $y_1^*(x)+y_2^*(x)$ 是方程(4)的特解.

这一定理通常称为非齐次线性微分方程的解的叠加原理.

由定理 1 可知,求二阶常系数非齐次线性微分方程(1)的通解,可按如下步骤进行:

(ⅰ)求出对应的齐次方程 $y''+py'+qy=0$ 的通解 $Y(x)$.

(ⅱ)求出非齐次方程 $y''+py'+qy=f(x)$ 的一个特解 $y^*(x)$.

(ⅲ)给出所求方程的通解为 $y=Y(x)+y^*(x)$.

由于齐次方程(2)的通解的求法已在上一节里得到解决,所以这里只需讨论求非齐次方程(1)的一个特解 $y^*(x)$ 的方法.

本节只介绍当方程(1)中的 $f(x)$ 取两种常见形式时求 y^* 的方法. 这种方法的特点是不用积分就可求出 y^* 来,它叫做**待定系数法**. $f(x)$ 的两种形式是:

(1) $f(x)=P_m(x)e^{\lambda x}$,其中 λ 是常数,$P_m(x)$ 是 x 的一个 m 次多项式.

(2) $f(x)=e^{\lambda x}[P_l(x)\cos\omega x+P_n(x)\sin\omega x]$,其中 λ,ω 是常数,$P_l(x)$,$P_n(x)$ 分别是 x 的 l 次、n 次多项式,其中有一个可为零.

下面分别介绍 $f(x)$ 为上述两种形式时 y^* 的求法.

1. $f(x)=P_m(x)e^{\lambda x}$ 型

因为方程(1)的右端 $f(x)$ 是多项式 $P_m(x)$ 与指数函数 $e^{\lambda x}$ 的乘积,而多项式与指数函数乘积的导数仍然是多项式与指数函数的乘积. 因此,我们推测方程(1)的特解为

$$y^*=Q(x)e^{\lambda x},$$

其中 $Q(x)$ 为某一待定的多项式，求导得

$$y^{*\prime} = e^{\lambda x}[\lambda Q(x) + Q'(x)],\ y^{*\prime\prime} = e^{\lambda x}[\lambda^2 Q(x) + 2\lambda Q'(x) + Q''(x)],$$

将 y^*，$y^{*\prime}$，$y^{*\prime\prime}$ 代入方程(1)并消去 $e^{\lambda x}$，得

$$Q''(x) + (2\lambda + p)Q'(x) + (\lambda^2 + p\lambda + q)Q(x) = P_m(x). \tag{5}$$

（ⅰ）如果 λ 不是方程(2)的特征方程 $r^2+pr+q=0$ 的根，即 $\lambda^2+p\lambda+q\neq0$，由于 $P_m(x)$ 是 x 的一个 m 次多项式，要使(5)式的两端相等，可令 $Q(x)$ 为另一个 m 次多项式 $Q_m(x)$：

$$Q_m(x) = b_0x^m + b_1x^{m-1} + b_2x^{n-2} + \cdots + b_{m-1}x + b_m\ ,$$

代入(5)式，比较等式两端 x 同次幂的系数，就得到以 $b_0, b_1, \cdots, b_m$ 为未知数的 $m+1$ 个方程的联立方程组，从而确定这些系数 $b_0, b_1, \cdots, b_m$，并得到所求的特解 $y^*=Q(x)e^{\lambda x}$.

（ⅱ）如果 λ 是特征方程 $r^2+pr+q=0$ 的单根，即 $\lambda^2+p\lambda+q=0$，但 $2\lambda+p\neq0$，要使(5)式的两端相等，那么 $Q'(x)$ 必须是 m 次多项式. 此时可令

$$Q(x) = xQ_m(x),$$

并用同样的方法来确定 $Q_m(x)$ 的系数 $b_0, b_1, \cdots, b_m$.

（ⅲ）如果 λ 是特征方程 $r^2+pr+q=0$ 的重根，即 $\lambda^2+p\lambda+q=0$，且 $2\lambda+p=0$，要使(5)式的两端相等，那么 $Q''(x)$ 必须是 m 次多项式. 此时可令

$$Q(x) = x^2Q_m(x),$$

并用同样的方法来确定 $Q_m(x)$ 的系数.

综上所述，我们有如下结论：

如果 $f(x)=P_m(x)e^{\lambda x}$，则二阶常系数非齐次线性微分方程(1)具有形如

$$y^* = x^kQ_m(x)e^{\lambda x} \tag{6}$$

的特解，其中 $Q_m(x)$ 是与 $P_m(x)$ 同次的多项式，而 k 按 λ 不是特征方程的根、是特征方程的单根或是特征方程的重根依次取 0，1，2.

上述结论可推广到 n 阶常系数非齐次线性微分方程，但要注意(6)式中的 k 是特征方程含根 λ 的重复次数(即若 λ 不是特征方程的根，k 取 0；若 λ 是特征方程的 s 重根，k 取为 s).

例 1 求微分方程 $y''-2y'-3y=2x+1$ 的一个特解.

解 所给方程为二阶常系数非齐次线性微分方程，且函数 $f(x)$ 为 $P_m(x)\cdot e^{\lambda x}$ 型(其中 $P_m(x)=2x+1$，$\lambda=0$).

与所给方程对应的齐次方程为

$$y''-2y'-3y=0,$$

它的特征方程为

$$r^2 - 2r - 3 = 0.$$

由于这里 $\lambda=0$ 不是特征方程的根，所以应设特解为

$$y^* = b_0 x + b_1,$$

相应地 $y^{*\prime}=b_0, y^{*\prime\prime}=0$. 把它们代入所给方程，得

$$-3b_0 x - 2b_0 - 3b_1 = 2x + 1,$$

比较上式两端 x 同次幂的系数，得

$$\begin{cases} -3b_0 = 2, \\ -2b_0 - 3b_1 = 1. \end{cases}$$

由此求得 $b_0 = -\dfrac{2}{3}, b_1 = \dfrac{1}{9}$，于是求得一个特解为

$$y^* = -\frac{2}{3}x + \frac{1}{9}.$$

例 2　求微分方程 $y'' - 5y' + 6y = xe^{2x}$ 的通解.

解　所给方程为二阶常系数非齐次线性微分方程，且函数 $f(x)$ 为 $P_m(x) \cdot e^{\lambda x}$ 型(其中 $P_m(x)=x, \lambda=2$). 与所给方程对应的齐次方程为

$$y'' - 5y' + 6y = 0,$$

它的特征方程为

$$r^2 - 5r + 6 = 0$$

有两个不等的实根 $r_1=2, r_2=3$，于是与所给方程对应的齐次方程的通解为

$$Y = C_1 e^{2x} + C_2 e^{3x}.$$

由于 $\lambda=2$ 是特征方程的单根，所以应设特解为

$$y^* = x(b_0 x + b_1)e^{2x},$$

把它代入原方程，化简后可得

$$-2b_0 x + 2b_0 - b_1 = x.$$

比较上式两端中 x 同次幂的系数，得

$$\begin{cases} -2b_0 = 1, \\ 2b_0 - b_1 = 0. \end{cases}$$

解得 $b_0 = -\dfrac{1}{2}, b_1 = -1$，于是求得一个特解为

$$y^* = x\left(-\frac{1}{2}x - 1\right)e^{2x}.$$

从而所求的通解为

$$y = C_1 e^{2x} + C_2 e^{3x} - \frac{1}{2}(x^2 + 2x)e^{2x}.$$

2. $f(x)=e^{\lambda x}[P_l(x)\cos\omega x + P_n(x)\sin\omega x]$ 型

这里我们不作一般讨论，仅不加证明地给出，当方程(1)的右端 $f(x)$ 为这种类型时，求方程(1)的特解的方法.

如果 $f(x)=e^{\lambda x}[P_l(x)\cos\omega x+P_n(x)\sin\omega x]$，则二阶常系数非齐次线性微分方程(1)的特解可设为

$$y^* = x^k e^{\lambda x}[R_m^{(1)}(x)\cos\omega x + R_m^{(2)}(x)\sin\omega x], \tag{7}$$

其中 $R_m^{(1)}(x)$，$R_m^{(2)}(x)$ 是 x 的 m 次多项式，$m=\max(l,n)$，而 k 按 $\lambda+i\omega$（或 $\lambda-i\omega$）不是特征方程的根或是特征方程的单根依次取 0 或 1.

上述结论可推广到 n 阶常系数非齐次线性微分方程，但要注意(7)式中的 k 是特征方程中含根 $\lambda+i\omega$（或 $\lambda-i\omega$）的重复次数.

例 3 求微分方程 $y''+y=x\cos2x$ 的一个特解.

解 所给方程为二阶常系数非齐次线性微分方程，且函数 $f(x)$ 为 $f(x)=e^{\lambda x}[P_l(x)\cos\omega x+P_n(x)\sin\omega x]$ 型（其中 $\lambda=0$，$\omega=2$，$P_l(x)=x$，$P_n(x)=0$）.

与所给方程对应的齐次方程为

$$y''+y=0.$$

它的特征方程为

$$r^2+1=0.$$

由于 $\lambda+i\omega=2i$ 不是特征方程的根，所以应设特解为

$$y^* = (ax+b)\cos2x+(cx+d)\sin2x.$$

把它代入原方程，得

$$(-3ax-3b+4c)\cos2x-(3cx+3d+4a)\sin2x=x\cos2x.$$

比较上式两端 x 同次幂的系数，得

$$\begin{cases}-3a=1,\\-3b+4c=0,\\-3c=0,\\-3d-4a=0.\end{cases},$$

从而求出 $$a=-\frac{1}{3}, b=0, c=0, d=\frac{4}{9},$$

于是求得一个特解为

$$y^*=-\frac{1}{3}x\cos2x+\frac{4}{9}\sin2x.$$

例 4 在第 11.6 节例 4 中，设物体受弹性恢复力 f 和铅直干扰力 $F=h\sin kt$ 的作用，试求振动过程中位移 x 的变化规律.

解 这里需要求出无阻尼强迫振动方程

$$\frac{d^2x}{dt^2}+k^2x=h\sin kt \tag{8}$$

的通解.

对应的齐次方程（即无阻尼自由振动方程）为

$$\frac{d^2x}{dt^2}+k^2x=0, \tag{9}$$

它的特征方程 $r^2+k^2=0$ 的根为 $r=\pm ik$，故齐次方程(9)的通解为

$$X=C_1\cos kt+C_2\sin kt.$$

令

$$C_1=A\sin\varphi, C_2=A\cos\varphi,$$

则方程(9)的通解又可以写成

$$X=A\sin(kt+\varphi)，\text{其中 } A,\varphi \text{ 为任意常数}.$$

由于 $\lambda\pm i\omega=\pm ik$ 是特征方程的根，所以应设特解为

$$x^*=t(a_1\cos kt+b_1\sin kt).$$

把它代入方程(8)，得

$$a_1=-\frac{h}{2k}, b_1=0,$$

于是

$$x^*=-\frac{h}{2k}t\cos kt.$$

从而方程(8)的通解为

$$x=X+x^*=A\sin(kt+\varphi)-\frac{h}{2k}t\cos kt.$$

上式表示，物体的运动由两部分组成，这两部分都是简谐振动. 上式第一项表示自由振动，第二项所表示的振动叫做强迫振动，它是由干扰力引起的. 强迫振动的振幅 $\frac{h}{2k}t$ 随时间 t 的增大而无限增大. 这就发生了所谓共振现象，这一现象是由于干扰力的角频率等于系统的固有频率 k 而引起的. 为了避免共振现象，应使干扰力的角频率不要接近系统的固有频率 k.

习题 11－7

1. 验证：

(1) $y=C_1e^x+C_2e^{2x}+\frac{1}{12}e^{5x}$ (C_1, C_2 是任意常数)是方程 $y''-3y'+2y=e^{5x}$ 的解.

(2) $y=C_1\cos3x+C_2\sin3x+\frac{1}{32}(4x\cos x+\sin x)$ (C_1, C_2 是任意常数)是方程 $y''+9y=x\cos x$ 的解.

2. 求下列微分方程的通解：

(1) $2y''+y'-y=2e^x$；　(2) $y''+a^2y=e^x$；

(3) $y''+9y'=x-4$；　(4) $y''-6y'+9y=(x+1)e^{3x}$；

(5) $y''-2y'+5y=e^x\sin2x$；　(6) $y''+4y=x\cos x$；

(7) $y''+y=e^x+\cos x$.

3. 求下列微分方程满足初始条件的特解：

(1) $y''-3y'+2y=5, y|_{x=0}=1, y'|_{x=0}=2$;

(2) $y''+y+\sin 2x=0, y|_{x=\pi}=1, y'|_{x=\pi}=1$;

(3) $y''-y=4xe^x, y|_{x=0}=0, y'|_{x=0}=1$.

4. 设函数 $y=f(x)$ 满足微分方程 $y''-3y'+2y=2e^x$，且其图形在点 $(0,1)$ 处的切线与曲线 $y=x^2-x+1$ 在该点的切线重合，求函数 $f(x)$.

5. 设函数 $y=f(x)$ 连续，且满足

$$y(x)=e^x+\int_0^x tf(t)\mathrm{d}t-x\int_0^x f(t)\mathrm{d}t,$$

求 $y(x)$.

6. 一链条悬挂在一钉子上，起动时一端离开钉子 8m，另一端离开钉子 12m，分别在以下两种情况求链条滑下来所需要的时间：

(1) 若不计钉子对链条所产生的摩擦力；

(2) 若摩擦力为 1m 长的链条的重量.

总复习题 11

1. 填空：

(1) 与积分方程 $y=\int_0^x f(x,y)\mathrm{d}x$ 等价的微分方程的初值问题是________；

(2) 若方程 $\frac{1}{t^2}+\frac{1}{y^2}+\frac{at+1}{y^3}\frac{\mathrm{d}y}{\mathrm{d}t}=0$ 为全微分方程，则常数 $a=$________；

(3) 已知 $y=C_1e^{2x}+C_2e^{3x}$ (C_1, C_2 为任意常数) 为通解的微分方程为________.

2. 求下列各微分方程的通解：

(1) $2xyy'=y^2-x^2$;

(2) $y'=\sin^2(x-y+1)$;

(3) $\left(x+y\cos\frac{y}{x}\right)-xy'\cos\frac{y}{x}=0$;

(4) $yy''-y'^2-1=0$;

(5) $(y^4-3x^2)\mathrm{d}y+xy\mathrm{d}x=0$;

(6) $y'+x=\sqrt{x^2+y}$;

(7) $y''+2y'+5y=\sin 2x$;

(8) $y'''+y''-2y'=x(e^x+4)$.

3. 求下列各微分方程满足所给初始条件的特解：

(1) $xy\mathrm{d}y=(x^2+y^2)\mathrm{d}x, y|_{x=e}=2e$;

(2) $yy''+y'^2=0, y|_{x=0}=1, y'|_{x=0}=\frac{1}{2}$;

(3) $y''-2y'-e^{2x}=0, y|_{x=0}=1, y'|_{x=0}=1$;

(4) $y''+2y'+y=\cos x, y|_{x=0}=0, y'|_{x=0}=\frac{3}{2}$.

4. 求 $xy''+y'=0$ 满足 $y(1)=ay'(1)$，其中 a 为常数，且当 $x\to 0$ 时，$y(x)$ 有界的解.

5. 设可导函数 $f(x)$满足

$$f(x)\cos x + 2\int_0^x f(t)\sin t\mathrm{d}t = x + 1,$$

求 $f(x)$.

6. 已知 $y=\mathrm{e}^x$ 是微分方程 $xy'+P(x)y=x$ 的一个解，求此微分方程满足条件$y\big|_{x=\ln 2}=0$的特解.

7. 已知某曲线经过点(1,1)，它的切线在纵轴上的截距等于切点的横坐标，求它的方程.

8. 设 $f(x)$具有二阶连续导数，$f(0)=0$，$f'(0)=1$，且$[xy(x+y)-f(x)y]\mathrm{d}x+[f'(x)+x^2y]\mathrm{d}y=0$ 为一阶全微分方程，求 $f(x)$及此全微分方程的通解.

9. 如果方程 $ay''+by'+cy=0$ 的特征方程有两个相异的实根 r_1 与 r_2，证明 $y=\dfrac{\mathrm{e}^{r_2x}-\mathrm{e}^{r_1x}}{r_2-r_1}$是该方程的解.

10. 从船上向海中沉放某种探测仪器，按探测要求，需确定仪器的下沉深度 y(从海平面算起)与下沉速度 v 之间的函数关系. 设仪器在重力作用下，从海平面由静止开始铅直下沉，在下沉过程中还受到阻力和浮力的作用. 设仪器的质量为 m，体积为 B，海水密度为 ρ，仪器所受的阻力与下沉速度成正比，比例系数为 $k(k>0)$. 试建立 y 与 v 所满足的微分方程，并求出函数关系式 $y=f(v)$.

12 无穷级数

无穷级数是高等数学的一个重要组成部分，也是函数逼近理论的基础内容．它是表示函数、研究函数的性质以及进行数值计算的有力工具．

本章先介绍无穷级数的一些基本内容，然后再讨论常数项级数和函数项级数，并着重讨论如何将函数展开成幂级数的问题．

12.1 常数项级数的概念和性质

12.1.1 常数项级数的概念

先从数列谈起．已知数列

$$\frac{1}{2},\frac{1}{4},\frac{1}{8},\cdots,\frac{1}{2^n},\cdots,$$

将其所有项相加

$$\frac{1}{2}+\frac{1}{4}+\frac{1}{8}+\cdots+\frac{1}{2^n}+\cdots,$$

这是无穷多个数相加，称为无穷级数．

另外，无穷级数的思想也蕴涵在无限循环小数的概念之中．例如，$\frac{1}{3}$化为小数时，

$$\frac{1}{3}=0.\dot{3}=\frac{3}{10}+\frac{3}{10^2}+\cdots+\frac{3}{10^n}+\cdots,$$

这就将$\frac{1}{3}$表示成了无穷多个分数之和．

以上例子都涉及到无穷多个数相加的问题，即无穷级数问题．

一般地，已知数列

$$u_1,u_2,u_3,\cdots,u_n,\cdots,$$

则由这数列构成的表达式

$$u_1+u_2+u_3+\cdots+u_n+\cdots \tag{1}$$

叫做(常数项)无穷级数，简称(常数项)级数，记为 $\sum_{n=1}^{\infty}u_n$，即

$$\sum_{n=1}^{\infty}u_n=u_1+u_2+u_3+\cdots+u_n+\cdots,$$

其中第 n 项 u_n 叫做级数的一般项.

上述级数的定义只是一种形式上的定义，还没有运算上的意义，因为无穷多项逐项相加是无法实现的. 那么怎样理解无穷多个数相加呢？我们从有限项的和出发，观察它们的变化趋势，由此来理解无穷多项相加的含义.

作级数(1)的前 n 项的和

$$s_n=u_1+u_2+\cdots+u_n.$$

s_n 称为级数(1)的部分和，当 n 依次取 1,2,3,…时，它们构成一个新的数列：

$$s_1=u_1,s_2=u_1+u_2,s_3=u_1+u_2+u_3,\cdots,$$

$$s_n=u_1+u_2+\cdots+u_n,\cdots.$$

数列 $\{s_n\}$ 称为级数(1)的部分和数列. 根据数列 $\{s_n\}$ 有没有极限，我们引进级数(1)的收敛与发散的概念.

定义　如果级数 $\sum_{n=1}^{\infty}u_n$ 的部分和数列 $\{s_n\}$ 有极限 s，即

$$\lim_{n\to\infty}s_n=s,$$

则称无穷级数 $\sum_{n=1}^{\infty}u_n$ 收敛，这时极限 s 叫做这个级数的和，并写成

$$s=u_1+u_2+\cdots+u_n+\cdots;$$

如果 $\{s_n\}$ 没有极限，则称无穷级数 $\sum_{n=1}^{\infty}u_n$ 发散.

当级数收敛时，可以把级数的部分和 s_n 看做级数和 s 的近似值，则 s 与 s_n 的差值

$$r_n=s-s_n=u_{n+1}+u_{n+2}+\cdots$$

称为级数的余项，用近似值 s_n 代替和 s 所产生的误差是这个余项的绝对值，即误差是 $|r_n|$.

根据上述定义可知，级数 $\sum_{n=1}^{\infty}u_n$ 与数列 $\{s_n\}$ 具有相同的敛散性，且在收敛时，有 $\sum_{n=1}^{\infty}u_n=\lim_{n\to\infty}s_n$，而在发散时，没有“和”可言.

例 1　讨论无穷级数

$$\sum_{n=1}^{\infty}\frac{1}{n(n+1)}=\frac{1}{1\cdot 2}+\frac{1}{2\cdot 3}+\cdots+\frac{1}{n(n+1)}+\cdots$$

的敛散性.

解 由于

$$u_n=\frac{1}{n(n+1)}=\frac{1}{n}-\frac{1}{n+1},$$

因此部分和

$$\begin{aligned}s_n&=\frac{1}{1\cdot 2}+\frac{1}{2\cdot 3}+\cdots+\frac{1}{n(n+1)}\\&=\left(1-\frac{1}{2}\right)+\left(\frac{1}{2}-\frac{1}{3}\right)+\cdots+\left(\frac{1}{n}-\frac{1}{n+1}\right)\\&=1-\frac{1}{n+1},\end{aligned}$$

所以

$$\lim_{n\to\infty}s_n=\lim_{n\to\infty}\left(1-\frac{1}{n+1}\right)=1.$$

所以这级数收敛,其和为 1.

例 2 证明级数

$$1+2+3+\cdots+n+\cdots$$

是发散的.

证 这级数的部分和为

$$s_n=1+2+3+\cdots+n=\frac{n(n+1)}{2},$$

显然,$\lim\limits_{n\to\infty}s_n=\infty$,因此所给级数是发散的.

例 3 讨论等比级数(又称几何级数) $\sum\limits_{n=1}^{\infty}aq^{n-1}$ 的收敛性,其中 $a\neq 0$,q 叫做级数的公比.

解 当 $q\neq 1$ 时,部分和

$$s_n=a+aq+\cdots+aq^{n-1}=\frac{a-aq^n}{1-q}=\frac{a}{1-q}-\frac{aq^n}{1-q}.$$

如果 $|q|<1$,有 $\lim\limits_{n\to\infty}q^n=0$,则 $\lim\limits_{n\to\infty}s_n=\frac{a}{1-q}$,故级数收敛,其和为 $\frac{a}{1-q}$.

如果 $|q|>1$,有 $\lim\limits_{n\to\infty}q^n=\infty$,则 $\lim\limits_{n\to\infty}s_n=\infty$,所以级数发散.

当 $q=1$ 时,等比级数为

$$a+a+a+\cdots+a+\cdots,$$

由于 $\lim\limits_{n\to\infty}s_n=\lim\limits_{n\to\infty}na=\infty$,所以级数发散.

当 $q=-1$ 时,等比级数为

$$a-a+a-a+\cdots,$$

由于
$$s_n=\begin{cases}a, n\text{ 为奇数},\\0, n\text{ 为偶数}.\end{cases}$$

显然，当 $n\to\infty$ 时，s_n 的极限不存在，所以级数发散. 综上所述，可知

$$\sum_{n=1}^{\infty}aq^{n-1}\begin{cases}\text{收敛于}\dfrac{a}{1-q},\text{当}\ |q|<1\ \text{时},\\ \text{发散},\text{当}\ |q|\geqslant 1\ \text{时}.\end{cases}$$

通过部分和数列的极限来讨论无穷级数的收敛性是最基本的方法，但是，除了少数几个特殊的级数外，在一般情况下，直接考察级数的部分和数列是否有极限是很困难的，因此，需要寻找简便易行的判别方法，这是下一节要讨论的问题. 下面介绍收敛级数的一些基本性质.

12.1.2 收敛级数的基本性质

性质 1 如果级数 $\sum\limits_{n=1}^{\infty}u_n$ 收敛于和 s，则对任意常数 k，级数 $\sum\limits_{n=1}^{\infty}ku_n$ 也收敛，且其和为 ks.

性质 2 如果级数 $\sum\limits_{n=1}^{\infty}u_n$、$\sum\limits_{n=1}^{\infty}v_n$ 分别收敛于 s、σ，则级数 $\sum\limits_{n=1}^{\infty}(u_n\pm v_n)$ 也收敛，且其和为 $s\pm\sigma$.

利用极限的四则运算法则容易证明上述性质 1 和性质 2.

性质 2 表明，两个收敛级数可以逐项相加(减).

例 4 判别级数 $\sum\limits_{n=1}^{\infty}\left(\dfrac{1}{2^{n-1}}+\dfrac{2}{3^n}\right)$的收敛性.

解 由例 3 可知，等比级数 $\sum\limits_{n=1}^{\infty}\dfrac{1}{2^{n-1}}$，$\sum\limits_{n=1}^{\infty}\dfrac{1}{3^n}$ 均收敛；

又由性质 1 知，级数 $\sum\limits_{n=1}^{\infty}\dfrac{2}{3^n}$ 收敛；

再由性质 2 知，级数 $\sum\limits_{n=1}^{\infty}\left(\dfrac{1}{2^{n-1}}+\dfrac{2}{3^n}\right)$ 收敛.

性质 3 在级数中去掉、加上或改变有限项，不会改变级数的收敛性.

证 我们只需证明"在级数的前面部分去掉或加上有限项，不会改变级数的收敛性"，因为其他情形(即在级数中任意去掉、加上或改变有限项的情形)都可以看成在级数的前面部分先去掉有限项，然后再加上有限项的结果.

设将级数

$$u_1+u_2+\cdots+u_k+u_{k+1}+\cdots+u_{k+n}+\cdots$$

的前 k 项去掉，则得级数

$$u_{k+1}+u_{k+2}+\cdots+u_{k+n}+\cdots.$$

于是新得的级数的部分和为

$$\sigma_n = u_{k+1} + u_{k+2} + \cdots + u_{k+n} = s_{k+n} - s_k,$$

其中 s_{k+n}是原来级数的前 $k+n$ 项的和. 因为 s_k 是常数,所以当 $n\to\infty$时,σ_n 与 s_{k+n}或者同时具有极限,或者同时没有极限.

类似地,可以证明在级数的前面加上有限项,不会改变级数的收敛性.

性质 4 对收敛级数的项任意加括号后所成的级数仍然收敛,且收敛于原级数的和.

证 设收敛级数为 $\sum_{n=1}^{\infty} u_n$,加括号所成的级数为

$$(u_1+\cdots+u_{n_1})+(u_{n_1+1}+\cdots+u_{n_2})+\cdots+(u_{n_{k-1}+1}+\cdots+u_{n_k})+\cdots. \tag{2}$$

再设原级数 $\sum_{n=1}^{\infty} u_n$ 的部分和数列为

$$s_1, s_2, \cdots, s_n, \cdots, \tag{3}$$

它有极限 s,则级数(2)的部分和数列是

$$s_{n_1}, s_{n_2}, \cdots, s_{n_k}, \cdots,$$

它是数列(3)的一个子数列,因而与数列(3)有相同的极限 s,即级数(2)也收敛于 s.

注意 性质 4 的逆命题是不成立的,即加括号后所成的级数收敛,原级数未必收敛. 例如,对级数

$$1-1+1-1+\cdots$$

加括号得级数

$$(1-1)+(1-1)+\cdots+(1-1)+\cdots,$$

它收敛于零,但原级数

$$1-1+1-1+\cdots$$

却是发散的.

性质 5(级数收敛的必要条件) 如果级数 $\sum_{n=1}^{\infty} u_n$ 收敛,则它的一般项 u_n 趋于零,即

$$\lim_{n\to\infty} u_n = 0.$$

证 设级数 $\sum_{n=1}^{\infty} u_n$ 的部分和为 s_n,且 $\lim_{n\to\infty} s_n = s$. 由于 $u_n = s_n - s_{n-1}$,

所以

$$\lim_{n\to\infty} u_n = \lim_{n\to\infty}(s_n - _{n-1}) = \lim_{n\to\infty} s_n - \lim_{n\to\infty} s_{n-1} = s - s = 0.$$

由性质 5 可以得到一个常用来判别级数发散的充分条件. 即,若 $\lim_{n\to\infty} u_n \neq 0$

(或 $\lim\limits_{n\to\infty}u_n$ 不存在)，则级数 $\sum\limits_{n=1}^{\infty}u_n$ 必定发散.

例 5　判别级数 $\sum\limits_{n=1}^{\infty}\sqrt{\dfrac{n}{n+1}}$ 的收敛性.

解　由于 $u_n=\sqrt{\dfrac{n}{n+1}}$，且

$$\lim_{n\to\infty}u_n=1\neq 0,$$

所以级数 $\sum\limits_{n=1}^{\infty}\sqrt{\dfrac{n}{n+1}}$ 发散.

注意　级数的一般项趋于零只是级数收敛的必要条件，却并不是级数收敛的充分条件. 即当 $u_n\to 0(n\to\infty)$ 时，级数 $\sum\limits_{n=1}^{\infty}u_n$ 不一定收敛. 例如调和级数

$$1+\frac{1}{2}+\frac{1}{3}+\cdots+\frac{1}{n}+\cdots, \tag{4}$$

虽然它的一般项 $u_n=\dfrac{1}{n}\to 0(n\to\infty)$，但它是发散的. 这个结论，我们用反证法证明如下：

假设级数(4)收敛，设它的部分和为 s_n 且 $\lim\limits_{n\to\infty}s_n=s$. 于是

$$\lim_{n\to\infty}(s_{2n}-s_n)=s-s=0,$$

但因为

$$s_{2n}-s_n=\frac{1}{n+1}+\frac{1}{n+2}+\cdots+\frac{1}{2n}>\frac{n}{2n}=\frac{1}{2},$$

故

$$s_{2n}-s_n\not\to 0\quad(n\to\infty),$$

与假设级数(4)收敛矛盾. 所以级数(4)必定发散.

习题 12－1

1. 写出下列级数的前五项：

(1) $\sum\limits_{n=1}^{\infty}\dfrac{2n+1}{2^n}$；　　(2) $\sum\limits_{n=1}^{\infty}\dfrac{1\cdot 3\cdot\cdots\cdot(2n-1)}{2\cdot 4\cdot\cdots\cdot(2n)}$；

(3) $\sum\limits_{n=1}^{\infty}\dfrac{(-1)^{n-1}}{n(n+1)}$；　　(4) $\sum\limits_{n=1}^{\infty}\dfrac{n!}{n^n}$.

2. 写出下列级数的一般项：

(1) $\dfrac{2}{1}+\dfrac{3}{2}+\dfrac{4}{3}+\dfrac{5}{4}+\dfrac{6}{5}+\cdots$；

(2) $-1+\frac{1}{2}-\frac{1}{4}+\frac{1}{8}-\cdots$;

(3) $\frac{\sqrt{x}}{2}+\frac{x}{2\cdot 4}+\frac{x\sqrt{x}}{2\cdot 4\cdot 6}+\frac{x^2}{2\cdot 4\cdot 6\cdot 8}+\cdots$;

(4) $\frac{a^2}{2}-\frac{a^3}{4}+\frac{a^4}{6}-\frac{a^5}{8}+\cdots$.

3. 根据级数收敛与发散的定义判定下列级数的收敛性：

(1) $\sum\limits_{n=1}^{\infty}(\sqrt{n+1}-\sqrt{n})$；

(2) $\sum\limits_{n=1}^{\infty}\frac{1}{(3n-2)(3n+1)}$;

(3) $\sum\limits_{n=2}^{\infty}\ln\frac{n-1}{n}$.

4. 判定下列级数的收敛性：

(1) $-\frac{2}{3}+\frac{2^2}{3^2}-\frac{2^3}{3^3}+\cdots+(-1)^n\frac{2^n}{3^n}+\cdots$;

(2) $\frac{1}{2}+\frac{1}{4}+\frac{1}{6}+\cdots+\frac{1}{2n}+\cdots$;

(3) $\left(\frac{1}{2}-\frac{1}{3}\right)+\left(\frac{1}{2^2}-\frac{1}{3^2}\right)+\cdots+\left(\frac{1}{2^n}-\frac{1}{3^n}\right)+\cdots$;

(4) $\frac{1}{5}+\frac{1}{\sqrt{5}}+\frac{1}{\sqrt[3]{5}}+\cdots+\frac{1}{\sqrt[n]{5}}+\cdots$;

(5) $\frac{1}{4}+\frac{1}{5}+\frac{1}{6}+\cdots+\frac{1}{n+3}+\cdots$.

12.2 常数项级数的审敛法

12.2.1 正项级数及其审敛法

在常数项级数 $\sum\limits_{n=1}^{\infty}u_n$ 中，如果它的各项都是正数或零，则称 $\sum\limits_{n=1}^{\infty}u_n$ 为正项级数.

正项级数是常数项级数中比较特殊而又重要的一类. 这不仅因为正项级数有很好的收敛判别法，而且许多级数的收敛问题可归结为正项级数的收敛性问题.

设正项级数 $\sum\limits_{n=1}^{\infty}u_n(u_n\geqslant 0)$ 的部分和数列为 $\{s_n\}$，显然它是单调增加的，即

$$s_1 \leqslant s_2 \leqslant \cdots \leqslant s_{n-1} \leqslant s_n \leqslant \cdots.$$

如果数列$\{s_n\}$有界，根据单调有界数列必有极限的准则，可知极限$\lim\limits_{n\to\infty} s_n$存在，故$\sum\limits_{n=1}^{\infty} u_n$收敛；反过来，如果正项级数$\sum\limits_{n=1}^{\infty} u_n$收敛于和$s$，即$\lim\limits_{n\to\infty} s_n = s$.根据数列极限的有界性可知，数列$\{s_n\}$必有界.由此我们得到如下重要的结论.

定理 1 正项级数$\sum\limits_{n=1}^{\infty} u_n$收敛的充分必要条件是：它的部分和数列$\{s_n\}$有界.

根据定理 1，可得到关于正项级数的一个基本的审敛法.

定理 2(比较审敛法) 设$\sum\limits_{n=1}^{\infty} u_n$和$\sum\limits_{n=1}^{\infty} v_n$都是正项级数，且$u_n \leqslant v_n (n=1,2,\cdots)$.

(1)若级数$\sum\limits_{n=1}^{\infty} v_n$收敛，则级数$\sum\limits_{n=1}^{\infty} u_n$收敛；

(2)若级数$\sum\limits_{n=1}^{\infty} u_n$发散，则级数$\sum\limits_{n=1}^{\infty} v_n$发散.

证 (1)设级数$\sum\limits_{n=1}^{\infty} v_n$收敛于$\sigma$，则级数$\sum\limits_{n=1}^{\infty} u_n$的部分和

$$s_n = u_1 + u_2 + \cdots + u_n \leqslant v_1 + v_2 + \cdots + v_n \leqslant \sigma \quad (n=1,2,\cdots).$$

即部分和数列$\{s_n\}$有界，由定理 1 知级数$\sum\limits_{n=1}^{\infty} u_n$收敛.

(2)反证法.若级数$\sum\limits_{n=1}^{\infty} v_n$收敛，则由结论(1)的结果可得$\sum\limits_{n=1}^{\infty} u_n$必收敛，这与已知级数$\sum\limits_{n=1}^{\infty} u_n$发散相矛盾，由此可知结论(2)成立.

由于级数的每一项同乘以一个非零常数k，以及去掉级数的有限项不会改变级数的收敛性.于是有如下推论.

推论 设$\sum\limits_{n=1}^{\infty} u_n$和$\sum\limits_{n=1}^{\infty} v_n$都是正项级数.

(1)若级数$\sum\limits_{n=1}^{\infty} v_n$收敛，且存在自然数$N$，使当$n \geqslant N$时，有$u_n \leqslant k v_n (k>0)$成立，则级数$\sum\limits_{n=1}^{\infty} u_n$收敛.

(2)若级数$\sum\limits_{n=1}^{\infty} v_n$发散，且当$n \geqslant N$时，有$u_n \geqslant k v_n (k>0)$，则级数$\sum\limits_{n=1}^{\infty} u_n$发散.

例 1 讨论p-级数

$$\sum_{n=1}^{\infty}\frac{1}{n^p}=1+\frac{1}{2^p}+\frac{1}{3^p}+\cdots+\frac{1}{n^p}+\cdots$$

的收敛性，其中常数 $p>0$.

解 当 $p\leqslant 1$ 时，由于

$$\frac{1}{n^p}\geqslant\frac{1}{n}\quad(n=1,2,\cdots),$$

而调和级数 $\sum\limits_{n=1}^{\infty}\frac{1}{n}$ 发散，由比较审敛法知，p-级数发散；

当 $p>1$ 时，对于 $k-1\leqslant x\leqslant k$，有 $\frac{1}{k^p}\leqslant\frac{1}{x^p}$，所以

$$\frac{1}{k^p}=\int_{k-1}^{k}\frac{1}{k^p}\mathrm{d}x\leqslant\int_{k-1}^{k}\frac{1}{x^p}\mathrm{d}x\quad(k=2,3,\cdots),$$

于是 p-级数的部分和

$$\begin{aligned}s_n&=1+\frac{1}{2^p}+\frac{1}{3^p}+\cdots+\frac{1}{n^p}\\&=1+\int_1^2\frac{1}{2^p}\mathrm{d}x+\int_2^3\frac{1}{3^p}\mathrm{d}x+\cdots+\int_{n-1}^{n}\frac{1}{n^p}\mathrm{d}x\\&\leqslant 1+\int_1^2\frac{1}{x^p}\mathrm{d}x+\int_2^3\frac{1}{x^p}\mathrm{d}x+\cdots+\int_{n-1}^{n}\frac{1}{x^p}\mathrm{d}x\\&=1+\int_1^n\frac{1}{x^p}\mathrm{d}x=1+\frac{1}{1-p}\left(\frac{1}{n^{p-1}}-1\right)\\&<1+\frac{1}{p-1}=\frac{p}{p-1}.\end{aligned}$$

所以数列 $\{s_n\}$ 有上界，根据定理 1，当 $p>1$ 时，p-级数收敛.

综上所述 p-级数 $\sum\limits_{n=1}^{\infty}\frac{1}{n^p}$ 当 $p>1$ 时收敛；当 $p\leqslant 1$ 时发散.

注意 应用比较审敛法判别正项级数的收敛性时，需要找一个已知其收敛性的正项级数作为比较对象. 经常用来作比较对象的级数是等比级数或 p-级数.

例 2 判别下列级数的收敛性：

(1) $\sum\limits_{n=1}^{\infty}\frac{1}{\sqrt{n(n+1)}}$；　　(2) $\sum\limits_{n=1}^{\infty}\frac{2+(-1)^n}{3^n}$.

解 (1) 因为 $\frac{1}{\sqrt{n(n+1)}}>\frac{1}{\sqrt{(n+1)^2}}=\frac{1}{n+1}$，

而级数 $\sum\limits_{n=1}^{\infty}\frac{1}{n+1}=\sum\limits_{n=2}^{\infty}\frac{1}{n}$ 发散，由比较审敛法可知级数 $\sum\limits_{n=1}^{\infty}\frac{1}{\sqrt{n(n+1)}}$ 发散.

(2)因为$\frac{2+(-1)^n}{3^n} \leqslant \frac{3}{3^n} = \frac{1}{3^{n-1}}$,

而等比级数 $\sum\limits_{n=1}^{\infty} \frac{1}{3^{n-1}}$ 收敛,由比较审敛法可知级数 $\sum\limits_{n=1}^{\infty} \frac{2+(-1)^n}{3^n}$ 收敛.

在实际使用上,比较审敛法的下述极限形式往往更为方便.

定理 3(比较审敛法的极限形式)　设 $\sum\limits_{n=1}^{\infty} u_n$ 和 $\sum\limits_{n=1}^{\infty} v_n$ 都是正项级数,如果

$$\lim_{n\to\infty} \frac{u_n}{v_n} = l \quad (0 < l < +\infty),$$

则级数 $\sum\limits_{n=1}^{\infty} u_n$ 和级数 $\sum\limits_{n=1}^{\infty} v_n$ 同时收敛或同时发散.

证　根据极限的定义,取 $\varepsilon = \frac{l}{2}$,存在正整数 N,当 $n \geqslant N$ 时,有

$$\left| \frac{u_n}{v_n} - l \right| < \frac{l}{2},$$

即
$$\frac{l}{2} v_n < u_n < \frac{3}{2} l v_n.$$

再根据定理 2 的推论,即得所要证的结论.

注意　当 $l = 0$ 或 $l = +\infty$ 时,级数 $\sum\limits_{n=1}^{\infty} u_n$ 及 $\sum\limits_{n=1}^{\infty} v_n$ 就不一定同时收敛或同时发散,但有如下结论:

(1)当 $l = 0$ 时,若级数 $\sum\limits_{n=1}^{\infty} v_n$ 收敛,则级数 $\sum\limits_{n=1}^{\infty} u_n$ 也收敛;

(2)当 $l = +\infty$ 时,若级数 $\sum\limits_{n=1}^{\infty} v_n$ 发散,则级数 $\sum\limits_{n=1}^{\infty} u_n$ 也发散.

例 3　判别级数 $\sum\limits_{n=1}^{\infty} \sin \frac{1}{2^n}$ 的收敛性.

解　因为

$$\lim_{n\to\infty} \frac{\sin \frac{1}{2^n}}{\frac{1}{2^n}} = 1,$$

而等比级数 $\sum\limits_{n=1}^{\infty} \frac{1}{2^n}$ 收敛,由定理 3 可知,级数 $\sum\limits_{n=1}^{\infty} \sin \frac{1}{2^n}$ 收敛.

例 4　判别级数 $\sum\limits_{n=1}^{\infty} \ln\left(1 + \frac{1}{n}\right)$ 的收敛性.

解　因为

$$\lim_{n\to\infty}\frac{\ln\left(1+\frac{1}{n}\right)}{\frac{1}{n}}=1,$$

而调和级数 $\sum\limits_{n=1}^{\infty}\frac{1}{n}$ 发散，由定理 3 可知，级数 $\sum\limits_{n=1}^{\infty}\ln\left(1+\frac{1}{n}\right)$ 发散.

在应用比较审敛法时，虽然有时方便，但需要找一个合适的收敛性已知的级数作为比较的对象，这在不少情况下是有困难的，所以下面我们介绍一个在使用上很方便的比值审敛法，它的特点是利用级数本身具有的特性来确定其收敛性.

定理 4（比值审敛法，达朗贝尔（D'Alembert）判别法）　设 $\sum\limits_{n=1}^{\infty}u_n$ 为正项级数，如果

$$\lim_{n\to\infty}\frac{u_{n+1}}{u_n}=\rho,$$

则：

(1)当 $\rho<1$ 时，级数收敛；

(2)当 $\rho>1$（或 $\lim\limits_{n\to\infty}\frac{u_{n+1}}{u_n}=\infty$）时，级数发散；

(3)当 $\rho=1$ 时，级数可能收敛也可能发散.

证　因 $\lim\limits_{n\to\infty}\frac{u_{n+1}}{u_n}=\rho$，故对任意 $\varepsilon>0$，存在正整数 N，当 $n\geqslant N$ 时，有

$$\left|\frac{u_{n+1}}{u_n}-\rho\right|<\varepsilon,$$

即

$$\rho-\varepsilon<\frac{u_{n+1}}{u_n}<\rho+\varepsilon.$$

(1)当 $\rho<1$ 时，取 ε 为一个适当小的正数，使得 $\rho+\varepsilon=r<1$. 于是当 $n\geqslant N$ 时，

$$\frac{u_{n+1}}{u_n}<\rho+\varepsilon=r.$$

因此

$$u_{N+1}<ru_N,u_{N+2}<ru_{N+1}<r^2u_N,\cdots,u_{N+k}<r^ku_N,\cdots.$$

而等比级数 $\sum\limits_{k=1}^{\infty}r^ku_N$ 收敛（公比 $r<1$），根据定理 2 的推论知，级数 $\sum\limits_{n=1}^{\infty}u_n$ 收敛.

(2)当 $\rho>1$ 时，取 ε 为一个适当小的正数，使得 $\rho-\varepsilon>1$，于是当 $n\geqslant N$ 时，

$$\frac{u_{n+1}}{u_n}>\rho-\varepsilon>1,$$

因此

$$u_{n+1}>u_n\quad(n=N,N+1,\cdots).$$

于是级数 $\sum_{n=1}^{\infty} u_n$ 从 $n=N+1$ 项开始，每一项都大于前项，从而 u_n 不趋于零. 根据级数收敛的必要条件可知级数 $\sum_{n=1}^{\infty} u_n$ 发散.

类似地，可以证明当 $\lim_{n\to\infty}\frac{u_{n+1}}{u_n}=\infty$ 时，级数 $\sum_{n=1}^{\infty} u_n$ 发散.

(3)当 $\rho=1$ 时，级数可能收敛也可能发散. 例如，p-级数 $\sum_{n=1}^{\infty}\frac{1}{n^p}$，对任何 p 值都有

$$\lim_{n\to\infty}\frac{u_{n+1}}{u_n}=\lim_{n\to\infty}\left(\frac{n}{n+1}\right)^p=1.$$

但是，当 $p\leqslant 1$ 时级数发散，而当 $p>1$ 时级数收敛.

从上述证明过程可知，比值审敛法是将所给级数与等比级数相比较而得到的.

例 5 判别下列级数的收敛性：

(1) $\sum_{n=1}^{\infty}\frac{n^2}{2^n}$；　　(2) $\sum_{n=1}^{\infty}\frac{n!}{3^n}$.

解 (1)因为

$$\lim_{n\to\infty}\frac{u_{n+1}}{u_n}=\lim_{n\to\infty}\frac{\frac{(n+1)^2}{2^{n+1}}}{\frac{n^2}{2^n}}=\lim_{n\to\infty}\frac{(n+1)^2}{2n^2}=\frac{1}{2}<1,$$

根据比值审敛法可知，级数 $\sum_{n=1}^{\infty}\frac{n^2}{2^n}$ 收敛.

(2)因为

$$\lim_{n\to\infty}\frac{u_{n+1}}{u_n}=\lim_{n\to\infty}\frac{\frac{(n+1)!}{3^{n+1}}}{\frac{n!}{3^n}}=\lim_{n\to\infty}\frac{n+1}{3}=+\infty,$$

根据比值审敛法可知，级数 $\sum_{n=1}^{\infty}\frac{n!}{3^n}$ 发散.

与比较审敛法相比，比值审敛法用起来比较简便. 但比值审敛法也有局限性，即当级数的后项与前项之比的极限不存在(不包括为无穷大的情形)或极限等于 1 时，比值审敛法就失效，这时就需要改用其他方法来判别级数的收敛性.

例 6 判别级数 $\sum_{n=1}^{\infty}\frac{1}{(2n-1)\cdot 2n}$ 的收敛性.

解 因为

$$\lim_{n\to\infty}\frac{u_{n+1}}{u_n}=\lim_{n\to\infty}\frac{(2n-1)\cdot 2n}{(2n+1)(2n+2)}=1,$$

这时比值审敛法失效.我们改用其他的方法.

因为

$$\lim_{n\to\infty}\frac{u_n}{\frac{1}{n^2}}=\lim_{n\to\infty}\frac{n^2}{(2n-1)\cdot 2n}=\frac{1}{4},$$

而级数 $\sum_{n=1}^{\infty}\frac{1}{n^2}$ 收敛.因此根据定理 3 可知级数 $\sum_{n=1}^{\infty}\frac{1}{(2n-1)\cdot 2n}$ 收敛.

定理 5(根值审敛法,柯西判别法) 设 $\sum_{n=1}^{\infty}u_n$ 为正项级数,如果

$$\lim_{n\to\infty}\sqrt[n]{u_n}=\rho,$$

则

(1)当 $\rho<1$ 时,级数收敛;

(2)当 $\rho>1$(或 $\lim_{n\to\infty}\sqrt[n]{u_n}=+\infty$)时,级数发散;

(3)当 $\rho=1$ 时,级数可能收敛也可能发散.

定理 5 的证明与定理 4 相仿,这里从略.

例 7 判定级数 $\sum_{n=1}^{\infty}\left(\frac{n}{2n+1}\right)^n$ 的收敛性.

解 因为

$$\lim_{n\to\infty}\sqrt[n]{u_n}=\lim_{n\to\infty}\frac{n}{2n+1}=\frac{1}{2}<1,$$

所以,根据根值审敛法知所给级数收敛.

12.2.2 交错级数及其审敛法

各项正负交错的数项级数称为交错级数,它的一般形式为

$$\sum_{n=1}^{\infty}(-1)^{n-1}u_n=u_1-u_2+u_3-u_4+\cdots,$$

或

$$\sum_{n=1}^{\infty}(-1)^{n}u_n=-u_1+u_2-u_3+u_4-\cdots.$$

其中 $u_n>0(n=1,2,\cdots)$.

关于交错级数,有下述判定其收敛的一个定理.

定理 6(莱布尼兹定理) 如果交错级数 $\sum_{n=1}^{\infty}(-1)^{n-1}u_n$ 满足条件:

(1)$u_n\geqslant u_{n+1}\quad(n=1,2,3,\cdots)$;

(2)$\lim\limits_{n\to\infty}u_n=0$,

则级数收敛，且其和 $s\leqslant u_1$，其余项 r_n 的绝对值 $|r_n|\leqslant u_{n+1}$.

证 将级数的前 $2n$ 项和 s_{2n} 写成下面两种形式：

$$s_{2n}=(u_1-u_2)+(u_3-u_4)+\cdots+(u_{2n-1}-u_{2n})$$

及

$$s_{2n}=u_1-(u_2-u_3)-(u_4-u_5)-\cdots-(u_{2n-2}-u_{2n-1})-u_{2n},$$

由条件(1)，可知上面两个式子中所有括号内的差都是非负的.

由第一个式子可知数列 $\{s_{2n}\}$ 是单调增加的，由第二个式子可知 $s_{2n}\leqslant u_1$，于是根据单调有界数列必有极限的准则可得，当 n 无限增大时，s_{2n} 趋于一个极限 s，即

$$\lim_{n\to\infty}s_{2n}=s\leqslant u_1.$$

再由 $s_{2n+1}=s_{2n}+u_{2n+1}$ 及条件(2)得到

$$\lim_{n\to\infty}s_{2n+1}=\lim_{n\to\infty}(s_{2n}+u_{2n+1})=\lim_{n\to\infty}s_{2n}+\lim_{n\to\infty}u_{2n+1}=s.$$

于是

$$\lim_{n\to\infty}s_{2n}=\lim_{n\to\infty}s_{2n+1}=s,$$

从而

$$\lim_{n\to\infty}s_n=s.$$

所以交错级数 $\sum\limits_{n=1}^{\infty}(-1)^{n-1}u_n$ 收敛于和 s，且 $s\leqslant u_1$.

最后，不难看出余项 r_n 可以写成

$$r_n=\pm(u_{n+1}-u_{n+2}+\cdots),$$

其绝对值

$$|r_n|=u_{n+1}-u_{n+2}+\cdots.$$

上式右端也是一个交错级数，它也满足定理 6 中的两个条件，所以其和小于级数的第一项，即

$$|r_n|\leqslant u_{n+1}.$$

例 8 证明级数 $\sum\limits_{n=1}^{\infty}(-1)^{n-1}\dfrac{1}{n}$ 收敛，并估计其余项.

证 级数 $\sum\limits_{n=1}^{\infty}(-1)^{n-1}\dfrac{1}{n}$ 为交错级数，且满足条件：

(1) $u_n=\dfrac{1}{n}>\dfrac{1}{n+1}=u_{n+1}\,(n=1,2,\cdots)$，

(2) $\lim\limits_{n\to\infty}u_n=\lim\limits_{n\to\infty}\dfrac{1}{n}=0$.

由莱布尼兹定理知，级数 $\sum\limits_{n=1}^{\infty}(-1)^{n-1}\dfrac{1}{n}$ 收敛，且 $|r_n|\leqslant u_{n+1}=\dfrac{1}{n+1}$.

12.2.3 绝对收敛与条件收敛

现在讨论一般的级数

$$\sum_{n=1}^{\infty} u_n = u_1 + u_2 + \cdots + u_n + \cdots,$$

其中 $u_n(n=1,2,\cdots)$为任意实数. 如果级数的每一项取绝对值后所构成的级数

$$\sum_{n=1}^{\infty} |u_n| = |u_1| + |u_2| + \cdots + |u_n| + \cdots$$

收敛,则称级数 $\sum\limits_{n=1}^{\infty} u_n$ 绝对收敛.

级数绝对收敛与级数收敛之间有以下重要关系:

定理 7 如果级数 $\sum\limits_{n=1}^{\infty} u_n$ 绝对收敛,则级数 $\sum\limits_{n=1}^{\infty} u_n$ 必定收敛.

证 令

$$v_n = \frac{1}{2}(|u_n| + u_n) \quad (n=1,2,\cdots),$$

则 $v_n \geqslant 0$. 由于 $v_n \leqslant |u_n|$,且级数 $\sum\limits_{n=1}^{\infty} |u_n|$ 收敛,由比较审敛法知级数 $\sum\limits_{n=1}^{\infty} v_n$ 收敛,从而 $\sum\limits_{n=1}^{\infty} 2v_n$ 也收敛.

因为 $u_n = 2v_n - |u_n|$,所以 $\sum\limits_{n=1}^{\infty} u_n = \sum\limits_{n=1}^{\infty} (2v_n - |u_n|)$,

级数 $\sum\limits_{n=1}^{\infty} 2v_n$ 与 $\sum\limits_{n=1}^{\infty} |u_n|$ 都收敛,由收敛级数的基本性质知 $\sum\limits_{n=1}^{\infty} u_n$ 收敛. 定理证毕.

定理 6 说明,对于一般的级数 $\sum\limits_{n=1}^{\infty} u_n$,若利用正项级数的审敛法判定级数 $\sum\limits_{n=1}^{\infty} |u_n|$ 收敛,则可推得原级数收敛. 这就将任意项级数的收敛性判别问题转化为正项级数的收敛性判别问题.

例如:级数 $\sum\limits_{n=1}^{\infty} \frac{\cos n}{n^2}$,因为

$$|u_n| = \left|\frac{\cos n}{n^2}\right| \leqslant \frac{1}{n^2},$$

而级数 $\sum\limits_{n=1}^{\infty} \frac{1}{n^2}$ 收敛,所以级数 $\sum\limits_{n=1}^{\infty} \left|\frac{\cos n}{n^2}\right|$ 收敛,从而级数 $\sum\limits_{n=1}^{\infty} \frac{\cos n}{n^2}$ 绝对收敛.

又如:例 8 所给的级数 $\sum\limits_{n=1}^{\infty} (-1)^{n-1} \frac{1}{n}$ 收敛,但

$$\sum_{n=1}^{\infty}\left|(-1)^{n-1}\frac{1}{n}\right|=\sum_{n=1}^{\infty}\frac{1}{n},$$

而级数 $\sum_{n=1}^{\infty}\frac{1}{n}$ 发散. 所以级数 $\sum_{n=1}^{\infty}(-1)^{n-1}\frac{1}{n}$ 不具有绝对收敛性，此时我们称级数 $\sum_{n=1}^{\infty}(-1)^{n-1}\frac{1}{n}$ 条件收敛.

一般地，如果级数 $\sum_{n=1}^{\infty}|u_n|$ 发散，而 $\sum_{n=1}^{\infty}u_n$ 收敛，则称级数 $\sum_{n=1}^{\infty}u_n$ 条件收敛.

必须注意，$\sum_{n=1}^{\infty}|u_n|$ 发散时，$\sum_{n=1}^{\infty}u_n$ 可能收敛也可能发散，但是如果用比值审敛法或根值审敛法判定级数 $\sum_{n=1}^{\infty}|u_n|$ 发散，则有 $\lim\limits_{n\to\infty}u_n\neq 0$，于是 $\sum_{n=1}^{\infty}u_n$ 必定发散.

例 9 判别级数 $\sum_{n=1}^{\infty}\frac{(-n)^n}{n!}$ 的收敛性.

解 因为

$$\sum_{n=1}^{\infty}\left|\frac{(-n)^n}{n!}\right|=\sum_{n=1}^{\infty}\frac{n^n}{n!},$$

又

$$\lim_{n\to\infty}\left|\frac{u_{n+1}}{u_n}\right|=\lim_{n\to\infty}\frac{(n+1)^{n+1}}{(n+1)!}\cdot\frac{n!}{n^n}=\lim_{n\to\infty}\left(1+\frac{1}{n}\right)^n=\mathrm{e}>1,$$

则 $\lim\limits_{n\to\infty}|u_n|\neq 0$，从而 $\lim\limits_{n\to\infty}u_n\neq 0$. 所以 $\sum_{n=1}^{\infty}\frac{(-n)^n}{n!}$ 发散.

习题 12－2

1. 用比较审敛法或极限形式的比较审敛法判定下列级数的收敛性：

(1) $\sum_{n=0}^{\infty}\frac{1}{3n+1}$；　　(2) $\sum_{n=1}^{\infty}\frac{1}{n(n+1)}$；

(3) $\sum_{n=1}^{\infty}\frac{2n}{(n+1)(n+2)}$；　　(4) $\sum_{n=1}^{\infty}\left(\frac{n}{2n+1}\right)^n$；

(5) $\sum_{n=1}^{\infty}\sin\frac{\pi}{3^n}$；　　(6) $\sum_{n=1}^{\infty}\frac{1}{1+a^n}(a>0)$.

2. 用比值审敛法判定下列级数的收敛性：

(1) $\frac{1}{2}+\frac{3}{2^2}+\frac{5}{2^3}+\frac{7}{2^4}+\cdots$；　　(2) $\sum_{n=1}^{\infty}\frac{n!}{2^n}$；

(3) $\sum_{n=1}^{\infty} \frac{3^n \cdot n!}{n^n}$;　　(4) $\sum_{n=1}^{\infty} 2^n \sin \frac{\pi}{3^n}$.

3. 判定下列级数的收敛性:

(1) $\frac{3}{1 \cdot 4} + \frac{3^2}{2 \cdot 4^2} + \frac{3^3}{3 \cdot 4^3} + \cdots + \frac{3^n}{n \cdot 4^n} + \cdots$;

(2) $\sum_{n=1}^{\infty} \frac{1}{n\sqrt{n+1}}$;

(3) $\sqrt{\frac{3}{2}} + \sqrt{\frac{4}{3}} + \cdots + \sqrt{\frac{n+2}{n+1}} + \cdots$;

(4) $\sum_{n=1}^{\infty} \frac{n \cdot \cos^2 \frac{n\pi}{2}}{3^n}$.

4. 用根值审敛法判定下列级数的收敛性:

(1) $\sum_{n=1}^{\infty} \frac{1}{[\ln(n+1)]^n}$;　　(2) $\sum_{n=1}^{\infty} \left(\frac{n}{3n-1}\right)^{2n-1}$.

5. 判定下列级数是否收敛？如果是收敛的,是绝对收敛还是条件收敛？

(1) $1 - \frac{1}{\sqrt{2}} + \frac{1}{\sqrt{3}} - \frac{1}{\sqrt{4}} + \cdots$;

(2) $\frac{1}{3^2} - \frac{1}{5^2} + \frac{1}{7^2} - \frac{1}{9^2} + \cdots$;

(3) $\sum_{n=1}^{\infty} (-1)^{n-1} \frac{n}{2^n}$;

(4) $\sum_{n=1}^{\infty} (-1)^n \left(1 - \cos \frac{1}{n}\right)$;

(5) $\sum_{n=1}^{\infty} (-1)^n \frac{n}{n^2+1}$;

(6) $\sum_{n=1}^{\infty} (-1)^n \ln\left(\frac{n+1}{n}\right)$.

6. 证明下列各题:

(1) 若 $\sum_{n=1}^{\infty} a_n^2, \sum_{n=1}^{\infty} b_n^2$ 都收敛,证明:级数 $\sum_{n=1}^{\infty} a_n b_n$ 绝对收敛.

(2) 若 $\sum_{n=1}^{\infty} a_n (a_n \geqslant 0)$ 收敛,证明:$\sum_{n=1}^{\infty} a_n^2$ 绝对收敛.

12.3 幂级数

12.3.1 函数项级数的概念

给定一个定义在区间 I 上的函数列

$$u_1(x), u_2(x), \cdots, u_n(x), \cdots,$$

由这个函数列构成的表达式

$$\sum_{n=1}^{\infty} u_n(x) = u_1(x) + u_2(x) + \cdots + u_n(x) + \cdots, \tag{1}$$

称为定义在区间 I 上的函数项无穷级数，简称函数项级数.

对于每一个确定的 $x_0 \in I$，将 $x = x_0$ 代入(1)式就得到一个常数项级数. 如果这样的级数

$$\sum_{n=1}^{\infty} u_n(x_0) = u_1(x_0) + u_2(x_0) + \cdots + u_n(x_0) + \cdots \tag{2}$$

收敛，则称 x_0 为函数项级数(1)的收敛点；若级数(2)发散，则称 x_0 为函数项级数(1)的发散点. 函数项级数(1)的所有收敛点的全体称为它的收敛域，所有发散点的全体称为它的发散域.

函数项级数在收敛域 I 上每一点 x 都对应一个收敛的常数项级数，因而有一个确定的和 s. 于是，在收敛域上，函数项级数的和是 x 的函数 $s(x)$，通常称 $s(x)$ 为函数项级数的和函数，和函数 $s(x)$ 的定义域就是级数的收敛域，即

$$s(x) = \sum_{n=1}^{\infty} u_n(x) = u_1(x) + u_2(x) + \cdots + u_n(x) + \cdots (x \in I).$$

将函数项级数(1)的前 n 项的部分和记作 $s_n(x)$，则在收敛域 I 上有

$$\lim_{n\to\infty} s_n(x) = s(x).$$

称 $r_n(x) = s(x) - s_n(x)$ 叫做函数项级数的余项，于是有

$$\lim_{n\to\infty} r_n(x) = 0 \quad (x \in I).$$

例如级数

$$\sum_{n=1}^{\infty} x^{n-1} = 1 + x + x^2 + \cdots + x^n + \cdots \tag{3}$$

是定义在区间$(-\infty, +\infty)$上的函数项级数. 级数(3)是以变量 x 为公比的几何级数. 由 12.1 节例 3 可知，当$|x|<1$ 时，级数收敛，其和 $s(x)=\dfrac{1}{1-x}$；当$|x|\geqslant 1$ 时，级数发散. 所以，级数(3)的收敛域为区间$(-1,1)$，在收敛域内，有

$$1 + x + x^2 + \cdots + x^n + \cdots = \frac{1}{1-x} \quad (-1<x<1).$$

12.3.2 幂级数及其收敛性

形如

$$\sum_{n=0}^{\infty} a_n x^n = a_0 + a_1 x + a_2 x^2 + \cdots + a_n x^n + \cdots \tag{4}$$

的级数称为幂级数,其中 $a_n(n=0,1,2,\cdots)$都是常数,称为幂级数的系数. 幂级数的一般形式是

$$a_0 + a_1(x-x_0) + a_2(x-x_0)^2 + \cdots + a_n(x-x_0)^n + \cdots. \tag{5}$$

但只要作变换 $t=x-x_0$,就可把形式(5)化为形式(4). 因此,下面主要讨论形如(4)的幂级数.

现在,我们来研究幂级数的收敛域问题. 前面讨论过的函数项级数 $\sum_{n=1}^{\infty} x^{n-1}$ 就是一个幂级数,其收敛域是一个区间. 事实上,这样的结论对于一般的幂级数也成立. 我们有如下定理.

定理 1(阿贝尔(Abel)定理) 如果级数 $\sum_{n=0}^{\infty} a_n x^n$ 当 $x=x_0(x_0\neq 0)$ 时收敛,则适合不等式 $|x|<|x_0|$ 的一切 x 使这幂级数绝对收敛. 反之,如果级数 $\sum_{n=0}^{\infty} a_n x^n$ 当 $x=x_0$ 时发散,则适合不等式 $|x|>|x_0|$ 的一切 x 使这幂级数发散.

证 (1)设幂级数 $\sum_{n=0}^{\infty} a_n x^n$ 在点 x_0 处收敛,即常数项级数 $\sum_{n=0}^{\infty} a_n x_0^n$ 收敛. 根据级数收敛的必要条件知

$$\lim_{n\to\infty} a_n x_0^n = 0,$$

于是存在一个正数 M,使得

$$|a_n x_0^n| \leqslant M \quad (n=0,1,2,\cdots).$$

所以

$$|a_n x^n| = \left| a_n x_0^n \left(\frac{x}{x_0}\right)^n \right| \leqslant M \left|\frac{x}{x_0}\right|^n.$$

当 $|x|<|x_0|$ 时,$\left|\frac{x}{x_0}\right|<1$,于是等比级数 $\sum_{n=0}^{\infty} M\left|\frac{x}{x_0}\right|^n$ 收敛,从而级数 $\sum_{n=0}^{\infty} |a_n x^n|$ 收敛,即幂级数 $\sum_{n=0}^{\infty} a_n x^n$ 绝对收敛.

(2) 当点 $x=x_0$ 是 $\sum_{n=0}^{\infty} a_n x^n$ 的一个发散点时,级数 $\sum_{n=0}^{\infty} a_n x_0^n$ 发散. 用反证法,若存在点 x_1 满足 $|x_1|>|x_0|$,使级数 $\sum_{n=0}^{\infty} a_n x_1^n$ 收敛,则根据上面(1) 所证的结

论，知 $\sum_{n=0}^{\infty} a_n x_0^n$ 收敛，这与假设矛盾. 故定理得证.

根据定理 1，我们很容易得到下面重要的推论：

推论　如果幂级数 $\sum_{n=0}^{\infty} a_n x^n$ 不是仅在 $x=0$ 一点收敛，也不是在整个数轴上都收敛，则必有一个完全确定的正数 R 存在，使得

(1)当 $|x|<R$ 时，幂级数绝对收敛；

(2)当 $|x|>R$ 时，幂级数发散；

(3)当 $x=R$ 与 $x=-R$ 时，幂级数可能收敛也可能发散.

正数 R 通常叫做幂级数 $\sum_{n=0}^{\infty} a_n x^n$ 的收敛半径. 开区间 $(-R,R)$ 叫做幂级数 $\sum_{n=0}^{\infty} a_n x^n$ 的收敛区间. 再由幂级数在 $x=\pm R$ 处的收敛性就可以决定它的收敛域是 $(-R,R)$，$[-R,R)$，$(-R,R]$ 或 $[-R,R]$ 这四个区间之一.

如果幂级数 $\sum_{n=0}^{\infty} a_n x^n$ 仅在点 $x=0$ 处收敛，则规定其收敛半径 $R=0$；如果对于一切 $x\in(-\infty,+\infty)$，幂级数 $\sum_{n=0}^{\infty} a_n x^n$ 均收敛，则规定其收敛半径 $R=+\infty$. 关于幂级数收敛半径的求法，有下面的定理.

定理 2　如果

$$\lim_{n\to\infty}\left|\frac{a_{n+1}}{a_n}\right|=\rho,$$

其中 a_n, a_{n+1} 是幂级数 $\sum_{n=0}^{\infty} a_n x^n$ 的相邻两项的系数，则这幂级数的收敛半径

$$R=\begin{cases}\dfrac{1}{\rho}, & \rho\neq 0,\\ +\infty, & \rho=0,\\ 0, & \rho=+\infty.\end{cases}$$

证　幂级数 $\sum_{n=0}^{\infty} a_n x^n$ 的后项与前项之比的绝对值为

$$\left|\frac{a_{n+1}x^{n+1}}{a_n x^n}\right|=\left|\frac{a_{n+1}}{a_n}\right|\cdot|x|.$$

(1)如果 $\lim_{n\to\infty}\left|\frac{a_{n+1}}{a_n}\right|=\rho(\rho\neq 0)$，根据上节的比值审敛法可知，当 $\rho|x|<1$，即 $|x|<\frac{1}{\rho}$ 时，级数 $\sum_{n=0}^{\infty} a_n x^n$ 绝对收敛；当 $\rho|x|>1$，即 $|x|>\frac{1}{\rho}$ 时，级数

$\sum_{n=0}^{\infty} a_n x^n$ 发散.因此收敛半径 $R=\dfrac{1}{\rho}$.

(2)若 $\lim\limits_{n\to\infty}\left|\dfrac{a_{n+1}}{a_n}\right|=0$,则对任意 $x\neq 0$,有 $\lim\limits_{n\to\infty}\left|\dfrac{a_{n+1}}{a_n}\right||x|=0<1$,所以对一切 x,级数 $\sum\limits_{n=0}^{\infty}|a_n x^n|$ 都收敛.于是 $R=+\infty$.

(3)若 $\lim\limits_{n\to\infty}\left|\dfrac{a_{n+1}}{a_n}\right|=+\infty$,则对任何 $x\neq 0$,有 $\lim\limits_{n\to\infty}\left|\dfrac{a_{n+1}}{a_n}\right||x|=+\infty$,从而对一切 $x\neq 0$,级数 $\sum\limits_{n=0}^{\infty}a_n x^n$ 发散,于是 $R=0$.

例 1 求幂级数 $\sum\limits_{n=1}^{\infty}\dfrac{x^n}{2^n\cdot n}$ 的收敛半径与收敛域.

解 因为

$$\rho=\lim_{n\to\infty}\left|\frac{a_{n+1}}{a_n}\right|=\lim_{n\to\infty}\frac{2^n\cdot n}{2^{n+1}\cdot(n+1)}=\frac{1}{2},$$

所以收敛半径

$$R=\frac{1}{\rho}=2.$$

在端点 $x=2$ 处,级数成为调和级数 $\sum\limits_{n=1}^{\infty}\dfrac{1}{n}$,发散;

在端点 $x=-2$ 处,级数成为交错级数 $\sum\limits_{n=1}^{\infty}(-1)^n\dfrac{1}{n}$,收敛,因此收敛域为 $[-2,2)$.

例 2 求幂级数 $\sum\limits_{n=1}^{\infty}\dfrac{x^n}{n!}$ 的收敛域.

解 因为

$$\rho=\lim_{n\to\infty}\left|\frac{a_{n+1}}{a_n}\right|=\lim_{n\to\infty}\frac{\dfrac{1}{(n+1)!}}{\dfrac{1}{n!}}=\lim_{n\to\infty}\frac{1}{n+1}=0,$$

所以收敛半径 $R=+\infty$,从而收敛域是$(-\infty,+\infty)$.

例 3 求幂级数 $\sum\limits_{n=1}^{\infty}(-1)^n\dfrac{(x-2)^n}{n^2}$ 的收敛域.

解 令 $t=x-2$,于是原级数变为

$$\sum_{n=1}^{\infty}(-1)^n\frac{t^n}{n^2},$$

因为

$$\rho=\lim_{n\to\infty}\left|\frac{a_{n+1}}{a_n}\right|=\lim_{n\to\infty}\frac{\frac{1}{(n+1)^2}}{\frac{1}{n^2}}=\lim_{n\to\infty}\frac{n^2}{(n+1)^2}=1,$$

所以收敛半径 $R=1$，收敛区间为 $|t|<1$，从而原级数的收敛区间为 $|x-2|<1$，即 $1<x<3$.

当 $x=1$ 时，级数成为 $\sum_{n=1}^{\infty}\frac{1}{n^2}$，这级数收敛；当 $x=3$ 时，级数成为 $\sum_{n=1}^{\infty}(-1)^n\frac{1}{n^2}$，这级数也收敛. 故原级数的收敛域为[1,3].

此例说明，求幂级数 $\sum_{n=0}^{\infty}a_n(x-x_0)^n$ 的收敛域，可作变量代换 $t=x-x_0$，转化为求 $\sum_{n=0}^{\infty}a_nt^n$ 的收敛域.

例 4 求幂级数 $\sum_{n=0}^{\infty}\frac{1}{2^n}x^{2n}$ 的收敛半径.

解 级数中没有奇次幂的项，定理 2 不能直接应用，可根据比值审敛法来求收敛半径：

$$\lim_{n\to\infty}\left|\frac{\frac{x^{2(n+1)}}{2^{n+1}}}{\frac{x^{2n}}{2^n}}\right|=\frac{x^2}{2}.$$

当 $\frac{x^2}{2}<1$ 时，即 $|x|<\sqrt{2}$ 时，幂级数收敛；当 $\frac{x^2}{2}>1$，即 $|x|>\sqrt{2}$ 时，幂级数发散，所以收敛半径为 $R=\sqrt{2}$.

12.3.3 幂级数的运算

设幂级数

$$\sum_{n=0}^{\infty}a_nx^n=a_0+a_1x+a_2x^2+\cdots+a_nx^n+\cdots$$

及

$$\sum_{n=0}^{\infty}b_nx^n=b_0+b_1x+b_2x^2+\cdots+b_nx^n+\cdots$$

的收敛区间分别为 $(-R_1,R_1)$ 和 $(-R_2,R_2)$，令 $R=\min\{R_1,R_2\}$. 对于这两个幂级数可以进行如下运算：

(1) $\sum_{n=0}^{\infty}(a_n\pm b_n)x^n=\sum_{n=0}^{\infty}a_nx^n\pm\sum_{n=0}^{\infty}b_nx^n$，其中 $x\in(-R,R)$.

(2) $\sum_{n=0}^{\infty}a_nx^n \cdot \sum_{n=0}^{\infty}b_nx^n = \sum_{n=0}^{\infty}c_nx^n$,其中 $x\in(-R,R)$,而且

$$c_0=a_0b_0, c_1=a_0b_1+a_1b_0,$$

$$c_2=a_0b_2+a_1b_1+a_2b_0,\cdots,c_n=a_0b_n+a_1b_{n-1}+\cdots+a_nb_0,\cdots.$$

关于幂级数的和函数有下列重要性质:

性质 1 幂级数 $\sum_{n=0}^{\infty}a_nx^n$ 的和函数 $s(x)$ 在其收敛域 I 上连续.

性质 2 幂级数 $\sum_{n=0}^{\infty}a_nx^n$ 的和函数 $s(x)$ 在其收敛域 I 上可积,并有逐项积分公式

$$\int_0^x s(x)\mathrm{d}x = \int_0^x\left(\sum_{n=0}^{\infty}a_nx^n\right)\mathrm{d}x = \sum_{n=0}^{\infty}\int_0^x a_nx^n\mathrm{d}x$$

$$= \sum_{n=0}^{\infty}\frac{a_n}{n+1}x^{n+1}\ (x\in I),$$

逐项积分后所得的幂级数和原级数有相同的收敛半径.

性质 3 幂级数 $\sum_{n=0}^{\infty}a_nx^n$ 的和函数 $s(x)$ 在其收敛区间 $(-R,R)$ 内可导,且有逐项求导公式

$$s'(x) = \left(\sum_{n=0}^{\infty}a_nx^n\right)' = \sum_{n=0}^{\infty}(a_nx^n)' = \sum_{n=1}^{\infty}na_nx^{n-1}\quad(|x|<R),$$

逐项求导后得到的幂级数和原级数有相同的收敛半径.

反复利用性质 3 可得:幂级数 $\sum_{n=0}^{\infty}a_nx^n$ 的和函数 $s(x)$ 在其收敛区间 $(-R,R)$ 内具有任意阶导数.

例 5 求幂级数 $\sum_{n=0}^{\infty}(n+1)x^n$ 的和函数.

解 易求得所给幂级数的收敛域为 $(-1,1)$. 设

$$s(x) = \sum_{n=0}^{\infty}(n+1)x^n,$$

逐项求积,得

$$\int_0^x s(t)\mathrm{d}t = \sum_{n=0}^{\infty}(n+1)\int_0^x t^n\mathrm{d}t = \sum_{n=0}^{\infty}x^{n+1}$$

$$= x+x^2+\cdots+x^{n+1}+\cdots = x(1+x+x^2+\cdots+x^n+\cdots)$$

$$= \frac{x}{1-x}, x\in(-1,1).$$

两边求导,得

$$s(x)=\left(\frac{x}{1-x}\right)'=\frac{1}{(1-x)^2},x\in(-1,1).$$

习题 12－3

1. 求下列幂级数的收敛域：

(1) $\sum\limits_{n=0}^{\infty}nx^n$；　　(2) $\sum\limits_{n=1}^{\infty}\frac{x^n}{n(n+1)}$；

(3) $\sum\limits_{n=1}^{\infty}\frac{x^n}{n\cdot 3^n}$；　　(4) $\sum\limits_{n=1}^{\infty}\frac{x^n}{n!}$；

(5) $\sum\limits_{n=1}^{\infty}(\sqrt{n+1}-\sqrt{n})x^{2n}$；　　(6) $\sum\limits_{n=1}^{\infty}(-1)^{n-1}\frac{x^{n-1}}{\sqrt{n}}$；

(7) $\sum\limits_{n=1}^{\infty}\frac{2n-1}{2^n}x^{2n-2}$；　　(8) $\sum\limits_{n=1}^{\infty}\frac{n}{2^n}(x-1)^n$.

2. 利用逐项求导或逐项积分，求下列级数的和函数：

(1) $\sum\limits_{n=0}^{\infty}\frac{x^n}{n+1}$；　　(2) $\sum\limits_{n=1}^{\infty}2nx^{2n-1}$.

12.4　泰勒公式与泰勒级数

12.4.1　泰勒公式

多项式是各类函数中结构最简单的一种，计算一个多项式的值只要进行有限次加、减、乘三种算术运算，因此，用多项式近似表示函数是近似计算的一个重要内容，而且在理论分析上也很重要．

先考察函数本身就是一个多项式的情形. 设 $f(x)$是以$(x-x_0)$为幂次的 n 次多项式

$$f(x)=a_0+a_1(x-x_0)+a_2(x-x_0)^2+\cdots+a_n(x-x_0)^n. \tag{1}$$

逐次求它在 $x=x_0$ 处的各阶导数，得

$$f(x_0)=a_0,f'(x_0)=a_1,f''(x_0)=2!\cdot a_2,\cdots,f^{(n)}(x_0)=n!\cdot a_n.$$

即

$$a_0=f(x_0),a_1=\frac{f'(x_0)}{1!},a_2=\frac{f''(x_0)}{2!},\cdots,a_n=\frac{f^{(n)}(x_0)}{n!}.$$

因而(1)式可写成

$$f(x)=f(x_0)+f'(x_0)(x-x_0)+\frac{f''(x_0)}{2!}(x-x_0)^2+\cdots$$

$$+\frac{f^{(n)}(x_0)}{n!}(x-x_0)^n. \tag{2}$$

由此可见，多项式 $f(x)$ 的各项系数由其各阶导数值唯一确定，例如把多项式

$$f(x)=x^3+4x^2+5$$

表示成以 $(x-1)$ 的幂次的多项式，先计算 $f(x)$ 在 $x=1$ 处的各阶导数，

$$f(1)=10, f'(1)=11, f''(1)=14, f'''(1)=6, f^{(n)}(1)=0 \quad (n\geqslant 4).$$

代入(2)式得到

$$\begin{aligned} f(x)&=f(1)+f'(1)(x-1)+\frac{f''(1)}{2!}(x-1)^2+\frac{f'''(1)}{3!}(x-1)^3 \\ &=10+11(x-1)+7(x-1)^2+(x-1)^3. \end{aligned}$$

对于一般函数 $f(x)$，若在含有 x_0 的开区间内具有直到 $(n+1)$ 阶导数，则按(2)式右端也能相应地写出一个 n 次多项式

$$P_n(x)=f(x_0)+f'(x_0)(x-x_0)+\frac{f''(x_0)}{2!}(x-x_0)^2+\cdots+\frac{f^{(n)}(x_0)}{n!}(x-x_0)^n. \tag{3}$$

那么 $f(x)$ 与 $P_n(x)$ 之间有什么关系呢？这正是下面泰勒(Taylor)中值定理所要回答的问题.

泰勒中值定理 如果函数 $f(x)$ 在含有 x_0 的某个开区间 (a,b) 内具有直到 $(n+1)$ 阶的导数，则对任一 $x\in(a,b)$，有

$$\begin{aligned} f(x)=f(x_0)+f'(x_0)(x-x_0)+\frac{f''(x_0)}{2!}(x-x_0)^2+\cdots \\ +\frac{f^{(n)}(x_0)}{n!}(x-x_0)^n+R_n(x). \end{aligned} \tag{4}$$

其中

$$R_n(x)=\frac{f^{(n+1)}(\xi)}{(n+1)!}(x-x_0)^{n+1}, \tag{5}$$

这里 ξ 是 x_0 与 x 之间的某个值.

证 若 $P_n(x)$ 由(3)式给出，则只需证明

$$\begin{aligned} f(x)-P_n(x)&=R_n(x) \\ &=\frac{f^{(n+1)}(\xi)}{(n+1)!}(x-x_0)^{n+1} \ (\xi \text{ 在 } x_0 \text{ 与 } x \text{ 之间}). \end{aligned}$$

由假设可知，$R_n(x)$ 在 (a,b) 内具有直到 $(n+1)$ 阶的导数，且

$$R_n(x_0)=R'_n(x_0)=R''_n(x_0)=\cdots=R_n^{(n)}(x_0)=0.$$

在以 x_0 与 x 为端点的闭区间上，对两个函数 $R_n(x)$ 和 $Q_n(x)=(x-x_0)^{n+1}$ 连续使用 $(n+1)$ 次柯西中值定理，就有

$$\frac{R_n(x)}{Q_n(x)}=\frac{R_n(x)-R_n(x_0)}{Q_n(x)-Q_n(x_0)}=\frac{R'_n(\xi_1)}{Q'_n(\xi_1)}=\frac{R'_n(\xi_1)-R'_n(x_0)}{Q'_n(\xi_1)-Q'_n(x_0)}$$

$$=\frac{R''_n(\xi_2)}{Q''_n(\xi_2)}=\frac{R''_n(\xi_2)-R''_n(x_0)}{Q''_n(\xi_2)-Q''_n(x_0)}$$

$$=\frac{R'''_n(\xi_3)}{Q'''_n(\xi_3)}=\cdots=\frac{R_n^{(n+1)}(\xi)}{Q_n^{(n+1)}(\xi)}$$

$$=\frac{f^{(n+1)}(\xi)}{(n+1)!},$$

这里 ξ_1 在 x_0 与 x 之间，ξ_2 在 x_0 与 ξ_1 之间，…，ξ_n 在 x_0 与 ξ_{n-1} 之间，ξ 在 x_0 与 ξ_n 之间. 从而

$$R_n(x)=\frac{f^{(n+1)}(\xi)}{(n+1)!}(x-x_0)^{n+1}\quad(\xi\text{ 在 }x_0\text{ 与 }x\text{ 之间}),$$

定理证毕.

公式(4)称为函数 $f(x)$ 在 $x=x_0$ 处的泰勒公式，$P_n(x)$ 称为函数 $f(x)$ 的泰勒多项式，$R_n(x)$ 称为函数 $f(x)$ 的泰勒公式余项，形如(5)式的余项称为拉格朗日型余项.

当 $n=0$ 时，泰勒公式变成拉格朗日中值公式：

$$f(x)=f(x_0)+f'(\xi)(x-x_0)\qquad(\xi\text{ 在 }x_0\text{ 与 }x\text{ 之间}),$$

因此，泰勒中值定理是拉格朗日中值定理的推广.

泰勒公式(4)在 $x_0=0$ 时称为麦克劳林公式，即

$$f(x)=f(0)+f'(0)x+\cdots+\frac{f^{(n)}(0)}{n!}x^n+R_n(x),\tag{6}$$

其中

$$R_n(x)=\frac{f^{(n+1)}(\xi)}{(n+1)!}x^{n+1}\quad(\xi\text{ 在 }0\text{ 与 }x\text{ 之间}),\tag{7}$$

或令 $\xi=\theta x(0<\theta<1)$，则

$$R_n(x)=\frac{f^{(n+1)}(\theta x)}{(n+1)!}x^{n+1}.\tag{8}$$

例 1 求 $f(x)=e^x$ 的 n 阶麦克劳林公式.

解 因为

$$f'(x)=f''(x)=\cdots=f^{(n)}(x)=e^x,$$

所以

$$f(0)=f'(0)=f''(0)=\cdots=f^{(n)}(0)=1.$$

将这些值代入公式(6)、(8)得 e^x 的 n 阶麦克劳林公式是

$$e^x=1+\frac{x}{1!}+\frac{x^2}{2!}+\cdots+\frac{x^n}{n!}+\frac{e^{\theta x}}{(n+1)!}x^{n+1}\quad(0<\theta<1).$$

例 2 求 $f(x)=\sin x$ 的麦克劳林公式.

解 因为

$$f^{(n)}(x)=\sin\left(x+n\cdot\frac{\pi}{2}\right).$$

所以 $f^{(n)}(0)=\sin\frac{n\pi}{2}(n=0,1,2,\cdots)$，于是 $\sin x$ 的麦克劳林公式是

$$\sin x=x-\frac{x^3}{3!}+\frac{x^5}{5!}-\cdots+(-1)^{m-1}\frac{x^{2m-1}}{(2m-1)!}+R_{2m}(x),$$

其中余项为

$$R_{2m}(x)=\frac{\sin\left[\theta x+(2m+1)\cdot\frac{\pi}{2}\right]}{(2m+1)!}x^{2m+1}\quad(0<\theta<1).$$

12.4.2 泰勒级数

根据上一节可知，幂级数在收敛域内可以表示成一个函数，即它的和函数，于是，我们提出一个与此相反的问题：能否把一个给定的函数在某个区间内表示为幂级数；也就是说，是否能找到这样一个幂级数，它在某区间内收敛，且其和函数恰好就是给定的函数 $f(x)$. 下面我们从泰勒公式着手讨论此问题.

如果函数 $f(x)$ 在点 x_0 的某一邻域内各阶导数都存在，则对于任意的正整数 n，泰勒公式

$$f(x)=f(x_0)+f'(x_0)(x-x_0)+\frac{f''(x_0)}{2!}(x-x_0)^2+\cdots+\frac{f^{(n)}(x_0)}{n!}(x-x_0)^n+R_n(x)$$

都成立，其中 $R_n(x)$ 为拉格朗日型余项：

$$R_n(x)=\frac{f^{(n+1)}(\xi)}{(n+1)!}(x-x_0)^{n+1}\quad(\xi\text{ 是 }x\text{ 与 }x_0\text{ 之间的某个值}).$$

当 $n\to\infty$ 时，如果 $R_n(x)\to 0$，则得

$$f(x)=\lim_{n\to\infty}\left[f(x_0)+f'(x_0)(x-x_0)+\frac{f''(x_0)}{2!}(x-x_0)^2+\cdots+\frac{f^{(n)}(x_0)}{n!}(x-x_0)^n\right].$$

由于上式右端方括号内的式子是级数

$$\sum_{n=0}^{\infty}\frac{f^{(n)}(x_0)}{n!}(x-x_0)^n \tag{9}$$

的前 $n+1$ 项组成的部分和，幂级数(9)称为函数 $f(x)$ 的泰勒级数. 显然，当 $n\to\infty$ 时，如果 $R_n(x)\to 0$，则此级数收敛，且以 $f(x)$ 为其和函数.

于是我们得到如下重要结论.

定理 设函数 $f(x)$ 在点 x_0 的某一邻域 $U(x_0)$ 内具有各阶导数，则 $f(x)$ 在该邻域内能展开成泰勒级数的充分必要条件是 $f(x)$ 的泰勒公式中的余项 $R_n(x)$ 当 $n\to\infty$ 时的极限为零，即

$$\lim_{n\to\infty}R_n(x)=0\qquad(x\in U(x_0)).$$

特别地，在(9)式中取 $x_0=0$ 时，得

$$f(0)+f'(0)x+\frac{f''(0)}{2!}x^2+\cdots+\frac{f^{(n)}(0)}{n!}x^n+\cdots, \tag{10}$$

级数(10)称为函数 $f(x)$ 的麦克劳林级数.

现在我们讨论这样一个问题：如果函数 $f(x)$ 能展开成幂级数 $\sum\limits_{n=0}^{\infty}a_n(x-x_0)^n$，那么这种展开式是否唯一？

假设函数 $f(x)$ 在 x_0 的某个邻域内能展开成 $(x-x_0)$ 的幂级数，即

$$f(x)=a_0+a_1(x-x_0)+\cdots+a_n(x-x_0)^n+\cdots, \tag{11}$$

对幂级数(11)逐项求导，得

$$f'(x)=a_1+2a_2(x-x_0)+3a_3(x-x_0)^2+\cdots+na_n(x-x_0)^{n-1}+\cdots,$$

$$f''(x)=2!\cdot a_2+3\cdot 2a_3(x-x_0)+\cdots+n(n-1)a_n(x-x_0)^{n-2}+\cdots,$$

……

$$f^{(n)}(x)=n!\,a_n+(n+1)n(n-1)\cdots 2a_{n+1}(x-x_0)+\cdots,$$

……

把 $x=x_0$ 代入以上各式，得

$$a_0=f(x_0),a_1=f'(x_0),a_2=\frac{f''(x_0)}{2!},\cdots,a_n=\frac{f^{(n)}(x_0)}{n!},\cdots.$$

可见，幂级数(11)就是函数的泰勒级数，从而说明函数 $f(x)$ 的幂级数展开式是唯一的.

12.4.3　函数展开成幂级数

这里着重介绍把函数 $f(x)$ 展开成 x 的幂级数.

1. 直接展开法

根据 12.4.2 节关于泰勒级数的讨论，把函数 $f(x)$ 展开成 x 的幂级数，可以按照下列步骤进行：

(1)求出 $f(x)$ 的各阶导数：

$$f'(x),f''(x),\cdots,f^{(n)}(x),\cdots.$$

(2)求出函数及其各阶导数在 $x=0$ 处的值：

$$f(0),f'(0),f''(0),\cdots,f^{(n)}(0),\cdots.$$

(3)根据公式(10)写出幂级数

$$f(0)+f'(0)x+\frac{f''(0)}{2!}x^2+\cdots+\frac{f^{(n)}(0)}{n!}x^n+\cdots,$$

并求出收敛半径 R.

(4)考察当 $x\in(-R,R)$ 时，余项 $R_n(x)$ 的极限

$$\lim_{n\to\infty}R_n(x)=\lim_{n\to\infty}\frac{f^{(n+1)}(\xi)}{(n+1)!}x^{n+1}\quad(\xi\text{在 0 与 }x\text{ 之间})$$

是否为零，如果为零，则函数 $f(x)$ 在区间 $(-R,R)$ 内的幂级数展开式为

$$f(x)=\sum_{n=0}^{\infty}\frac{f^{(n)}(0)}{n!}x^n\qquad(-R<x<R).$$

例 3 将函数 $f(x)=e^x$ 展开成 x 的幂级数.

解 由例 1 可写出 e^x 的幂级数

$$1+x+\frac{x^2}{2!}+\cdots+\frac{x^n}{n!}+\cdots,$$

易知该幂级数的收敛半径 $R=+\infty$.

对于 $x\in(-\infty,+\infty)$，余项的绝对值

$$|R_n(x)|=\left|\frac{e^{\xi}}{(n+1)!}x^{n+1}\right|<e^{|x|}\cdot\frac{|x|^{n+1}}{(n+1)!}\quad(|\xi|<|x|)$$

对固定的 x，$e^{|x|}$ 是一个有限值，而 $\frac{|x|^{n+1}}{(n+1)!}$ 是收敛级数 $\sum\limits_{n=0}^{\infty}\frac{|x|^{n+1}}{(n+1)!}$ 的一般项，所以当 $n\to\infty$ 时，$e^{|x|}\cdot\frac{|x|^{n+1}}{(n+1)!}\to 0$，即

$$\lim_{n\to\infty}|R_n(x)|=0.$$

于是有展开式

$$e^x=1+x+\frac{x^2}{2!}+\cdots+\frac{x^n}{n!}+\cdots\quad(-\infty<x<+\infty).$$

例 4 将函数 $f(x)=\sin x$ 展开成 x 的幂级数.

解 由例 2 可写出 $\sin x$ 的幂级数

$$x-\frac{x^3}{3!}+\frac{x^5}{5!}-\cdots+(-1)^{n-1}\frac{x^{2n-1}}{(2n-1)!}+\cdots,$$

它的收敛半径 $R=+\infty$.

对于任何固定的 $x\in(-\infty,+\infty)$，有

$$|R_n(x)|=\left|\frac{\sin\left[\xi+\frac{(n+1)\pi}{2}\right]}{(n+1)!}x^{n+1}\right|\leqslant\frac{|x|^{n+1}}{(n+1)!},$$

从而当 $n\to\infty$ 时，$|R_n(x)|\to 0$.

因此

$$\sin x=x-\frac{x^3}{3!}+\frac{x^5}{5!}-\cdots+(-1)^n\frac{x^{2n+1}}{(2n+1)!}+\cdots\quad(-\infty<x<+\infty).$$

从上面两个例子可知，用直接展开法将函数展开成幂级数，不仅计算量大，而且要验证余项 $R_n(x)$ 的极限是否为零，这种验证一般是十分困难的，因此通常采用下面的间接展开法.

2. 间接展开法

利用已知的函数展开式、幂级数的运算性质(包括四则运算,逐项求导,逐项积分等性质)以及变量代换等,将所给函数展开成幂级数,这种方法通常称为间接展开法.

例 5　将函数 $f(x)=\cos x$ 展开成 x 的幂级数.

解　由于 $\cos x=(\sin x)'$,且

$$\sin x=x-\frac{x^3}{3!}+\frac{x^5}{5!}-\cdots+(-1)^n\frac{x^{2n+1}}{(2n+1)!}+\cdots\quad(-\infty<x<+\infty),$$

对上式逐项求导,得

$$\cos x=1-\frac{x^2}{2!}+\frac{x^4}{4!}-\cdots+(-1)^n\frac{x^{2n}}{(2n)!}+\cdots\quad(-\infty<x<+\infty).$$

例 6　将函数 $f(x)=\dfrac{1}{2-x}$ 展开成 x 的幂级数.

解　因为 $\dfrac{1}{2-x}=\dfrac{1}{2}\cdot\dfrac{1}{1-\dfrac{x}{2}}$ 且

$$\frac{1}{1-x}=1+x+x^2+\cdots+x^n+\cdots\quad(-1<x<1),\tag{12}$$

把 x 换成 $\dfrac{x}{2}$,得

$$\frac{1}{2-x}=\frac{1}{2}\left(1+\frac{x}{2}+\frac{x^2}{4}+\cdots+\frac{x^n}{2^n}+\cdots\right)\quad(-2<x<2).$$

类似地,将(12)式中的 x 分别换成 $-x,-x^2$,得

$$\frac{1}{1+x}=1-x+x^2-\cdots+(-1)^nx^n+\cdots\quad(-1<x<1),$$

$$\frac{1}{1+x^2}=1-x^2+x^4-\cdots+(-1)^nx^{2n}+\cdots\quad(-1<x<1).$$

例 7　将函数 $f(x)=\ln(1+x)$ 展开成 x 的幂级数.

解　因为

$$f'(x)=\frac{1}{1+x},$$

且

$$\frac{1}{1+x}=1-x+x^2-\cdots+(-1)^nx^n+\cdots\quad(-1<x<1),$$

所以将上式从 0 到 x 逐项积分,得

$$\ln(1+x)-\ln 1=x-\frac{x^2}{2}+\frac{x^3}{3}-\frac{x^4}{4}+\cdots+(-1)^n\frac{x^{n+1}}{n+1}+\cdots\quad(-1<x<1),$$

所以

$$f(x)=x-\frac{x^2}{2}+\frac{x^3}{3}-\frac{x^4}{4}+\cdots+(-1)^n\frac{x^{n+1}}{n+1}+\cdots\quad(-1<x<1).$$

由于上式右端的幂级数在 $x=1$ 处收敛，而 $\ln(1+x)$ 在 $x=1$ 处有定义且连续，故上述展开式在 $x=1$ 时也成立，即

$$\ln(1+x)=x-\frac{x^2}{2}+\frac{x^3}{3}-\frac{x^4}{4}+\cdots+(-1)^n\frac{x^{n+1}}{n+1}+\cdots\quad(-1<x\leqslant 1).$$

注意：逐项积分后，收敛区间的端点的收敛性有可能发生变化，需将端点代入幂级数中加以考查. 同样地，对逐项求导后的幂级数，在收敛区间的端点处的收敛性也需要类似地考查.

现在把一些常用函数的幂级数展开式归纳如下：

(1) $e^x=1+x+\frac{x^2}{2!}+\frac{x^3}{3!}+\cdots+\frac{x^n}{n!}+\cdots\quad(-\infty<x<+\infty)$；

(2) $\sin x=x-\frac{x^3}{3!}+\frac{x^5}{5!}-\cdots+(-1)^n\frac{x^{2n+1}}{(2n+1)!}+\cdots\quad(-\infty<x<+\infty)$；

(3) $\cos x=1-\frac{x^2}{2!}+\frac{x^4}{4!}-\cdots+(-1)^n\frac{x^{2n}}{(2n)!}+\cdots\quad(-\infty<x<+\infty)$；

(4) $\ln(1+x)=x-\frac{x^2}{2}+\frac{x^3}{3}-\cdots+(-1)^n\frac{x^{n+1}}{n+1}+\cdots\quad(-1<x\leqslant 1)$；

(5) $(1+x)^m=1+mx+\frac{m(m-1)}{2!}x^2+\cdots+\frac{m(m-1)\cdots(m-n+1)}{n!}x^n+\cdots$

$(-1<x<1)$；

(6) $\frac{1}{1-x}=1+x+x^2+\cdots+x^n+\cdots\quad(-1<x<1)$；

$\frac{1}{1+x}=1-x+x^2-x^3+\cdots+(-1)^nx^n+\cdots\quad(-1<x<1)$.

上面第(5)式称为二项展开式（证明略去）. 特殊地，当 m 为正整数时，级数为 x 的 m 次多项式，这就是代数学中的二项式定理.

最后再举两个用间接展开法将函数展开成 $(x-x_0)$ 的幂级数的例子.

例 8 将函数 $f(x)=\sin x$ 展开成 $\left(x-\frac{\pi}{4}\right)$ 的幂级数.

解 由于

$$\begin{aligned}\sin x&=\sin\left[\frac{\pi}{4}+\left(x-\frac{\pi}{4}\right)\right]\\&=\sin\frac{\pi}{4}\cos\left(x-\frac{\pi}{4}\right)+\cos\frac{\pi}{4}\sin\left(x-\frac{\pi}{4}\right)\\&=\frac{\sqrt{2}}{2}\left[\cos\left(x-\frac{\pi}{4}\right)+\sin\left(x-\frac{\pi}{4}\right)\right],\end{aligned}$$

而

$$\sin\left(x-\frac{\pi}{4}\right)=\left(x-\frac{\pi}{4}\right)-\frac{1}{3!}\left(x-\frac{\pi}{4}\right)^3+\frac{1}{5!}\left(x-\frac{\pi}{4}\right)^5-\cdots \quad (-\infty<x<+\infty),$$

$$\cos\left(x-\frac{\pi}{4}\right)=1-\frac{1}{2!}\left(x-\frac{\pi}{4}\right)^2+\frac{1}{4!}\left(x-\frac{\pi}{4}\right)^4-\cdots \quad (-\infty<x<+\infty),$$

所以

$$\sin x=\frac{\sqrt{2}}{2}\left[1+\left(x-\frac{\pi}{4}\right)-\frac{1}{2!}\left(x-\frac{\pi}{4}\right)^2-\frac{1}{3!}\left(x-\frac{\pi}{4}\right)^3+\cdots\right] \quad (-\infty<x<+\infty).$$

例 9　将函数 $f(x)=\dfrac{1}{x^2+2x-3}$ 展开成 $(x-2)$ 的幂级数.

解　因为

$$\frac{1}{x^2+2x-3}=\frac{1}{(x-1)(x+3)}=\frac{1}{4}\left(\frac{1}{x-1}-\frac{1}{x+3}\right)$$

$$=\frac{1}{4}\left[\frac{1}{1+(x-2)}-\frac{1}{5\left(1+\frac{x-2}{5}\right)}\right],$$

而

$$\frac{1}{1+(x-2)}=\sum_{n=0}^{\infty}(-1)^n(x-2)^n \quad (1<x<3),$$

$$\frac{1}{5\left(1+\frac{x-2}{5}\right)}=\frac{1}{5}\sum_{n=0}^{\infty}(-1)^n\left(\frac{x-2}{5}\right)^n \quad (-3<x<7),$$

所以

$$\frac{1}{x^2+2x-3}=\frac{1}{4}\sum_{n=0}^{\infty}(-1)^n\left(1-\frac{1}{5^{n+1}}\right)(x-2)^n \quad (1<x<3).$$

习题 12－4

1. 求多项式函数 $f(x)=x^3-4x^2+2$ 在 $x=2$ 处的泰勒公式.

2. 求函数 $f(x)=xe^x$ 的 n 阶麦克劳林公式.

3. 将下列函数展开成 x 的幂级数，并求展开式成立的区间：

(1) $\dfrac{1}{2+x}$；　　(2) $\dfrac{1}{x^2-3x+2}$；

(3) $\dfrac{1}{(1+x)^2}$；　　(4) $\sin^2 x$；

(5) $\ln(a+x)$，$(a>0)$；　　(6) $\dfrac{x}{\sqrt{1+x^2}}$.

4. 将下列函数展开成 $(x-1)$ 的幂级数，并求展开式成立的区间：

(1)$\frac{1}{x}$；　　　　(2)$\lg x$.

5. 将函数 $f(x)=\cos x$ 展开成 $\left(x+\frac{\pi}{3}\right)$ 的幂级数.

6. 将函数 $f(x)=\frac{1}{x^2+3x+2}$ 展开成 $(x+4)$ 的幂级数.

12.5 函数的幂级数展开式的应用

12.5.1 近似计算

函数的幂级数展开式可用来作近似计算，即在幂级数展开式成立的区间上，函数值可以近似地利用这个级数按精确度要求计算出来.

例 1 计算 $\sqrt[5]{240}$ 的近似值，要求误差不超过 10^{-4}.

解 因为

$$\sqrt[5]{240}=\sqrt[5]{3^5-3}=3(1-\frac{1}{3^4})^{1/5},$$

所以在二项展开式中取 $m=\frac{1}{5}, x=-\frac{1}{3^4}$，得

$$\sqrt[5]{240}=3[1-\frac{1}{5}\cdot\frac{1}{3^4}-\frac{1\cdot 4}{5^2\cdot 2!}\cdot(\frac{1}{3^4})^2-\frac{1\cdot 4\cdot 9}{5^3\cdot 3!}(\frac{1}{3^4})^3-\cdots],$$

如果取前两项的和作为 $\sqrt[5]{240}$ 的近似值，其误差(也叫做截断误差)为

$$|r_2|=3(\frac{1\cdot 4}{5^2\cdot 2!}\cdot\frac{1}{3^8}+\frac{1\cdot 4\cdot 9}{5^3\cdot 3!}\cdot\frac{1}{3^{12}}+\frac{1\cdot 4\cdot 9\cdot 14}{5^4\cdot 4!}\cdot\frac{1}{3^{16}}+\cdots)$$

$$<3\cdot\frac{1\cdot 4}{5^2\cdot 2!}\cdot\frac{1}{3^8}[1+\frac{1}{81}+(\frac{1}{81})^2+\cdots]$$

$$=\frac{6}{25}\cdot\frac{1}{3^8}\cdot\frac{1}{1-\frac{1}{81}}=\frac{1}{25\cdot 27\cdot 40}<\frac{1}{20000}.$$

所以，只要取前两项的和作为 $\sqrt[5]{240}$ 的近似值，就能保证误差小于 10^{-4}.
于是

$$\sqrt[5]{240}\approx 3(1-\frac{1}{5}\cdot\frac{1}{3^4}).$$

为了使“四舍五入”引起的误差(叫做舍入误差)与截断误差之和不超过 10^{-4}，计算时应取五位小数，然后再将结果四舍五入，因此得到

$$\sqrt[5]{240}\approx 2.9926.$$

例 2 计算 $\sqrt{e}$ 的近似值.

解　在 e^x 的幂级数展开式中,令 $x=\frac{1}{2}$,得

$$\sqrt{e}=e^{\frac{1}{2}}=1+\frac{1}{2}+\frac{1}{2!}(\frac{1}{2})^2+\frac{1}{3!}(\frac{1}{2})^3+\frac{1}{4!}(\frac{1}{2})^4+\cdots+\frac{1}{n!}(\frac{1}{2})^n+\cdots,$$

取前 5 项作为$\sqrt{e}$的近似值.

$$\sqrt{e}\approx 1+\frac{1}{2}+\frac{1}{4}+\frac{1}{48}+\frac{1}{384}\approx 1.648,$$

其误差

$$\begin{aligned}|r|&=\frac{1}{5!}(\frac{1}{2})^5+\frac{1}{6!}(\frac{1}{2})^6+\frac{1}{7!}(\frac{1}{2})^7+\cdots\\&<\frac{1}{5!}(\frac{1}{2})^5[1+\frac{1}{6}(\frac{1}{2})+\frac{1}{6\cdot 6}(\frac{1}{2})^2+\cdots]\\&=\frac{1}{5!}(\frac{1}{2})^5\frac{1}{1-\frac{1}{12}}<\frac{1}{1000}.\end{aligned}$$

例 3　计算定积分

$$\int_0^{0.2}e^{-x^2}dx$$

的近似值,要求误差不超过 10^{-4}.

解　将 e^x 的幂级数展开式中的 x 换成 $-x^2$,就得到被积函数的幂级数展开式

$$\begin{aligned}e^{-x^2}&=1-x^2+\frac{x^4}{2!}-\frac{x^6}{3!}+\cdots\\&=\sum_{n=0}^{\infty}(-1)^n\frac{x^{2n}}{n!}\quad(-\infty<x<+\infty).\end{aligned}$$

由幂级数的逐项积分性质,得

$$\begin{aligned}\int_0^{0.2}e^{-x^2}dx&=\int_0^{0.2}[\sum_{n=0}^{\infty}\frac{(-1)^n}{n!}x^{2n}]dx\\&=\sum_{n=0}^{\infty}\frac{(-1)^n}{n!}\int_0^{0.2}x^{2n}dx=\sum_{n=0}^{\infty}\frac{(-1)^n}{n!}\frac{x^{2n+1}}{2n+1}\Big|_0^{0.2}\\&=0.2-\frac{1}{3}(0.2)^3+\frac{1}{2!\cdot 5}(0.2)^5-\frac{1}{3!\cdot 7}(0.2)^7+\cdots,\end{aligned}$$

这个级数是一个收敛的交错级数,取前 n 项和作为近似值时其误差为

$$|r_n|\leqslant u_{n+1},$$

特别地,有

$$|r_3|<\frac{1}{3!\cdot 7}(0.2)^7<10^{-6}.$$

所以取前三项的和作为其近似值,则误差不超过 10^{-6},于是

$$\int_0^{0.2} e^{-x^2} dx \approx 0.2 - \frac{1}{3}(0.2)^3 + \frac{1}{2! \cdot 5}(0.2)^5$$
$$\approx 0.2 - 0.0026667 + 0.0000320$$
$$= 0.197365.$$

12.5.2* 欧拉公式

设由复数所构成的复数项级数为

$$(u_1 + iv_1) + (u_2 + iv_2) + \cdots + (u_n + iv_n) + \cdots, \tag{1}$$

其中 u_n、v_n($n=1,2,3,\cdots$)为实常数或实函数. 如果实部所成的级数 $\sum\limits_{n=1}^{\infty} u_n$ 和虚部所成级数 $\sum\limits_{n=1}^{\infty} v_n$ 分别收敛于 u 和 v,就称复数项级数(1) 收敛,且其和为 $u+iv$.

由 e^x 的幂级数展开式可以定义 e^{ix} 的展开式为

$$\begin{aligned} e^{ix} &= 1 + ix + \frac{1}{2!}(ix)^2 + \cdots + \frac{1}{n!}(ix)^n + \cdots \qquad (\text{将 i 看做常数}) \\ &= [1 - \frac{1}{2!}x^2 + \cdots + (-1)^n \frac{1}{(2n)!}x^{2n} + \cdots] + \\ &\quad i(x - \frac{1}{3!}x^3 + \cdots + (-1)^n \frac{1}{(2n+1)!}x^{2n+1} + \cdots) \\ &= \cos x + i\sin x, \end{aligned}$$

即得

$$e^{ix} = \cos x + i\sin x, \tag{2}$$

(2)式称为欧拉公式. 以 $-x$ 替换(2)式中的 x,得

$$e^{-ix} = \cos x - i\sin x.$$

于是

$$\cos x = \frac{e^{ix} + e^{-ix}}{2}, \sin x = \frac{e^{ix} - e^{-ix}}{2i}.$$

这两个式子也叫做欧拉公式. 欧拉公式揭示了三角函数与复变量指数函数之间的一种联系.

习题 12－5

1. 利用函数的幂级数展开式求下列各数的近似值:

(1)ln3(误差不超过 0.0001);

(2)$\sqrt[9]{522}$(误差不超过 0.00001);

(3)cos2°(误差不超过 0.0001).

2. 计算定积分 $\int_0^{0.5}\frac{1}{1+x^4}\mathrm{d}x$ 的近似值(误差不超过 0.001).

12.6　傅里叶级数

本节我们讨论由三角函数组成的函数项级数,即所谓的三角级数,着重探讨如何将函数展开成三角级数.

12.6.1　三角级数

在自然科学和工程技术中,许多现象可以用周期函数来描述.最简单的周期函数是正弦函数.例如用来描述简谐振动的函数

$$y=A\sin(\omega t+\varphi)$$

就是一个以 $\frac{2\pi}{\omega}$ 为周期的正弦函数.其中 t 表示时间,y 表示动点的位置,A 为振幅,ω 为角频率,φ 为初相.

在实际问题中,除了正弦函数之外,还会经常遇到一些非正弦的周期函数.如电子技术中常用的周期为 T 的矩形波(图 12-1)就是一个非正弦周期函数的例子.

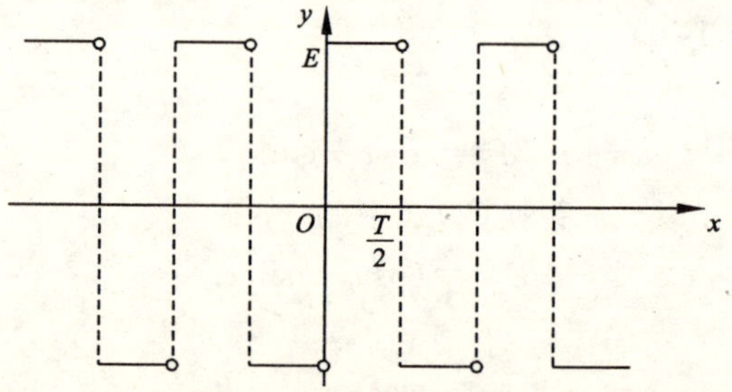

图 12-1

如何深入研究非正弦周期函数呢?联系到前面介绍过的用函数的幂级数展开式表示函数的讨论,我们考虑将周期函数展开成由简单的周期函数例如三角函数所构成的级数.具体地说,将周期为 $T=\frac{2\pi}{\omega}$ 的周期函数用一系列以 T 为周期的正弦函数 $A_n\sin(n\omega t+\varphi_n)$ 构成的级数来表示,记为

$$f(t)=A_0+\sum_{n=1}^{\infty}A_n\sin(n\omega t+\varphi_n),\tag{1}$$

其中 $T=\frac{2\pi}{\omega}$、A_0、A_n、$\varphi_n(n=1,2,\cdots)$都是常数.

为了方便讨论,利用三角公式

$$\sin(n\omega t+\varphi_n)=\sin\varphi_n\cos n\omega t+\cos\varphi_n\sin n\omega t,$$

并令 $a_0=2A_0$，$a_n=A_n\sin\varphi_n$，$b_n=A_n\cos\varphi_n$，$\omega t=x$，则(1)式右端的级数变为

$$\frac{a_0}{2}+\sum_{n=1}^{\infty}(a_n\cos nx+b_n\sin nx). \tag{2}$$

一般地，形如(2)式的级数叫做三角级数，其中 $a_0,a_n,b_n(n=1,2,3,\cdots)$ 都是常数. 于是，我们要讨论的问题便是：周期为 T 的函数 $f(x)$ 满足什么条件才能展开成三角级数(2)，即级数(2)不仅收敛并且收敛到 $f(x)$？为回答这个问题，下面首先介绍三角函数系的正交性.

12.6.2 三角函数系的正交性

所谓三角函数系

$$1,\cos x,\sin x,\cos 2x,\sin 2x,\cdots,\cos nx,\sin nx,\cdots \tag{3}$$

在区间$[-\pi,\pi]$上正交，是指其中任意两个不同函数的乘积在区间$[-\pi,\pi]$上的积分等于零，即

$$\int_{-\pi}^{\pi}\sin nx\,dx=0 \qquad (n=1,2,3,\cdots),$$

$$\int_{-\pi}^{\pi}\cos nx\,dx=0 \qquad (n=1,2,3,\cdots),$$

$$\int_{-\pi}^{\pi}\sin kx\cos nx\,dx=0 \qquad (k,n=1,2,3,\cdots),$$

$$\int_{-\pi}^{\pi}\cos kx\cos nx\,dx=0 \qquad (k,n=1,2,3,\cdots;k\neq n),$$

$$\int_{-\pi}^{\pi}\sin kx\sin nx\,dx=0 \qquad (k,n=1,2,3,\cdots;k\neq n).$$

而在三角函数系(3)中，两个相同函数的乘积在区间$[-\pi,\pi]$上的积分不等于零，即

$$\int_{-\pi}^{\pi}1^2\,dx=2\pi,\int_{-\pi}^{\pi}\sin^2 nx\,dx=\pi,$$

$$\int_{-\pi}^{\pi}\cos^2 nx\,dx=\pi \quad (n=1,2,3,\cdots).$$

以上等式都可以通过计算定积分来验证，请读者自行验证.

12.6.3 函数展开成傅里叶级数

设函数 $f(x)$以 2π 为周期，且能展开成三角级数，即

$$f(x)=\frac{a_0}{2}+\sum_{k=1}^{\infty}(a_k\cos kx+b_k\sin kx). \tag{4}$$

下面来确定系数 a_0,a_n,b_n. 为此，我们假设级数(4)可以逐项积分，先求 a_0. 对(4)

式从$-\pi$到π逐项积分.

$$\int_{-\pi}^{\pi} f(x)\mathrm{d}x=\int_{-\pi}^{\pi}\frac{a_0}{2}\mathrm{d}x+\sum_{k=1}^{\infty}\left[a_k\int_{-\pi}^{\pi}\cos kx\,\mathrm{d}x+b_k\int_{-\pi}^{\pi}\sin kx\,\mathrm{d}x\right].$$

根据三角函数系的正交性,上式右端除第一项外,其余各项均为零,于是

$$\int_{-\pi}^{\pi} f(x)\mathrm{d}x=a_0\pi,$$

从而

$$a_0=\frac{1}{\pi}\int_{-\pi}^{\pi} f(x)\mathrm{d}x.$$

其次,求a_n,将(4)式两端同乘以$\cos nx$,再从$-\pi$到π逐项积分,得

$$\int_{-\pi}^{\pi} f(x)\cos nx\,\mathrm{d}x=\int_{-\pi}^{\pi}\frac{a_0}{2}\cos nx\,\mathrm{d}x+\sum_{k=1}^{\infty}\left(a_k\int_{-\pi}^{\pi}\cos kx\cos nx\,\mathrm{d}x+b_k\int_{-\pi}^{\pi}\sin kx\cos nx\,\mathrm{d}x\right),$$

由三角函数系的正交性知,上式右端除$k=n$的一项之外,其余各项全为零.所以

$$\int_{-\pi}^{\pi} f(x)\cos nx\,\mathrm{d}x=a_n\int_{-\pi}^{\pi}\cos^2 nx\,\mathrm{d}x=a_n\pi,$$

于是得

$$a_n=\frac{1}{\pi}\int_{-\pi}^{\pi} f(x)\cos nx\,\mathrm{d}x\quad(n=1,2,3,\cdots).$$

类似地,用$\sin nx$乘(4)式的两端,再从$-\pi$到π逐项积分,可得

$$b_n=\frac{1}{\pi}\int_{-\pi}^{\pi} f(x)\sin nx\,\mathrm{d}x\quad(n=1,2,3,\cdots).$$

由于当$n=0$时,a_n的表达式正好是a_0的表达式.因此,所得结果可以合并写成

$$\left.\begin{aligned}a_n&=\frac{1}{\pi}\int_{-\pi}^{\pi} f(x)\cos nx\,\mathrm{d}x\quad(n=0,1,2,3,\cdots),\\ b_n&=\frac{1}{\pi}\int_{-\pi}^{\pi} f(x)\sin nx\,\mathrm{d}x\quad(n=1,2,3,\cdots).\end{aligned}\right\}\tag{5}$$

如果公式(5)中的积分都存在,则称a_n,b_n为函数$f(x)$的傅里叶(Fourier)系数.将这些系数代入(4)式右端,所得到的三角级数

$$\frac{a_0}{2}+\sum_{n=1}^{\infty}(a_n\cos nx+b_n\sin nx)\tag{6}$$

叫做函数$f(x)$的傅里叶级数.

上面的讨论是在假定函数$f(x)$可以展开成三角级数的前提下作出的,至于周期函数$f(x)$满足什么条件时,它的傅里叶级数收敛于$f(x)$?下面的狄利克雷(Dirichlet)定理给出了回答.

定理(收敛定理,狄利克雷(Dirichlet)充分条件)　设 $f(x)$是周期为 2π 的周期函数,如果它满足:

(1)在一个周期内连续或只有有限个第一类间断点:

(2)在一个周期内至多只有有限个极值点.

则 $f(x)$的傅里叶级数收敛,并且

当 x 是 $f(x)$的连续点时,级数收敛于 $f(x)$;

当 x 是 $f(x)$的间断点时,级数收敛于

$$\frac{1}{2}[f(x-0)+f(x+0)].$$

收敛定理告诉我们:只要函数在$[-\pi,\pi]$上至多有有限个第一类间断点,并且不作无限次振动,那么函数的傅里叶级数在连续点处收敛于该点处的函数值,在间断点处收敛于函数在该点处的左极限与右极限的算术平均值.可见,函数展开成傅里叶级数的条件比展开成幂级数的条件低得多.

例 1　设函数 $f(x)$是以 2π 为周期,在区间$(-\pi,\pi]$上的表达式为

$$f(x)=\begin{cases}x, -\pi<x\leqslant 0,\\ 0, 0<x\leqslant \pi.\end{cases}$$

将 $f(x)$展开成傅里叶级数.

解　由于函数 $f(x)$满足狄利克雷条件(图 12-2),所以 $f(x)$可展开成傅里叶级数.计算傅里叶系数如下:

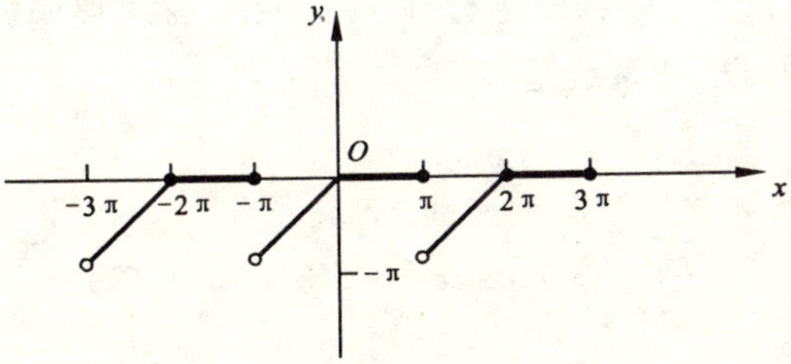

图 12-2

$$a_0=\frac{1}{\pi}\int_{-\pi}^{\pi}f(x)\mathrm{d}x=\frac{1}{\pi}\int_{-\pi}^{0}x\mathrm{d}x=-\frac{\pi}{2},$$

$$\begin{aligned}a_n&=\frac{1}{\pi}\int_{-\pi}^{\pi}f(x)\cos nx\,\mathrm{d}x=\frac{1}{\pi}\int_{-\pi}^{0}x\cos nx\,\mathrm{d}x\\&=\frac{1}{\pi}\left(\frac{x\sin nx}{n}+\frac{\cos nx}{n^2}\right)\Bigg|_{-\pi}^{0}\\&=\frac{1}{n^2\pi}(1-\cos n\pi)\end{aligned}$$

$$=\begin{cases}\dfrac{2}{n^2\pi}, & n=1,3,5,\cdots,\\ 0, & n=2,4,6,\cdots;\end{cases}$$

$$\begin{aligned}b_n&=\frac{1}{\pi}\int_{-\pi}^{\pi}f(x)\sin nx\,\mathrm{d}x=\frac{1}{\pi}\int_{-\pi}^{0}x\sin nx\,\mathrm{d}x\\&=\frac{1}{\pi}\left(-\frac{x\cos nx}{n}+\frac{\sin nx}{n^2}\right)\bigg|_{-\pi}^{0}\\&=-\frac{\cos n\pi}{n}=\frac{(-1)^{n+1}}{n}.\end{aligned}$$

故 $f(x)$ 的傅里叶级数为

$$-\frac{\pi}{4}+\sum_{n=1}^{\infty}\left[\frac{1-(-1)^n}{\pi n^2}\cos nx+\frac{(-1)^{n+1}}{n}\sin nx\right].$$

根据收敛定理，有

$$f(x)=-\frac{\pi}{4}+\sum_{n=1}^{\infty}\left[\frac{1-(-1)^n}{\pi n^2}\cos nx+\frac{(-1)^{n+1}}{n}\sin nx\right]$$
$$(-\infty<x<+\infty,x\neq(2k-1)\pi,k=0,\pm1,\cdots),$$

当 $x=(2k-1)\pi$ 时，$f(x)$ 的傅里叶级数收敛到 $\dfrac{-\pi+0}{2}=-\dfrac{\pi}{2}$.

12.6.4 正弦级数和余弦级数

设 $f(x)$ 是以 2π 为周期的偶函数，则 $f(x)\cos nx$ 是偶函数，$f(x)\sin nx$ 是奇函数. 因此，$f(x)$ 的傅里叶系数是

$$\left.\begin{aligned}a_n&=\frac{1}{\pi}\int_{-\pi}^{\pi}f(x)\cos nx\,\mathrm{d}x\\&=\frac{2}{\pi}\int_{0}^{\pi}f(x)\cos nx\,\mathrm{d}x\quad(n=0,1,2,\cdots),\\b_n&=\frac{1}{\pi}\int_{-\pi}^{\pi}f(x)\sin nx\,\mathrm{d}x\\&=0\quad(n=1,2,3,\cdots).\end{aligned}\right\}\tag{7}$$

即知偶函数 $f(x)$ 的傅里叶级数是只含常数项和余弦项的**余弦级数**

$$\frac{a_0}{2}+\sum_{n=1}^{\infty}a_n\cos nx.\tag{8}$$

同理，如果 $f(x)$ 是以 2π 为周期的奇函数，则可推得

$$\left.\begin{aligned}a_n&=0\quad(n=0,1,2,\cdots),\\b_n&=\frac{2}{\pi}\int_{0}^{\pi}f(x)\sin nx\,\mathrm{d}x\quad(n=1,2,3,\cdots).\end{aligned}\right\}\tag{9}$$

即知奇函数 $f(x)$ 的傅里叶级数是只含有正弦项的**正弦级数**

$$\sum_{n=1}^{\infty} b_n \sin nx. \tag{10}$$

例 2 设 $f(x)$ 是周期为 2π 的周期函数，它在 $[-\pi,\pi)$ 上的表达式为 $f(x)=x$，将 $f(x)$ 展开成傅里叶级数.

解 首先，所给函数满足收敛定理的条件，它在点

$$x=(2k+1)\pi \quad (k=0,\pm1,\pm2,\cdots)$$

处不连续，因此 $f(x)$ 的傅里叶级数在点 $x=(2k+1)\pi$ 处收敛于

$$\frac{f(\pi-0)+f(-\pi+0)}{2}=\frac{\pi+(-\pi)}{2}=0,$$

在连续点 $x\neq(2k+1)\pi$ 处收敛于 $f(x)$. 和函数的图形如图 12-3 所示.

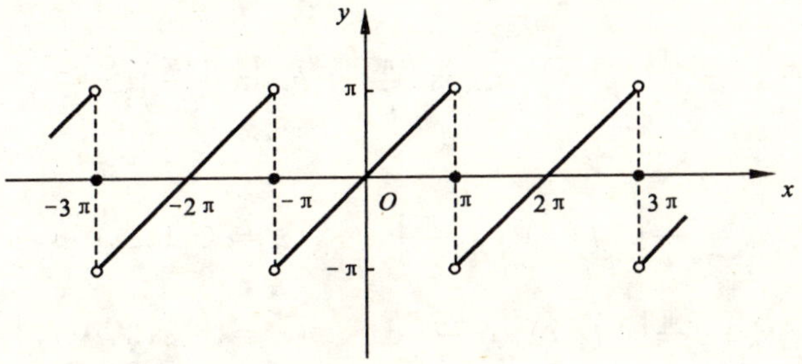

图 12-3

其次，若不计 $x=(2k+1)\pi(k=0,\pm1,\pm2,\cdots)$，则 $f(x)$ 是周期为 2π 的奇函数. 显然，此时(9)式仍成立，按公式(9)有 $a_n=0(n=0,1,2,\cdots)$，而

$$\begin{aligned} b_n &= \frac{2}{\pi}\int_0^\pi f(x)\sin nx\,dx \\ &= \frac{2}{\pi}\int_0^\pi x\sin nx\,dx \\ &= \frac{2}{n}(-1)^{n+1} \quad (n=1,2,3,\cdots). \end{aligned}$$

将求得的 b_n 代入正弦级数(10)，得 $f(x)$ 的傅里叶级数展开式为

$$f(x)=2\left(\sin x-\frac{1}{2}\sin 2x+\frac{1}{3}\sin 3x-\cdots+\frac{(-1)^{n+1}}{n}\sin nx+\cdots\right)$$
$$(-\infty<x<+\infty;x\neq\pm\pi,\pm3\pi,\cdots).$$

习题 12-6

下列周期函数 $f(x)$ 的周期为 2π，试将 $f(x)$ 展开成傅里叶级数，$f(x)$ 在 $[-\pi,\pi)$ 上的表达式为：

(1) $f(x)=3x^2 \quad (-\pi\leqslant x<\pi)$；

(2) $f(x)=\begin{cases} bx, & -\pi\leqslant x<0 \\ ax, & 0\leqslant x<\pi \end{cases}$ (a,b 为常数，且 $a>b>0$).

12.7* 一般周期函数的傅里叶级数

在上节我们所讨论的周期函数都是以 2π 为周期的. 本节我们讨论周期为 $2l$ 的周期函数的傅里叶级数. 根据前面讨论的结果，经过自变量的变量代换，可得下面的定理.

定理 设周期为 $2l$ 的周期函数 $f(x)$ 满足收敛定理的条件，则它的傅里叶级数展开式为

$$f(x)=\frac{a_0}{2}+\sum_{n=1}^{\infty}\left(a_n\cos\frac{n\pi x}{l}+b_n\sin\frac{n\pi x}{l}\right)\ (x\in C), \tag{1}$$

其中

$$\left.\begin{aligned} a_n&=\frac{1}{l}\int_{-l}^{l}f(x)\cos\frac{n\pi x}{l}\mathrm{d}x \quad (n=0,1,2,\cdots),\\ b_n&=\frac{1}{l}\int_{-l}^{l}f(x)\sin\frac{n\pi x}{l}\mathrm{d}x \quad (n=1,2,3,\cdots),\end{aligned}\right\} \tag{2}$$

$$C=\left\{x\ \middle|\ f(x)=\frac{1}{2}[f(x-0)+f(x+0)]\right\}.$$

当 $f(x)$ 为奇函数时

$$f(x)=\sum_{n=1}^{\infty}b_n\sin\frac{n\pi x}{l}\quad (x\in C), \tag{3}$$

其中

$$b_n=\frac{2}{l}\int_0^l f(x)\sin\frac{n\pi x}{l}\mathrm{d}x\quad (n=1,2,3,\cdots). \tag{4}$$

当 $f(x)$ 为偶函数时

$$f(x)=\frac{a_0}{2}+\sum_{n=1}^{\infty}a_n\cos\frac{n\pi x}{l}\quad (x\in C), \tag{5}$$

其中

$$a_n=\frac{2}{l}\int_0^l f(x)\cos\frac{n\pi x}{l}\mathrm{d}x\quad (n=0,1,2,\cdots). \tag{6}$$

证 作变量代换 $t=\frac{\pi x}{l}$，于是区间 $-l\leqslant x\leqslant l$ 变换成 $-\pi\leqslant t\leqslant\pi$. 设函数 $f(x)=f\left(\frac{lt}{\pi}\right)=F(t)$，从而 $F(t)$ 是周期为 2π 的周期函数，并且满足收敛定理的条件，将 $F(t)$ 展开成傅里叶级数:

$$F(t)=\frac{a_0}{2}+\sum_{n=1}^{\infty}(a_n\cos nt+b_n\sin nt),$$

其中

$$a_n=\frac{1}{\pi}\int_{-\pi}^{\pi}F(t)\cos nt\,\mathrm{d}t,b_n=\frac{1}{\pi}\int_{-\pi}^{\pi}F(t)\sin nt\,\mathrm{d}t.$$

在以上式子中令 $t=\frac{\pi x}{l}$,于是有

$$f(x)=\frac{a_0}{2}+\sum_{n=1}^{\infty}\left(a_n\cos\frac{n\pi x}{l}+b_n\sin\frac{n\pi x}{l}\right),$$

而且

$$a_n=\frac{1}{l}\int_{-l}^{l}f(x)\cos\frac{n\pi x}{l}\mathrm{d}x,b_n=\frac{1}{l}\int_{-l}^{l}f(x)\sin\frac{n\pi x}{l}\mathrm{d}x.$$

类似地,可以证明定理的其余部分.

例 设 $f(x)$是周期为 10 的周期函数,它在$(-5,5]$上的表达式为

$$f(x)=\begin{cases}0, & -5<x<0,\\ 3, & 0\leqslant x\leqslant 5.\end{cases}$$

将 $f(x)$展开成傅里叶级数.

解 这里 $l=5$.根据公式(2)有

$$\begin{aligned}a_n&=\frac{1}{5}\int_{-5}^{0}0\cdot\cos\frac{n\pi x}{5}\mathrm{d}x+\frac{1}{5}\int_{0}^{5}3\cos\frac{n\pi x}{5}\mathrm{d}x\\&=\frac{3}{5}\cdot\frac{5}{n\pi}\sin\frac{n\pi x}{5}\bigg|_0^5=0,\quad n=1,2,\cdots,\end{aligned}$$

$$a_0=\frac{1}{5}\int_{-5}^{5}f(x)\mathrm{d}x=\frac{1}{5}\int_{0}^{5}3\mathrm{d}x=3,$$

$$\begin{aligned}b_n&=\frac{1}{5}\int_{-5}^{5}f(x)\sin\frac{n\pi x}{5}\mathrm{d}x=\frac{1}{5}\int_{0}^{5}3\cdot\sin\frac{n\pi x}{5}\mathrm{d}x\\&=\frac{3}{5}\left[-\frac{5}{n\pi}\cos\frac{n\pi x}{5}\right]_0^5\\&=\frac{6}{(2k-1)\pi},\quad k=1,2,3,\cdots.\end{aligned}$$

将求得的系数 a_n,b_n 代入(1)式,得

$$\begin{aligned}f(x)&=\frac{3}{2}+\sum_{k=1}^{\infty}\frac{6}{(2k-1)\pi}\sin\frac{(2k-1)\pi x}{5}\\&=\frac{3}{2}+\frac{6}{\pi}\left(\sin\frac{\pi x}{5}+\frac{1}{3}\sin\frac{3\pi x}{5}+\frac{1}{5}\sin\frac{5\pi x}{5}+\cdots\right)\end{aligned}$$

$$(-\infty<x<+\infty;x\neq 0,\pm 5,\pm 10,\cdots).$$

习题 12－7

1. 将下列各周期函数展开成傅里叶级数(下面给出函数在一个周期内的表达式)

(1) $f(x)=\begin{cases}2x+1, & -3\leqslant x<0,\\ 1, & 0\leqslant x<3;\end{cases}$

(2) $f(x)=\begin{cases}x, & 0\leqslant x\leqslant 1,\\ 1, & 1<x<2,\\ 3-x, & 2\leqslant x\leqslant 3.\end{cases}$

2. 将函数 $f(x)=\begin{cases}x, & 0\leqslant x<\dfrac{l}{2},\\ l-x, & \dfrac{l}{2}\leqslant x\leqslant l.\end{cases}$ 分别展开成正弦级数和余弦级数.

总复习题 12

1. 填空:

(1)对级数 $\sum\limits_{n=1}^{\infty}u_n$，$\lim\limits_{n\to\infty}u_n=0$ 是它收敛的________条件,不是它收敛的________条件;

(2)若 $\sum\limits_{n=1}^{\infty}u_n$ 为正项级数,且其部分和数列为 $\{s_n\}$,则 $\sum\limits_{n=1}^{\infty}u_n$ 收敛的充要条件是________;

(3)若级数 $\sum\limits_{n=1}^{\infty}u_n$ 绝对收敛,则级数 $\sum\limits_{n=1}^{\infty}u_n$ 必定________;若级数 $\sum\limits_{n=1}^{\infty}u_n$ 条件收敛,则级数 $\sum\limits_{n=1}^{\infty}|u_n|$ 必定________;

(4)级数 $\sum\limits_{n=1}^{\infty}\dfrac{1}{n^{p}}$,当 p 满足条件________时收敛.

2. 选择题:

(1)若级数 $\sum\limits_{n=1}^{\infty}(u_{2n-1}+u_{2n})$ 收敛,则( ).

(A) $\sum\limits_{n=1}^{\infty}u_n$ 必收敛;　　(B) $\sum\limits_{n=1}^{\infty}u_n$ 未必收敛;

(C) $\lim\limits_{n\to\infty}u_n=0$;　　(D) $\sum\limits_{n=1}^{\infty}u_n$ 发散.

(2)设 $0\leqslant a_n<\dfrac{1}{n}$ $(n=1,2,3,\cdots)$ 则下列级数中肯定收敛的是( ).

(A) $\sum\limits_{n=1}^{\infty}a_n$;　(B) $\sum\limits_{n=1}^{\infty}(-1)^n a_n$;　(C) $\sum\limits_{n=1}^{\infty}\sqrt{a_n}$;　(D) $\sum\limits_{n=1}^{\infty}(-1)^n a_n^2$.

(3)若 $\sum_{n=1}^{\infty} a_n(x-1)^n$ 在 $x=-1$ 处收敛，则此幂级数在 $x=2$ 处(　).

(A)条件收敛；　　(B)绝对收敛；

(C)发散；　　(D)收敛性不能确定.

3. 判定下列级数的收敛性：

(1) $\sum_{n=1}^{\infty} \frac{1}{n\sqrt[n]{n}}$；　　(2) $\sum_{n=1}^{\infty} \frac{(n+1)!}{n^{n+1}}$；

(3) $\sum_{n=1}^{\infty} \frac{2+(-1)^n}{2^n} n^6$；　　(4) $\sum_{n=1}^{\infty} \frac{a^n}{n^s}(a>0, s>0)$.

4. 设 $u_n \leqslant c_n \leqslant v_n (n=1,2,3,\cdots)$，并且级数 $\sum_{n=1}^{\infty} u_n$ 和 $\sum_{n=1}^{\infty} v_n$ 都收敛，证明级数 $\sum_{n=1}^{\infty} c_n$ 也收敛.

5. 讨论下列级数的绝对收敛性与条件收敛性：

(1) $\sum_{n=1}^{\infty} (-1)^{n-1} \frac{1}{n^p}$；　　(2) $\sum_{n=1}^{\infty} (-1)^n (\sqrt{n+1}-\sqrt{n})$；

(3) $\sum_{n=1}^{\infty} (-1)^n \ln\left(1+\frac{1}{\sqrt{n}}\right)$.

6. 证明 $\lim\limits_{n\to\infty} \frac{n!}{n^n}=0$.

7. 求下列幂级数的收敛域：

(1) $\frac{1}{2^n+3^n}x^n$；　　(2) $\sum_{n=1}^{\infty} \frac{1}{n\cdot 2^n}(x+1)^n$；

(3) $\sum_{n=1}^{\infty} (-1)^n \frac{2^{2n}\cdot x^{2n}}{2n}$.

8. 求下列幂级数的和函数：

(1) $\sum_{n=1}^{\infty} \frac{(-1)^{n-1}}{2n-1} x^{2n-1}$；　　(2) $\sum_{n=1}^{\infty} n(n+1)x^n$.

9. 将 $f(x)=\frac{3x}{x^2+x-2}$ 展开成

(1) x 的幂级数；　　(2) $(x-2)$ 的幂级数.

参考答案

习题 8－1

1. (1)开集，无界集；　(2)既非开集，又非闭集，有界集；

(3)开集，区域，无界集；　(4)闭集，有界集.

2. (1)定义域为$\{(x,y)\mid 4x^2+y^2-1\geqslant 0\}$；

(2)定义域为$\{(x,y)\mid xy>0\}$；

(3)定义域为$\{(x,y)\mid -1\leqslant x\leqslant 1,y\leqslant -1\}\cup\{(x,y)\mid -1\leqslant x\leqslant 1,y\geqslant 1\}$；

(4)定义域为$\{(x,y)\mid -x-1<y<x+1,-1<x\leqslant 0\}\cup\{(x,y)\mid x-1<y<1-x,0\leqslant x<1\}$.

3. (1)$(x+y)^2-\left(\dfrac{y}{x}\right)^2$；

(2)$\dfrac{x^2(1-y^2)}{(1+y)^2}$.

5. $(x+y)^{xy}+(xy)^{2x}$.

7. (1)1；　(2)ln2；　(3)$-\dfrac{1}{4}$；　(4)2；　(5)2；　(6)0.

8. (1)$\{(x,y)\mid y^2-x=0\}$；

(2)$\{(x,y)\mid x=k\pi,y\in R\}\cup\left\{(x,y)\mid y=k\pi+\dfrac{\pi}{2},x\in R\right\}$　$(k\in\mathbf{Z})$.

习题 8－2

1. (1)$\dfrac{\partial z}{\partial x}=\dfrac{1}{6}x^{-\frac{3}{2}},\dfrac{\partial z}{\partial y}=-3y^{-1}$；

(2)$\dfrac{\partial z}{\partial x}=\dfrac{1}{2x\sqrt{\ln(xy)}},\dfrac{\partial z}{\partial y}=\dfrac{1}{2y\sqrt{\ln(xy)}}$；

(3)$\dfrac{\partial s}{\partial u}=-\dfrac{2v}{(u-v)^2},\dfrac{\partial s}{\partial v}=\dfrac{2u}{(u-v)^2}$；

(4)$\dfrac{\partial z}{\partial x}=\dfrac{2}{y}\csc\dfrac{2x}{y},\dfrac{\partial z}{\partial y}=-\dfrac{2x}{y^2}\csc\dfrac{2x}{y}$；

(5)$\dfrac{\partial u}{\partial x}=\dfrac{1}{y}\cos\dfrac{x}{y}\cos\dfrac{y}{x}+\dfrac{y}{x^2}\sin\dfrac{x}{y}\sin\dfrac{y}{x}$，

$\dfrac{\partial u}{\partial y}=-\dfrac{x}{y^2}\cos\dfrac{x}{y}\cos\dfrac{y}{x}-\dfrac{1}{x}\sin\dfrac{x}{y}\sin\dfrac{y}{x},\dfrac{\partial u}{\partial z}=1$；

(6)$\dfrac{\partial u}{\partial x}=\dfrac{y}{z}x^{\frac{y-z}{z}},\dfrac{\partial u}{\partial y}=\dfrac{1}{z}x^{\frac{y}{z}}\ln x,\dfrac{\partial u}{\partial z}=-\dfrac{y}{z^2}x^{\frac{y}{z}}\ln x$；

(7) $\frac{\partial z}{\partial x}=y^2(1+xy)^{y-1}$, $\frac{\partial z}{\partial y}=(1+xy)^y\left[\ln(1+xy)+\frac{xy}{1+xy}\right]$;

(8) $\frac{\partial f}{\partial p}=e^{t\varphi}$, $\frac{\partial f}{\partial \varphi}=pte^{t\varphi}+e^{\varphi}$, $\frac{\partial f}{\partial t}=p\varphi e^{t\varphi}+1$.

2. 1.

3. $f''_{xx}(0,0,1)=2$, $f''_{xz}(1,0,2)=2$, $f''_{yz}(0,-1,0)=0$, $f'''_{zzx}(2,0,1)=0$.

4. 为$\frac{\pi}{4}$.

5. 不存在.

7. (1) $\frac{\partial^2 z}{\partial x^2}=2y(2y-1)x^{2y-2}$, $\frac{\partial^2 z}{\partial x\partial y}=2x^{2y-1}(1+2y\ln x)$, $\frac{\partial^2 z}{\partial y^2}=4x^{2y}(\ln x)^2$;

(2) $\frac{\partial^2 z}{\partial x^2}=\frac{2xy}{(x^2+y^2)^2}$, $\frac{\partial^2 z}{\partial x\partial y}=\frac{y^2-x^2}{(x^2+y^2)^2}$, $\frac{\partial^2 z}{\partial y^2}=\frac{-2xy}{(x^2+y^2)^2}$.

8. $\frac{\partial^3 z}{\partial x^2\partial y}=-\frac{1}{x^2}$; $\frac{\partial^3 z}{\partial x\partial y^2}=0$.

习题 8－3

1. (1) $dz=(y+\frac{1}{y})dx+(x-\frac{x}{y^2})dy$;

(2) $dz=-\frac{y}{x^2}e^{\frac{y}{x}}dx+\frac{1}{x}e^{\frac{y}{x}}dy$;

(3) $dz=-\frac{x}{(x^2+y^2)^{3/2}}(ydx-xdy)$;

(4) $du=yzx^{yz-1}dx+zx^{yz}\ln xdy+yx^{yz}\ln xdz$;

(5) $dz=\left(3e^y-\frac{1}{\sqrt{x}}\right)dx+3xe^ydy$.

2. $dz\Big|_{\substack{x=1\\y=2}}=\frac{1}{3}dx+\frac{2}{3}dy$.

3. $\Delta z=-0.119$, $dz=-0.125$.

4. $dz=e\cdot 0.15+e\cdot 0.1=0.25e$.

5. 2.95.

6. 2.0393.

习题 8－4

1. (1) $-\frac{e^x}{x(\ln x)^2}+\frac{e^x}{\ln x}$; (2) $\frac{3-12t^2}{1+(3t-4t^3)^2}$;

(3) $2^x(x\ln 2+\sin x\ln 2+\cos x+1)$.

2. (1) $\frac{\partial z}{\partial x}=2xe^{xy}+y(x^2+y^2)e^{xy}$,

$\frac{\partial z}{\partial y}=2ye^{xy}+x(x^2+y^2)e^{xy}$

(2) $\frac{\partial z}{\partial u}=\frac{2u}{v^2}\ln(3u-2v)+\frac{3u^2}{v^2(3u-2v)}$,

$\frac{\partial z}{\partial v}=-\frac{2u^2}{v^3}\ln(3u-2v)-\frac{2u^2}{v^2(3u-2v)}$;

(3) $\frac{\partial z}{\partial x}=2xf_1'+ye^{xy}f_2'$, $\frac{\partial z}{\partial y}=-2yf_1'+xe^{xy}f_2'$;

(4) $\frac{\partial u}{\partial x}=\frac{1}{y}f_1'$, $\frac{\partial u}{\partial y}=-\frac{x}{y^2}f_1'+\frac{1}{z}f_2'$, $\frac{\partial u}{\partial z}=-\frac{y}{z^2}f_2'$.

6. (1) $\frac{\partial^2 z}{\partial x^2}=2a^2\cos(2ax+2by)$,

$\frac{\partial^2 z}{\partial x\partial y}=2ab\cos(2ax+2by)$,

$\frac{\partial^2 z}{\partial y^2}=2b^2\cos(2ax+2by)$;

(2) $\frac{\partial^2 z}{\partial x^2}=\frac{1}{y\sqrt{x^2+y^2}+x^2+y^2}-\frac{x^2(y+2\sqrt{x^2+y^2})}{(y+\sqrt{x^2+y^2})^2\sqrt{(x^2+y^2)^3}}$,

$\frac{\partial^2 z}{\partial x\partial y}=-\frac{x}{\sqrt{(x^2+y^2)^3}}$, $\frac{\partial^2 z}{\partial y^2}=-\frac{y}{\sqrt{(x^2+y^2)^3}}$.

7. (1) $\frac{\partial^2 z}{\partial x^2}=4f_{11}''+\frac{4}{y}f_{12}''+\frac{1}{y^2}f_{22}''$,

$\frac{\partial^2 z}{\partial x\partial y}=-\frac{1}{y^2}f_2'-\frac{2x}{y^2}f_{12}''-\frac{x}{y^3}f_{22}''$, $\frac{\partial^2 z}{\partial y^2}=\frac{2x}{y^3}f_2'+\frac{x^2}{y^4}f_{22}''$.

(2) $\frac{\partial^2 z}{\partial x^2}=(\ln y)^2 f_{11}''-2(\ln y)f_{12}''+f_{22}''$,

$\frac{\partial^2 z}{\partial z\partial y}=\frac{1}{y}f_1'+\frac{x\ln y}{y}f_{11}''+\left(\ln y-\frac{x}{y}\right)f_{12}''-f_{22}''$,

$\frac{\partial^2 z}{\partial y^2}=-\frac{x}{y^2}f_1'+\frac{x^2}{y^2}f_{11}''+\frac{2x}{y}f_{12}''+f_{22}''$.

习题 8－5

1. $\frac{y^2}{1-xy}$.

2. $\frac{x+y}{x-y}$.

3. $\frac{\partial z}{\partial x}=\frac{y\cos(xy)-z\sin(xz)}{x\sin(xz)-y\sec^2(yz)}$; $\frac{\partial z}{\partial y}=\frac{x\cos(xy)+z\sec^2(yz)}{x\sin(xy)-y\sec^2(yz)}$.

4. $\frac{2xyzf'-z+yf}{1+2yzf'}$.

8. $\dfrac{\partial^2 z}{\partial x^2}=-\dfrac{z^2}{(x+z)^3}$；$\dfrac{\partial^2 z}{\partial y^2}=-\dfrac{x^2z^2}{y^2(x+z)^3}$.

9. $-\dfrac{2}{x^2y(z-1)^3}$.

10. (1) $\dfrac{\mathrm{d}y}{\mathrm{d}x}=\dfrac{-x(6z+1)}{2y(3z+1)}$，$\dfrac{\mathrm{d}z}{\mathrm{d}x}=\dfrac{x}{3z+1}$；

(2) $\dfrac{\mathrm{d}x}{\mathrm{d}z}=\dfrac{y-z}{x-y}$，$\dfrac{\mathrm{d}y}{\mathrm{d}z}=\dfrac{z-x}{x-y}$.

习题 8－6

1. 切线方程为$\dfrac{x+1-\frac{\pi}{2}}{1}=\dfrac{y-1}{1}=\dfrac{z-2\sqrt{2}}{\sqrt{2}}$，法平面方程为 $x+y+\sqrt{2}z=\dfrac{\pi}{2}+4$.

2. $P_1(-1,1,-1)$，$P_2\left(-\dfrac{1}{3},\dfrac{1}{9},-\dfrac{1}{27}\right)$，$\dfrac{x+1}{1}=\dfrac{y-1}{-2}=\dfrac{z+1}{3}$；$\dfrac{x+\frac{1}{3}}{1}=\dfrac{y-\frac{1}{9}}{-2}=\dfrac{z+\frac{1}{27}}{3}$.

4. 切线方程为$\dfrac{x-x_0}{1}=\dfrac{y-y_0}{\frac{m}{y_0}}=\dfrac{z-z_0}{-\frac{1}{2z_0}}$，

法平面方程为$(x-x_0)+\dfrac{m}{y_0}(y-y_0)-\dfrac{1}{2z_0}(z-z_0)=0$.

5. 切线方程为$\dfrac{x-1}{16}=\dfrac{y-1}{9}=\dfrac{z-1}{-1}$；法平面方程为 $16x+9y-z-24=0$.

6. 切平面方程为 $x+2y-4=0$，

法线方程为$\dfrac{x-2}{1}=\dfrac{y-1}{2}=\dfrac{z-0}{0}$.

7. 切平面方程为 $ax_0x+by_0y+cz_0z=ax_0^2+by_0^2+cz_0^2$，

法线方程为$\dfrac{x-x_0}{ax_0}=\dfrac{y-y_0}{by_0}=\dfrac{z-z_0}{cz_0}$.

8. 切平面方程为 $x-y+2z=\pm\sqrt{\dfrac{11}{2}}$.

9. $\dfrac{3}{\sqrt{22}}$.

14. $a=-5$，$b=-2$.

习题 8－7

1. $1+2\sqrt{3}$.

2. $\frac{\sqrt{2}}{3}$.

3. $\frac{\sqrt{2}}{ab}\sqrt{a^2+b^2}$.

4. 5.

5. $\frac{98}{13}$.

6. $\frac{12}{\sqrt{14}}$.

7. $x_0+y_0+z_0$.

8. $(-4,2,-4),6;(3,-5,0),\sqrt{34}$.

9. $-2\left(\frac{1}{a},\frac{1}{b},-\frac{1}{c}\right)$.

10. $-\frac{1}{r^2}(x-a,y-b,z-c),r=1$.

11. $\mathbf{grad}u=(2,-4,1)$为方向导数最大的方向，最大方向导数为$|\mathbf{grad}u|=\sqrt{21}$.

习题 8－8

1. -88

2. 36.

3. $-\frac{\mathrm{e}}{2}$.

4. 极大值为$\frac{1}{4}$.

5. 最小值为-1，最大值为 4.

6. 周长最大的是等腰直角三角形，直角边长为$\frac{l}{\sqrt{2}}$.

7. (1)最优广告策略为用 0.75 万元作电台广告，用 1.25 万元作报纸广告；
   (2)广告费用 1.5 万元全部用于报纸广告，可使利润最大.

8. 表面积最小的水池的长和宽都应为$\sqrt[3]{2k}$，高为$\frac{1}{2}\sqrt[3]{2k}$.

9. 三直线的距离平方之和最小的点为$\left(\frac{8}{5},\frac{16}{5}\right)$.

10. 矩形的边长为$\frac{2p}{3}$和$\frac{p}{3}$.

11. 当长方体的长、宽、高都为$\frac{2a}{\sqrt{3}}$时其体积最大.

12. 最长距离为$\sqrt{9+5\sqrt{3}}$；最短距离为$\sqrt{9-5\sqrt{3}}$.

13. 最短距离为$\frac{7\sqrt{2}}{8}$.

14. 长方体的长、宽、高分别为$\frac{2a}{\sqrt{3}},\frac{2b}{\sqrt{3}},\frac{2c}{\sqrt{3}}$,且最大体积$V=\frac{8abc}{3\sqrt{3}}$.

总复习题 8

1. (1)充分； (2)必要,充分； (3)充分； (4)充分； (5)无关.

2. (C).

4. $\alpha>2$.

5. $$f'_x(x,y)=\begin{cases}\dfrac{2xy^3}{(x^2+y^2)^2}, & x^2+y^2\neq 0,\\ 0\quad, & x^2+y^2=0.\end{cases}$$

$$f'_y(x,y)=\begin{cases}\dfrac{x^2(x^2-y^2)}{(x^2+y^2)^2}, & x^2+y^2\neq 0,\\ 0\quad, & x^2+y^2=0.\end{cases}$$

6. $-\frac{1}{2}$.

7. (1)$\frac{\partial z}{\partial x}=\sin(x+y)+x\cos(x+y);\frac{\partial z}{\partial y}=x\cos(x+y)$;

$\frac{\partial^2 z}{\partial x^2}=2\cos(x+y)-x\sin(x+y)$;

$\frac{\partial^2 z}{\partial x\partial y}=\cos(x+y)-x\sin(x+y);\frac{\partial^2 z}{\partial y^2}=-x\sin(x+y)$.

(2)$\frac{\partial z}{\partial x}=yx^{y-1},\frac{\partial z}{\partial y}=x^y\ln x;\frac{\partial^2 z}{\partial x^2}=(y^2-y)x^{y-2}$,

$\frac{\partial^2 z}{\partial x\partial y}=x^{y-1}+yx^{y-1}\ln x;\frac{\partial^2 z}{\partial y^2}=x^y(\ln x)^2$.

8. $(x+p)(y+q)(z+r)\mathrm{e}^{x+y+z}$.

9. $\Delta z=0.02;\mathrm{d}z=0.03$.

12. $c(x^2+y^2)+c_0$(c,c_0 为任意实数).

13. $\frac{\mathrm{d}u}{\mathrm{d}t}=yx^{y-1}\varphi'(t)+x^y\ln x\psi'(t)$.

14. $\frac{\partial z}{\partial \xi}=-\frac{\partial z}{\partial v}+\frac{\partial z}{\partial w};\frac{\partial z}{\partial \eta}=\frac{\partial z}{\partial u}-\frac{\partial z}{\partial w};\frac{\partial z}{\partial \zeta}=-\frac{\partial z}{\partial u}+\frac{\partial z}{\partial v}$.

15. $-2f''+xg''_{12}+xyg''_{22}+g'_2$.

16. $\mathrm{e}^yf'_1+x\mathrm{e}^{2y}f''_{11}+\mathrm{e}^yf''_{13}+x\mathrm{e}^yf''_{21}+f''_{23}$.

17. $\dfrac{\partial z}{\partial x}=e^{-u}(v\cos v-u\sin v)$；$\dfrac{\partial z}{\partial x}=e^{-u}(v\sin v+u\cos v)$.

18. $\dfrac{\partial A}{\partial a}=\dfrac{a}{bc\sin A}$；$\dfrac{\partial A}{\partial b}=\dfrac{c\cos A-b}{bc\sin A}$；$\dfrac{\partial A}{\partial c}=\dfrac{b\cos A-c}{bc\sin A}$.

19. $-2e^{x^2y^2}$.

20. $(-3,-1,3)$，法线方程为$\dfrac{x+3}{1}=\dfrac{y+1}{3}=\dfrac{z-3}{1}$.

21. $\dfrac{\partial f}{\partial l}=\cos\theta+\sin\theta$，(1)$\dfrac{\pi}{4}$；(2)$\dfrac{5}{4}\pi$；(3)$\dfrac{3}{4}\pi$ 和$\dfrac{7}{4}\pi$.

22. $\dfrac{2}{\sqrt{\dfrac{x_0^2}{a^4}+\dfrac{y_0^2}{b^4}+\dfrac{z_0^2}{c^4}}}$.

23. $a=\dfrac{\sqrt{6}}{2}$，$b=\dfrac{3\sqrt{2}}{2}$.

24. 长方体的长、宽、高分别为$\dfrac{2\sqrt{2}}{3}$、$\dfrac{2\sqrt{2}}{3}$、1 时得到最大体积值 $V=\dfrac{32}{9}$.

习题 9－1

2. (Ⅰ)0； (Ⅱ)0； (Ⅲ)0； (Ⅳ)πR^2.

3. (1)$I_1>I_2$； (2)$I_1<I_2$； (3)$I_2>I_1$.

4. (1)$2\leqslant I\leqslant 8$； (2)$0\leqslant I\leqslant \pi^2$； (3)$36\pi\leqslant I\leqslant 100\pi$.

习题 9－2

1. (1)0； (2)1； (3)$\dfrac{20}{3}$； (4)0.

2. (1)$\dfrac{2}{35}$； (2)$\dfrac{9}{4}$； (3)$\dfrac{19}{6}$； (4)$\dfrac{32}{21}$； (5)$\dfrac{1}{2}e^4-2e$.

4. (1)$\int_0^4 dx\int_x^{2\sqrt{x}} f(x,y)dy$ 或$\int_0^4 dy\int_{\frac{y^2}{4}}^{y} f(x,y)dx$；

 (2)$\int_{-r}^{r} dx\int_0^{\sqrt{r^2-x^2}} f(x,y)dy$ 或$\int_0^r dy\int_{-\sqrt{r^2-y^2}}^{\sqrt{r^2-y^2}} f(x,y)dx$.

6. (1) $\int_0^1 dx\int_{x^2}^{x} f(x,y)dy$； (2)$\int_1^e dx\int_0^{\ln x} f(x,y)dy$；

 (3)$\int_1^2 dx\int_{2-x}^{\sqrt{2x-x^2}} f(x,y)dy$； (4)$\int_0^1 dy\int_{\sqrt{y}}^{2-y} f(x,y)dx$.

7. $\dfrac{4}{3}$.

8. $\dfrac{5}{6}$.

9. (1) $\int_0^{2\pi} d\theta \int_0^a f(\rho\cos\theta, \rho\sin\theta)\rho d\rho$;

(2) $\int_{-\frac{\pi}{2}}^{\frac{\pi}{2}} d\theta \int_0^{2\cos\theta} f(\rho\cos\theta, \rho\sin\theta)\rho d\rho$;

(3) $\int_0^{2\pi} d\theta \int_a^b f(\rho\cos\theta, \rho\sin\theta)\rho d\rho$;

(4) $\int_0^{\frac{\pi}{2}} d\theta \int_0^{(\cos\theta+\sin\theta)^{-1}} f(\rho\cos\theta, \rho\sin\theta)\rho d\rho$.

10. (1) $6\pi R^2$； (2) $-6\pi^2$； (3) $\frac{\pi}{8}a^4$； (4) $\frac{3}{64}\pi^2$.

11. (1) $\frac{9}{4}$； (2) $14a^4$； (3) $\frac{2}{3}\pi(b^3-a^3)$； (4) 5π.

12. $\frac{3}{32}\pi a^4$.

习题 9－3

1. (1) $\int_0^2 dx \int_1^3 dy \int_0^2 f(x,y,z)dz$;

(2) $\int_{-1}^1 dx \int_{-\sqrt{1-x^2}}^{\sqrt{1-x^2}} dy \int_{\sqrt{x^2+y^2}}^1 f(x,y,z)dz$;

(3) $\int_{-1}^1 dx \int_{-\sqrt{1-x^2}}^{\sqrt{1-x^2}} dy \int_{x^2+2y^2}^{2-x^2} f(x,y,z)dz$;

(4) $\int_0^1 dx \int_0^{1-x} dy \int_0^{xy} f(x,y,z)dz$.

2. $\frac{3}{2}$.

4. (1) $\frac{1}{2}abc(a+b+c)$;

(2) $\ln 2$;

(3) $\frac{1}{8}$;

(4) $\frac{\pi}{4}h^2R^2$.

5. (1) $\pi(1-\frac{1}{e})$;

(2) $\frac{16}{3}\pi$;

(3) $\frac{7\pi}{12}$.

6. (1) $\frac{4}{5}\pi$； (2) $\frac{7}{6}\pi a^4$.

7. (1) 8π； (2) $\frac{\pi}{10}$； (3) 8π； (4) $\frac{4\pi}{15}(A^5-a^5)$.

8. $k\pi R^4$.

习题 9－4

1. (1) $\frac{\pi}{6}$； (2) $\frac{32}{3}$； (3) $\frac{2}{3}\pi(5\sqrt{5}-4)$.

2. 8.

3. $8a^2$.

4. $\sqrt{2}\pi$.

5. $\frac{4}{3}$.

6. (1) $\bar{x}=\frac{3}{5}x_0,\bar{y}=\frac{3}{8}y_0$；

(2) $\bar{x}=0,\bar{y}=\frac{4b}{3\pi}$；

(3) $\bar{x}=\frac{a^2+ab+b^2}{2(a+b)},\bar{y}=0$.

7. $\bar{x}=\frac{35}{48},\bar{y}=\frac{35}{54}$.

8. (1) $(0,0,\frac{3}{4})$；

(2) $(0,0,\frac{3(A^4-a^4)}{8(A^3-a^3)})$；

(3) $(\frac{2}{5}a,\frac{2}{5}a,\frac{7}{30}a^2)$.

9. $(0,0,\frac{5}{4}R)$.

10. (1) $I_a=\frac{1}{3}ab^3,I_b=\frac{1}{3}a^3b$；

(2) $I_x=\frac{32}{105},I_y=\frac{4}{5}$；

(3) $I_y=\frac{\pi}{4}a^3b$.

11. $\frac{368}{105}$.

12. (1) $\frac{8}{3}a^4$； (2) $\bar{x}=\bar{y}=0,\bar{z}=\frac{7}{15}a^2$； (3) $\frac{112}{45}a^6\rho$.

13. $\frac{a^2}{2}M$($M=\pi a^2 h\cdot\rho$ 为圆柱体的质量).

总复习题 9

1. (1)$\frac{2}{3}\pi R^3$； (2)$\frac{1}{3}\pi H^3$； (3)$\frac{1}{6}$.

2. (1)(C)； (2)(A)； (3)(C).

3. (1)$\frac{3}{2}+\cos1+\sin1-\cos2-2\sin2$； (2)$\pi^2-\frac{40}{9}$；

(3)$\frac{1}{3}R^3(\pi-\frac{4}{3})$； (4)$\frac{\pi}{4}R^4+9\pi R^2$.

4. (1) $\int_{-2}^{0}\mathrm{d}y\int_{2y+4}^{4-y^2}f(x,y)\mathrm{d}x$；

(2)$\int_0^2\mathrm{d}y\int_{\frac{1}{2}y}^{3-y}f(x,y)\mathrm{d}x$；

(3)$\int_0^1\mathrm{d}x\int_0^{x^2}f(x,y)\mathrm{d}y+\int_1^2\mathrm{d}x\int_0^{\sqrt{2x-x^2}}f(x,y)\mathrm{d}y$.

6. (1)$\frac{59}{480}\pi R^5$； (2)0； (3)$\frac{250}{3}\pi$.

7. $\sqrt{\frac{2}{3}}R$(R 为圆的半径).

习题 10－1

1. (1)$2\pi a^{2n+1}$； (2)$\frac{1}{12}(5\sqrt{5}-1)$； (3)$\frac{1}{12}(5\sqrt{5}+6\sqrt{2}-1)$；

(4)$2(\pi+4)$； (5)$\mathrm{e}^a(2+\frac{\pi}{4}a)-2$； (6)$\frac{16}{143}\sqrt{2}$； (7)$9\sqrt{6}$.

2. (1)5； (2)$\sqrt{3}$.

3. $\frac{56}{3}$.

4. (1)$(\frac{2}{5}a,\frac{2}{5}a)$； (2)$I_x=I_y=\frac{3}{8}a^3$.

习题 10－2

3. (1)$\frac{1}{2}R^2$； (2)$-\frac{56}{15}$； (3)$-\frac{\pi}{2}a^3$； (4)-2π；

(5)-2； (6)$\frac{1}{3}k^3\pi^3-a^2\pi$； (7)13； (8)$\frac{1}{2}$.

4. (1)$\frac{1}{3}$； (2)$\frac{1}{12}$； (3)$\frac{17}{30}$； (4)$-\frac{1}{2}$.

5. $-\frac{8}{15}$.

6*. (1) $\int_L \frac{P(x,y)+Q(x,y)}{\sqrt{2}}\mathrm{d}s$;

(2) $\int_L \frac{P(x,y)+2xQ(x,y)}{\sqrt{1+4x^2}}\mathrm{d}s$.

7*. $\int_\Gamma \frac{P+2xQ+3yR}{\sqrt{1+4x^2+9y^2}}\mathrm{d}s$.

习题 10－3

1. (1) $\frac{\pi}{2}R^4$；　(2) 4.

2. (1) 12；　(2) $\frac{135}{2}\pi$；　(3) $\frac{\pi^2}{4}$.

3. (1) 0；　(2) -2π.

4. (1) $\frac{3}{8}\pi a^2$；　(2) 12π；　(3) πa^2.

5. (1) $\frac{5}{2}$；　(2) 236；　(3) $3\ln 2$；　(4) $\mathrm{e}^a\cos b-1$.

6. (1) $\frac{1}{2}x^2+2xy+\frac{1}{2}y^2$；　(2) x^2y；　(3) $3x^2y+2xy^2$；

(4) $y-y^2\sin x+x^2y^2$；　(5) $x^3y+4x^2y^2-12\mathrm{e}^y+12y\mathrm{e}^y$.

习题 10－4

1. $\iint\limits_\Sigma f(x,y,z)\mathrm{d}S=\iint\limits_\Sigma f(x,y,0)\mathrm{d}x\mathrm{d}y$.

2. (1) $\frac{13}{3}\pi$；　(2) $\frac{149}{30}\pi$；　(3) $\frac{111}{10}\pi$.

3. (1) $\frac{1+\sqrt{2}}{2}\pi$；　(2) 9π.

4. (1) $4\sqrt{61}$；　(2) 243π；　(3) $\frac{7}{6}\sqrt{2}\pi$；

(4) $\pi a(a^2-h^2)$；　(5) $\frac{64}{15}\sqrt{2}a^4$；　(6) π.

5. $\frac{2}{3}\sqrt{2}\pi$.

6. $\frac{4}{3}\mu_0\pi a^4$.

习题 10－5

2. (1) 0；　(2) $\frac{4}{3}\pi R^3$；　(3) 0.

3. (1)$\frac{1}{12}$； (2)$\frac{2\pi}{105}R^7$； (3)$\frac{3}{2}\pi$； (4)$\frac{1}{8}$.

4. (1) $\frac{1}{\sqrt{14}}\iint\limits_{\Sigma}[3P(x,y,z)+2Q(x,y,z)+R(x,y,z)]\mathrm{d}S$；

(2)$\iint\limits_{\Sigma}\frac{2xP(x,y,z)+2yQ(x,y,z)+R(x,y,z)}{\sqrt{1+4x^2+4y^2}}\mathrm{d}S$.

习题 10－6

1. (1)18； (2)$3a^4$； (3)$\frac{12}{5}\pi a^5$； (4)$\frac{2}{5}\pi a^5$； (5)$\frac{3}{2}\pi$.

2*. (1)0； (2)$a^3(2-\frac{a^2}{6})$； (3)108π.

3*. (1)$\mathrm{div}A=2x+2y+z$；

(2)$\mathrm{div}A=ye^{xy}-x\sin(xy)-2xz\sin(xz^2)$；

(3)$\mathrm{div}A=2x$.

总复习题 10

1. (1)π； (2)-18π； (3) $\iint\limits_{x^2+y^2\leqslant 1}Q(x,y,1)\mathrm{d}x\mathrm{d}y$；

(4) $-\iint\limits_{x^2+y^2\leqslant 1}Q(x,y,1)\mathrm{d}x\mathrm{d}y$.

2. (C).

3. (1)$2a^2$； (2)$\frac{1}{3}\left[(2+t_0^2)^{\frac{3}{2}}-2\sqrt{2}\right]$； (3)$-2\pi$.

4. (1)0； (2)-2π； (3)-2π； (4)$\frac{3}{2}\pi$.

5. (1)$2\pi\arctan\frac{H}{R}$； (2)$\frac{\pi}{2}$； (3)$-\frac{\pi}{4}h^4$； (4)$\frac{2}{15}$； (5)$-\frac{81}{2}\pi$.

6. $\frac{1}{2}\ln(x^2+y^2)$.

8. $(0,0,\frac{a}{2})$.

习题 11－1

1. (1)一阶； (2)二阶； (3)四阶； (4)二阶； (5)一阶.

3. $\omega=\pm 3$.

5. (1)$C=25$； (2)$C_1=0,C_2=1$； (3)$C_1=1,C_2=\frac{\pi}{2}$.

6. $y=x\tan\left(x+\frac{\pi}{4}-1\right)$.

7. $y=\frac{1}{3}x^3-\frac{1}{3}$.

8. $x=\frac{1}{12}t^4-\frac{1}{2}t^2+t$.

习题 11-2

1. (1) $y=\ln\frac{e^{2x}+C}{2}$； (2) $y=\frac{1}{2}x^2+\frac{1}{5}x^3+C$；

(3) $y=\sin\left(\frac{x^2}{2}+C\right)$； (4) $\sin x\sin y=C$；

(5) $3x^4+4(y+1)^3=C$； (6) $y=e^{Cx}$.

2. (1) $y+\sqrt{y^2-x^2}=Cx^2$； (2) $\ln\frac{y}{x}=Cx+1$；

(3) $y^2=x^2(2\ln|x|+C)$； (4) $x^3-2y^3=Cx$；

(5) $\sin\frac{y}{x}=\ln(Cx)$.

3. (1) $\ln y=\tan\frac{x}{2}$； (2) $x^2y=4$；

(3) $(1+e^x)\sec y=2\sqrt{2}$； (4) $y^3=y^2-x^2$；

(5) $y^2=2x^2(\ln x+2)$； (6) $y^3+xy-4x=0$.

4. $R=R_0e^{-0.000433t}$，时间以年为单位.

5. $v=\sqrt{72500}\approx269.3(\mathrm{cm/s})$.

6. $t=-0.0305h^{\frac{5}{2}}+9.64$，水流完所需的时间约为 10s.

7. $xy=C$.

习题 11-3

1. (1) $x^3+3x^2y^2+\frac{4}{3}y^3=C$； (2) $a^2x-x^2y-xy^2-\frac{1}{3}y^3=C$；

(3) $xe^y-y^2=C$； (4) $x\sin y+y\cos x=C$；

(5) $xy=\frac{1}{3}x^3+C$； (6) 不是全微分方程.

2. (1) $x-y=\ln|x+y|+C$； (2) $\frac{x}{y}+\frac{x^2}{2}=C$；

(3) $\frac{x^2}{2}-3xy-\frac{1}{y}=C$； (4) $x^2+y^2=Ce^{2x}$；

(5) $y^2+x\ln|x|=Cx$.

3. (1) $x=Cy^2e^{\frac{1}{x^2y^2}}$； (2) $\frac{3xy+1}{x^2y^2}+3\ln|y|=C$.

习题 11 - 4

1. (1) $y=e^{-x}(x+C)$；　(2) $y=2+Ce^{-x^2}$；

(3) $y=\dfrac{\sin x+C}{x^2-1}$；　(4) $y=\dfrac{1}{x}[(x-1)e^x+C]$；

(5) $2x\ln y=\ln^2 y+C$；　(6) $3\rho=2+Ce^{-3\theta}$；

(7) $x=Cy^3+\dfrac{1}{2}y^2$.

2. (1) $y=\dfrac{2}{3}(4-e^{-3x})$；　(2) $y\sin x+5e^{\cos x}=1$；

(3) $y=\dfrac{\pi-1-\cos x}{x}$；　(4) $2y=x^3-x^3e^{\frac{x}{2}-1}$.

3. $y=2(e^x-x-1)$.

4. $v=\dfrac{k_1}{k_2}t-\dfrac{k_1 m}{k_2^2}(1-e^{-\frac{k_2}{m}t})$.

5. $f(x)=\dfrac{2}{3}x+\dfrac{1}{3\sqrt{x}}$.

6. $f(x)=\dfrac{1}{2}(e^{2x}+1)$.

7. (1) $\dfrac{1}{y}=-\sin x+Ce^x$；　(2) $\dfrac{3}{2}x^2+\ln|1+\dfrac{3}{y}|=C$；

(3) $\dfrac{1}{y^3}=Ce^x-1-2x$；　(4) $\dfrac{x^2}{y^2}=-\dfrac{2}{3}x^2(\dfrac{2}{3}+\ln x)+C$.

8. $y=\sqrt{3x-x^2}\quad(0<x<3)$.

习题 11 - 5

1. (1) $y=\dfrac{1}{6}x^3-\cos x+C_1x+C_2$；

(2) $y=(x-3)e^x+C_1x^2+C_2x+C_3$；

(3) $y=x\arctan x-\dfrac{1}{2}\ln(1+x^2)+C_1x+C_2$；

(4) $y=-\ln|\cos(x+C_1)|+C_2$；

(5) $y=C_1e^x-\dfrac{1}{2}x^2-x+C_2$；

(6) $C_1y^2-1=(C_1x+C_2)^2$；

(7) $y=\arcsin(C_2e^x)+C_1$.

2. (1) $y=-\dfrac{1}{a}\ln(ax+1)$；

(2) $y=\dfrac{1}{a^3}e^{ax}-\dfrac{e^a}{2a}x^2+\dfrac{e^a}{a^2}(a-1)x+\dfrac{e^a}{2a^3}(2a-a^2-2)$；

(3) $y=\ln\sec x$;

(4) $y=\ln x+\frac{1}{2}\ln^2 x$.

3. $y=\frac{1}{3}x^3-\frac{2}{3}x^2+\frac{1}{3}$.

4. $s=\frac{m}{c^2}\ln\mathrm{ch}\left(\sqrt{\frac{g}{m}}ct\right)$.

习题 11－6

1. (1)线性无关； (2)线性相关； (3)线性无关；
   (4)线性相关； (5)线性无关； (6)线性无关.

2. $y=C_1\cos 2x+C_2\sin 2x$.

3. $y=e^{x^2}(C_1+C_2x)$.

4. (1) $y=C_1e^{-3x}+C_2e^{-4x}$;

   (2) $y=(C_1+C_2x)e^{6x}$;

   (3) $y=e^{-\frac{1}{2}x}\left(C_1\cos\frac{\sqrt{3}}{2}x+C_2\sin\frac{\sqrt{3}}{2}x\right)$;

   (4) $y=e^{-3x}(C_1\cos 2x+C_2\sin 2x)$;

   (5) $x=(C_1+C_2t)e^{\frac{5}{2}t}$;

   (6) $y=C_1e^x+C_2e^{-x}+C_3\cos x+C_4\sin x$;

   (7) $y=(C_1+C_2x)\cos x+(C_3+C_4x)\sin x$;

   (8) $y=C_1+C_2x+(C_3+C_4x)e^x$.

5. (1) $y=4e^x+2e^{3x}$; (2) $y=(2+x)e^{-\frac{1}{2}x}$;

   (3) $y=3e^{-2x}\sin 5x$; (4) $y=2\cos 5x+\sin 5x$.

6. $x=\frac{v_0}{\sqrt{k_2^2+4k_1}}(1-e^{-\sqrt{k_2^2+4k_1}t})e^{\left(-\frac{k_2}{2}+\frac{\sqrt{k_2^2+4k_1}}{2}\right)t}$.

7. $M=195$kg.

习题 11－7

2. (1) $y=C_1e^{\frac{x}{2}}+C_2e^{-x}+e^{-x}$;

   (2) $y=C_1\cos ax+C_2\sin ax+\frac{x}{1+a^2}$;

   (3) $y=C_1+C_2e^{-9x}+x\left(\frac{1}{18}x-\frac{37}{81}\right)$;

   (4) $x=e^{3x}\left(C_1+C_2x+\frac{1}{6}x^3+\frac{1}{2}x^2\right)$;

   (5) $y=e^x(C_1\cos 2x+C_2\sin 2x-\frac{1}{4}xe^x\cos 2x)$;

(6) $y=C_1\cos2x+C_2\sin2x-\frac{1}{3}x\cos x+\frac{2}{9}\sin x$;

(7) $y=C_1\cos x+C_2\sin x+\frac{e^x}{2}+\frac{x}{2}\sin x$.

3. (1) $y=-5e^x+\frac{7}{2}e^{2x}+\frac{5}{2}$;

(2) $y=-\cos x-\frac{1}{3}\sin x+\frac{1}{3}\sin2x$;

(3) $y=e^x-e^{-x}+e^x(x^2-x)$.

4. $y=e^x(1-2x)$.

5. $f(x)=\frac{1}{2}(\cos x+\sin x+e^x)$.

6. (1) $t=\sqrt{\frac{10}{g}}\ln(5+2\sqrt{6})$ s;

(2) $t=\sqrt{\frac{10}{g}}\ln\left(\frac{19+4\sqrt{22}}{3}\right)$ s.

总复习题 11

1. (1) $y'=f(x,y),y(0)=0$; (2) $a=-2$; (3) $y''-5y'+6y=0$.

2. (1) $x^2+y^2=Cx$; (2) $\tan(x-y+1)=x+C$;

(3) $x=Ce^{\sin\frac{y}{x}}$; (4) $y=\frac{1}{C_1}\mathrm{ch}(C_1x+C_2)$;

(5) $x^2=Cy^6+y^4$; (6) $\sqrt{(x^3+y)^3}=x^3+\frac{3}{2}xy+C$;

(7) $y=e^{-x}(C_1\cos2x+C_2\sin2x)-\frac{4}{17}\cos2x+\frac{1}{17}\sin2x$;

(8) $y=C_1+C_2e^x+C_3e^{-2x}+\left(\frac{1}{6}x^2-\frac{4}{9}x\right)e^x-x^2-x$.

3. (1) $y^2=2x^2(\ln x+1)$; (2) $y^2=x+1$;

(3) $y=\frac{3}{4}+\frac{1}{4}(1+2x)e^{2x}$; (4) $y=xe^{-x}+\frac{1}{2}\sin2x$.

4. $y=0$.

5. $f(x)=\cos x+\sin x$.

6. $y=e^x-e^{x+e^{-x}-\frac{1}{2}}$.

7. $y=x-x\ln x$.

8. $f(x)=C_1\cos x+C_2\sin x+x^2-2$;

$-2y\sin x+y\cos x+\frac{x^2y^2}{2}+2xy=C.$

10\. $m\frac{d^2y}{dt^2}=mg-B\rho-kv$. 二阶可降阶微分方程，可化为

$mv\frac{dv}{dy}=mg-B\rho-kv$，初始条件为 $v|_{y=0}=0$，

$y=-\frac{m}{k}v-\frac{m(mg-B\rho)}{k^2}\ln\frac{mg-B\rho-kv}{mg-B\rho}.$

习题 12－1

1\. (1) $\frac{3}{2}+\frac{5}{4}+\frac{7}{8}+\frac{9}{16}+\frac{11}{32}+\cdots$；

(2) $\frac{1}{2}+\frac{1\cdot3}{2\cdot4}+\frac{1\cdot3\cdot5}{2\cdot4\cdot6}+\frac{1\cdot3\cdot5\cdot7}{2\cdot4\cdot6\cdot8}+\frac{1\cdot3\cdot5\cdot7\cdot9}{2\cdot4\cdot6\cdot8\cdot10}+\cdots$；

(3) $\frac{1}{2}-\frac{1}{6}+\frac{1}{12}-\frac{1}{20}+\frac{1}{30}-\cdots$；

(4) $\frac{1!}{1^1}+\frac{2!}{2^2}+\frac{3!}{3^3}+\frac{4!}{4^4}+\frac{5!}{5^5}+\cdots$.

2\. (1) $\frac{n+1}{n}$； (2) $\frac{(-1)^n}{2^{n-1}}$； (3) $\frac{x^{\frac{n}{2}}}{2\cdot4\cdot6\cdot\cdots\cdot(2n)}$； (4) $\frac{(-a)^{n+1}}{2n}$.

3\. (1)发散； (2)收敛； (3)发散.

4\. (1)收敛； (2)发散； (3)收敛； (4)发散； (5)发散.

习题 12－2

1\. (1)发散； (2)收敛； (3)发散； (4)收敛； (5)收敛；
(6) $a>1$ 时收敛，$a\leqslant1$ 时发散.

2\. (1)收敛； (2)发散； (3)发散； (4)收敛.

3\. (1)收敛； (2)收敛； (3)发散； (4)收敛.

4\. (1)收敛； (2)收敛.

5\. (1)条件收敛； (2)绝对收敛； (3)绝对收敛；
(4)绝对收敛； (5)条件收敛； (6)条件收敛.

习题 12－3

1\. (1) $(-1,1)$； (2) $[-1,1]$； (3) $[-3,3)$； (4) $(-\infty,+\infty)$；
(5) $(-1,1)$； (6) $(-1,1]$； (7) $(-\sqrt{2},\sqrt{2})$； (8) $(-1,3)$.

2\. (1) $s(x)=\begin{cases}-\frac{1}{x}\ln(1-x), & x\in[-1,0)\cup(0,1),\\ 1, & x=0;\end{cases}$

(2) $s(x)=\frac{2x}{(1-x^2)^2}\quad(-1<x<1)$.

习题 12－4

1. $-6-4(x-2)+2(x-2)^2+(x-2)^3$.

2. $x+x^2+\frac{x^3}{2!}+\cdots+\frac{x^n}{(n-1)!}+\frac{1}{(n+1)!}(n+1+\theta x)e^{\theta x}x^{n+1}$, $(0<\theta<1)$.

3. (1) $\sum_{n=0}^{\infty}\frac{(-1)^n}{2^{n+1}}x^n$, $(-2,2)$;

(2) $\sum_{n=0}^{\infty}(1-\frac{1}{2^{n+1}})x^n$, $(-1,1)$;

(3) $\sum_{n=0}^{\infty}(-1)^n(n+1)x^n$, $(-1,1)$;

(4) $\sum_{n=1}^{\infty}(-1)^{n-1}\frac{(2x)^{2n}}{2(2n)!}$, $(-\infty,+\infty)$;

(5) $\ln a+\sum_{n=1}^{\infty}(-1)^{n-1}\frac{1}{n}(\frac{x}{a})^n$, $(-a,a]$;

(6) $x+\sum_{n=1}^{\infty}(-1)^n\frac{2(2n)!}{(n!)^2}(\frac{x}{2})^{2n+1}$, $(-1,1]$.

4. (1) $\sum_{n=0}^{\infty}(-1)^n(x-1)^n$, $(0,2)$;

(2) $\frac{1}{\ln 10}\sum_{n=1}^{\infty}(-1)^{n-1}\frac{(x-1)^n}{n}$, $(0,2]$.

5. $\frac{1}{2}\sum_{n=0}^{\infty}(-1)^n\left[\frac{(x+\frac{\pi}{3})^{2n}}{(2n)!}+\sqrt{3}\frac{(x+\frac{\pi}{3})^{2n+1}}{(2n+1)!}\right]$, $(-\infty,+\infty)$.

6. $\sum_{n=0}^{\infty}(\frac{1}{2^{n+1}}-\frac{1}{3^{n+1}})(x+4)^n$, $(-6,-2)$.

习题 12－5

1. (1) 1.0986； (2) 2.00430； (3) 0.9994.

2. 0.4940.

习题 12－6

(1) $f(x)=\pi^2+12\sum_{n=1}^{\infty}\frac{(-1)^n}{n^2}\cos nx \qquad (-\infty<x<+\infty)$;

(2) $f(x)=\frac{a-b}{4}\pi+\sum_{n=1}^{\infty}\left\{\frac{[1-(-1)^n](b-a)}{n^2\pi}\cos nx+\frac{(-1)^{n-1}(a+b)}{n}\sin nx\right\}$,

$(x\neq(2n+1)\pi, n=0,\pm1,\pm2,\cdots)$.

习题 12－7

1. (1) $f(x)=-\frac{1}{2}+\sum_{n=1}^{\infty}\left\{\frac{6}{n^2\pi^2}[1-(-1)^n]\cos\frac{n\pi x}{3}+\frac{6}{n\pi}(-1)^{n+1}\sin\frac{n\pi x}{3}\right\}$,

$(x \neq 3(2k+1), k=0, \pm 1, \pm 2, \cdots)$;

(2) $f(x)=\frac{2}{3}-\frac{9}{2\pi^2}\sum_{n=1}^{\infty}\frac{1}{n^2}\cos\frac{2n\pi x}{3}+\frac{1}{2\pi^2}\sum_{n=1}^{\infty}\frac{\cos 3n\pi x}{n^2}$.

2. $f(x)=\frac{4l}{\pi^2}\sum_{k=1}^{\infty}\frac{(-1)^{k-1}}{(2k-1)^2}\sin\frac{(2k-1)\pi x}{2}, [0,l]$;

$f(x)=\frac{l}{4}-\frac{2l}{\pi^2}\sum_{k=1}^{\infty}\frac{1}{(2k-1)^2}\cos\frac{2(2k-1)\pi x}{l}, [0,l]$.

总复习题 12

1. (1)必要,充分; (2)$\{s_n\}$有界; (3)收敛,发散; (4)$P>1$.

2. (1)(B); (2)(D); (3)(B).

3. (1)发散; (2)收敛; (3)收敛;

(4)$a<1$ 时收敛,$a>1$ 时发散,$a=1$ 时,$s>1$ 收敛,$s\leqslant 1$ 发散.

5. (1)$P>1$ 时绝对收敛,$0<P\leqslant 1$ 时条件收敛,$P\leqslant 0$ 时发散;

(2)条件收敛;(3)条件收敛.

7. (1)$(-3,3)$; (2)$[-3,1)$; (3)$[-\frac{1}{2},\frac{1}{2}]$.

8. (1)$s(x)=\arctan x, [-1,1]$; (2)$s(x)=\frac{2x}{(1-x)^3}, (-1,1)$.

9. (1) $\sum_{n=0}^{\infty}[(-\frac{1}{2})^n-1]x^n, (|x|<1)$;

(2) $\sum_{n=0}^{\infty}(-1)^n(1+\frac{1}{2\cdot 4^n})(x-2)^n, (1<x<3)$.

附录　阅读材料(二)

三次数学危机

从哲学上来看,矛盾是无处不存在的,即便以确定无疑著称的数学也不例外.数学中有大大小小的许多矛盾,例如正与负、加与减、微分与积分、有理数与无理数、实数与虚数等等.在整个数学发展过程中,还有许多深刻的矛盾,例如有穷与无穷、连续与离散、存在与构造、逻辑与直观、具体对象与抽象对象、概念与计算等等.

在数学史上,贯穿着矛盾的斗争与解决.当矛盾激化到涉及整个数学的基础时,就会产生数学危机.而危机的解决,往往能给数学带来新的内容、新的发展,甚至引起革命性的变革.

数学的发展就经历过三次关于基础理论的危机.

一、第一次数学危机

从某种意义上来讲,现代意义下的数学,也就是作为演绎系统的纯粹数学,来源于古希腊毕达哥拉斯学派.它是一个唯心主义学派,兴旺的时期为公元前500年左右.他们认为,“万物皆数”(指整数),数学的知识是可靠的、准确的,而且可以应用于现实的世界,数学的知识由于纯粹的思维而获得,不需要观察、直觉和日常经验.

整数是在对于对象的有限整合进行计算的过程中产生的抽象概念.日常生活中,不仅要计算单个的对象,还要度量各种量,例如长度、重量和时间.为了满足这些简单的度量需要,就要用到分数.于是,如果定义有理数为两个整数的商,那么由于有理数系包括所有的整数和分数,所以对于进行实际量度是足够的.

但是,毕氏学派大约在公元前400年发现:直线上存在不对应任何有理数的点.特别是,他们证明了:这条直线上存在点 P 不对应于有理数,这里距离 OP 等于边长为单位长的正方形的对角线.于是就必须发明新的数对应这样的点,并且因为这些数不可能是有理数,只好称它们为无理数.无理数的发现,是毕氏学派的最伟大成就之一,也是数学史上的重要里程碑.

无理数的发现,引起了第一次数学危机.首先,对于全部依靠整数的毕氏哲学,这是一次致命的打击.其次,无理数看来与常识似乎相矛盾.在几何上的对应情况同样也是令人惊讶的,因为与直观相反,存在不可通约的线段,即没有公共的量度单位的线段.由于毕氏学派关于比例定义假定了任何两个同类量是可通约的,所以毕氏学派比例理论中的所有命题都是局限在可通约的量上,这样,他们的关于相似形的一般理论也失效了.

诱发第一次数学危机的一个间接因素是之后“芝诺悖论”的出现,它更增加了数学家们的担忧:数学作为一门精确的科学是否还有可能?宇宙的和谐性是否还存在?

大约在公元前370年,这个矛盾被毕氏学派的欧多克斯通过给比例下新定义的方法解决了.他的处理不可通约量的方法,出现在欧几里得《原本》第5卷中,并且和狄德金于1872年绘出的无理数的现代解释基本一致.今天中学几何课本中对相似三角形的处理,仍然反映出由不可通约量而带来的某些困难和微妙之处.

第一次数学危机表明,几何学的某些真理与算术无关,几何量不能完全由整数及其比来表示.反之,数却可以由几何量表示出来.整数的尊崇地位受到挑战,古希腊的数学观点受到极大的冲击.于是,几何学开始在希腊数学中占有特殊地位.同时也反映出,直觉和经验不一定靠得住,而推理证明才是可靠的.从此希腊人开始从“自明的”公理出发,经过演绎推理,并由此建立几何学体系.这是数学思想上的一次革命,是第一次数学危机的自然产物.

由于第一次数学危机的发生和解决,希腊数学则走上完全不同的发展道路,形成了欧几里得《原本》的公理体系与亚里士多德的逻辑体系,为世界数学作出了另一种杰出的贡献.但是,自此以后希腊人把几何看成了全部数学的基础,把数的研究隶属于形的研究,割裂了它们之间的密切关系.这样做的最大不幸是放弃了对无理数本身的研究,使算术和代数的发展受到很大的限制,基本理论十分薄弱.这种畸形发展的局面在欧洲持续了2000多年.

二、第二次数学危机

17、18世纪关于微积分发生的激烈的争论,被称为第二次数学危机.从历史或逻辑的观点来看,它的发生也带有必然性.

这次危机的萌芽出现在大约公元前450年,芝诺注意到由于对无限性的理解问题而产生的矛盾,提出了关于时空的有限与无限的四个悖论:“两分法”、“阿基里斯(《荷马史诗》中的善跑的英雄)追不上乌龟”、“飞矢不动”、“操场或游行队伍”.芝诺悖论的提出可能有更深刻的背景,不一定是专门针对数学的,但是它们在数学王国中却掀起了一场轩然大波.它们说明了希腊人已经看到“无穷小”与“很小很小”的矛盾,但他们无法解决这些矛盾.其后果是,希腊几何证明中从此就排除了无穷小.

经过许多人多年的努力,终于在17世纪晚期,形成了无穷小演算——微积分这门学科.牛顿和莱布尼兹被公认为微积分的奠基者,他们的功绩主要在于:把各种有关问题的解法统一成微分法和积分法;有明确的计算步骤;微分法和积分法互为逆运算.由于运算的完整性和应用的广泛性,微积分成为当时解决问题的重要工具.同时,关于微积分基础的问题也越来越严重.关键问题就是无穷小量究竟是不是零?无穷小及其分析是否合理?由此而引起了数学界甚至哲学界长达一个半世纪的争论,造成了第二次数学危机.

18世纪的数学思想的确是不严密的、直观的,强调形式的计算而不管基础的可靠.其中特别是:没有清楚的无穷小概念,从而导数、微分、积分等概念不清楚;无穷大概念不清楚;发散级数求和的任意性等等;符号的不严格使用;不考虑连续性就进行微分,不考虑导数及积分的存在性以及函数可否展成幂级数等等.

直到19世纪20年代,一些数学家才比较关注于微积分的严格基础.从波尔查诺、阿贝尔、柯西等人的工作开始,到威尔斯特拉斯、狄德金和康托的工作结束,中间经历了半个多世纪,基本上解决了矛盾,为数学分析奠定了一个严格的基础.

19世纪70年代,威尔斯特拉斯、狄德金、康托等人独立地建立了实数理论,而且在实数理论的基础上,建立起极限论的基本定理,从而使数学分析建立在实数理论的严格基础之上.

三、第三次数学危机

数学基础的第三次危机是由1897年的突然冲击而出现的,从整体上看到现在还没有解决到令人满意的程度.这次危机是由于在康托的一般集合理论的边缘发现悖论造成的.由于集合概念已经渗透到众多的数学分支,并且实际上集合论已经成了数学的基础,因此集合论中悖论的发现自然地引起了对数学的整个基本结构的有效性的怀疑.

1902年,英国人罗素(哲学家、逻辑学家、数学家)发现了一个悖论,它除了涉及集合概念本身外不涉及别的概念.罗素悖论曾被多种形式通俗化,其中最著名的是罗素于1919年给出的,它讲的是某村理发师的困境.理发师宣布了这样一条原则:他只给不自己刮胡子的人刮胡子.当人们试图答复下列疑问时,就认识到了这种情况的悖论性质:“理发师是否可以给自己刮胡子?”如果他给自己刮胡子,那么他就不符合他的原则;如果他不给自己刮胡子,那么他按原则就该为自己刮胡子.罗素悖论使整个数学大厦动摇了.

集合论中悖论的存在,明确地表示某些地方出了毛病.自从发现它们之后,人们发表了大量关于这个课题的文章,并且为解决它们作过大量的尝试.就数学而论,看来有一条容易的出路:人们只要把集合论建立在公理化的基础上,加以充分限制以排除所知道的矛盾.

1931年,哥德尔不完全性定理的证明暴露了各派的弱点,哲学的争论黯淡了下来.此后,各派力量沿着自己的道路发展演化.尽管争论的问题远未解决,但大部分数学家并不大关心哲学问题.直到近年来,数学哲学问题才又激起人们的兴趣.

承认无穷集合、承认无穷基数,就好像一切灾难都出来了,这就是第三次数学危机的实质.尽管悖论可以消除,矛盾可以解决,然而数学的确定性却在一步一步地丧失.现代公理集合论中一大堆公理,简直难说孰真孰假,可是又不能把它们都消除掉,它们跟整个数学是血肉相连的.所以,第三次数学危机表面上解决了,实质上更深刻地以其他形式延续着.

数学中的矛盾既然是固有的,它的激烈冲突——危机就不可避免.危机的解决给数学带来了许多新认识、新内容,有时也带来了革命性的变化.把20世纪的数学同以前全部数学相比,内容要丰富得多,认识要深入得多.在集合论的基础上,诞生了抽象代数学、拓扑学、泛函分析与测度论,数理逻辑也兴旺发达成为数学有机体的一部分.古代的代数几何、微分几何、复分析现在已经推广到高维.代数数论的面貌也多次改变,变得越来越优美、完整.一系列经典问题完满地得到解决,同时又产生更多的新问题.特别是二次大战之后,新成果层出不穷,从未间断.数学呈现无比兴旺发达的景象,而这正是人们同数学中的矛盾、危机斗争的产物.